普通高等教育农业部"十三五"规划教材
全国高等农林院校"十三五"规划教材

高 等 数 学

第 三 版

伍 勇 高 鑫 李任波 主编

U0282612

中国农业出版社

内 容 简 介

　　本教材为高等院校农、林、经管及医学类相关专业本（专）科学生高等数学课程的教材．也可供将高等数学课程列为选修课（且学时数较少）的专业选用．以本书作为教材，讲授完全部内容大约需要 90 学时，各校可根据教学及学时要求对内容酌情取舍．

　　本教材内容：函数与极限、导数与微分、微分中值定理及导数的应用、不定积分、定积分、多元函数微积分、无穷级数、微分方程等共八章．

编　者　名　单

主　编　伍　勇　高　鑫　李任波

副主编　胡　俊　杨建红　张　健　王彭德

参　编　刘　雯　夏梓祥　杨如艳　吴　奇

　　　　　邓冬林　丁　琨　任丽洁　唐　伟

　　　　　王　辉　谢　爽　周绍艳

第 三 版 前 言

本教材第一版作为全国高等农林院校"十一五"规划教材于 2007 年 8 月出版，并在 2008 年被中华农业科教基金会评为"全国高等农业院校优秀教材"．教材第二版作为普通高等教育农业部"十二五"规划教材、全国高等农林院校"十二五"规划教材、云南省普通高等学校"十二五"规划教材于 2012 年 8 月出版．该教材又经过五年使用，参编教材的三所高校（云南农业大学、西南林业大学及大理大学）的任课教师认真总结教学实践经验，第三次组织教师修订该教材及与教材相配套的学习指导书，作为全国高等农林院校"十三五"规划教材将于 2017 年 8 月出版．

编者认真梳理了第二版教材的文字表达及内容，重新组织了习题，对函数的单调性、无穷小的比较、函数的凹凸性、函数曲线的渐近线及正项级数等内容做了适当的补充，进一步丰富了教材的内容，增强了教材可读性和逻辑的完整性．

第三版教材的修订工作由云南农业大学、西南林业大学及大理大学相关教师完成．云南农业大学的参编人员有：伍勇、高鑫、胡俊、杨建红、刘雯、夏梓祥、杨如艳、吴奇、邓冬林，承担的编写任务是：第一章、第二章、第三章、第四章、第五章．西南林业大学的参编人员有：李任波、张健、丁琨、任丽洁、唐伟、王辉、谢爽，承担的编写任务是：第六章、第七章．大理大学参编人员有：王彭德、周绍艳，承担的编写任务是：第八章．全书由伍勇负责统稿．

本书在编写过程中，得到了各位编者所在院校教务处的大力支持，在此一并表示感谢．由于编者水平有限，书中一定还存在不妥之处，恳请使用本教材的广大师生批评指正．

编　者

2017 年 5 月

第 一 版 前 言

　　近几年来，随着高等教育理念的转变，各高校加快了教学改革的步伐，教材建设无疑是教学改革的重要环节之一．伴着高校教学改革的春风，本教材作为全国高等农林院校"十一五"规划教材便孕育而生，它是由云南农业大学、西南林学院及大理学院的数学同仁以多年的教学实践经验，集集体之智慧编写而成．可作为高等院校农、林、经管及医学类相关专业本(专)科学生高等数学课程的教材和参考书．以本书作为教材，讲授完全部内容，预计需要 90 学时，如果课时较少，可根据各校要求对内容酌情取舍．

　　本教材更注重培养学生的数学基本能力，演绎内容由浅入深，条理清晰，通俗易懂．另外，本教材配有《高等数学学习指导》及基于校园网的"网络自主学习平台"．《高等数学学习指导》从内容上延伸了教材的深度和广度，同时给出了教材习题的详细参考解答．"网络自主学习平台"集成了多种教学资源，是课堂教学的拓展，为学生提供了全天候的远程自主学习服务，学生可在平台上练习、考试及自主选择更多的学习内容，教师可通过平台监控学生的学习过程，并与学生形成互动．

　　参加本教材编写工作的有：云南农业大学雷兴刚(第一、二章)、伍勇(第三、四、五章)、杨建红(第一、二章习题)、刘雯(第三、四、五章习题)；西南林学院李任波(第六章)、黄斌(第七章)、张健(第六、七章习题)；大理学院王彭德(第八章)、周绍艳(第八章习题)．全书由雷兴刚统稿．

　　云南财经大学石磊教授(博士生导师)及云南师范大学化存才教授(硕士生导师)作为主审，仔细审阅了全书稿，并提出了许多宝贵的意见，在此表示衷心的感谢．本书在编写过程中，得到云南农业大学、西南林学院、大理学院等三校教务处、三校相关学院和中国农业出版社的大力支持，在此一并表示感谢．

　　由于编者水平有限，书中一定还存在不妥之处，恳请使用本教材的广大师生批评指正，以便再版时改正．

编　者

2007 年 5 月

第 二 版 前 言

本教材第一版作为全国高等农林院校"十一五"规划教材于2007年8月正式出版，并在2008年被农业部中华农业科教基金会评为"全国高等农业院校优秀教材"．该教材经过5年使用，参编教材的三所高校(云南农业大学、西南林业大学及大理学院)的任课教师认真总结教学实践经验，再次组织教师修订该教材及与教材相配套的学习指导书，作为普通高等教育农业部"十二五"规划教材即将出版．同时，该教材已被列入云南省普通高等学校"十二五"规划教材．

编者认真梳理了第一版教材的文字表达，力求在第二版中做到表述规范、清楚．增加了部分极限的相关性质和一些有一定难度的练习，完善了"网络自主学习平台"，进一步丰富了教材的内容和教学手段．

第二版教材的修订工作由云南农业大学、西南林业大学、大理学院及云南警官学院的相关教师完成．云南农业大学的参编人员有：伍勇、雷兴刚、高鑫、杨建红、刘雯、刘兴桂，承担的编写任务是：第一章、第二章、第三章、第四章、第五章．西南林业大学的参编人员有：丁琨、张健、李任波、黄斌、任丽洁、唐伟、王辉，承担的编写任务是：第六章、第七章．大理学院的参编人员有：王彭德、周绍艳，承担的编写任务是：第八章．云南警官学院的王岚、杨白云及吴绍兵等教师参与了第四章、第五章的编写工作．全书由伍勇负责统稿．

本教材由云南大学戴正德教授(博士生导师)及云南财经大学石磊教授(博士生导师)作为主审，仔细审阅了全书稿，并提出了许多修改意见，在此表示衷心的感谢．在本教材的编写过程中，得到了参编院校教务处的大力支持，在此一并表示感谢．

由于编者水平有限，书中一定还存在不妥之处，恳请使用本教材的广大师生批评指正．

编　者

2012 年 5 月

目　录

第一章　函数与极限

众所周知，数学是研究现实世界的空间形式、数量关系以及它们逻辑可能的学科．微积分学作为数学领域的重要分支学科产生于 17 世纪，由牛顿(I. Newton，英国数学家，1643—1727)和莱布尼茨(G. W. Leibniz，德国数学家，1646—1716)共同创立．它所解决的实际问题从数学的角度归纳起来有如下两类：

1. 如何求物体运动的瞬时速度、函数曲线的切线及函数的最大值、最小值等问题．

2. 如何计算曲线所围成图形的面积、曲线的长度及曲面所围成立体的体积等问题．

微分、积分以及微分与积分的关系是微积分的重要内容，函数是它的研究对象，极限思想和方法是微积分学坚实的基石．本章在初等数学的基础上，讨论函数、函数极限及函数连续性等基本概念．

第一节　函　　数

一、函数的概念

定义 1　设 **R** 是实数集，D 是 **R** 的非空子集，f 是一对应法则．若对 D 中每一个 x，通过法则 f，均存在唯一的实数 y 与之相对应，则称 f 是定义在 D 上的函数，记为

$$f: D \rightarrow \mathbf{R},$$
$$x \rightarrow y = f(x), \ x \in D,$$

其中 x 叫做自变量，y 叫做因变量，D 叫做该函数的定义域，取定一点 $x_0 \in D$，称 $y_0 = f(x_0)$ 为 x_0 的函数值，函数值的全体叫做该函数的值域，通常记为 $f(D)$，即 $f(D) = \{y \mid y = f(x), \ x \in D\}$．

有时也称 y 是 x 在 f 下的像，而称 x 是 y 的一个逆像．在定义中函数 f 的表示有两层含义，一是在 f 的作用下，将数集 D 变到 **R** 中去，用记号 $D \rightarrow \mathbf{R}$ 表示；二是对 D 中每一个 x，其像 $y = f(x)$ 是唯一的，用 $x \rightarrow y = f(x)$ 表示．在此意义下，我们也将函数记为 $f(x)$ 或 $y = f(x)$．如正弦函数 f，按定义 1 的表示记为

$$f: \mathbf{R} \rightarrow \mathbf{R}$$
$$x \rightarrow y = \sin x, \ x \in \mathbf{R}.$$

它表示正弦函数把实数集 **R** 变到了实数集 **R** 中去，且将每一个实数 x 唯一地变成另一个实数 $y = \sin x$，函数 f 的定义域是 **R**，值域为 $f(D) = [1, -1] \subset \mathbf{R}$. 通常，我们直接将正弦函数记为 $\sin x$ 或 $y = \sin x$．又如以 e $= 2.718281828495\cdots$ 为底的对数函数记为 $y = \ln x$，其定义域 $D = (0, +\infty)$，值域 $f(D) = (-\infty, +\infty)$．

在平面上建立直角坐标系，由函数 $y = f(x)$ 所确定的平面点集 $\{(x, y) \mid y = f(x), \ x \in D\}$ 称为函数 $y = f(x)$ 的图像．如图 1-1 为正弦函数 $y = \sin x$ 的图像，图 1-2 为对数函数

$y=\ln x$ 的图像.

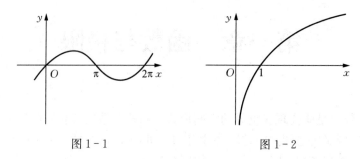

图 1-1   图 1-2

  在函数定义中有两个要素,即定义域和对应规律.若两函数的定义域与对应规律相同,则称两函数相等.在中学已学过,表示函数通常用表格、图像及解析式三种方法,在微积分学中一般是用解析式表示函数,这时约定使解析式有意义的 x 的全体就作为函数的定义域.

  例 1 函数

$$y=|x|=\begin{cases} x, & x\geqslant 0, \\ -x, & x<0 \end{cases}$$

的定义域为 $D=(-\infty,+\infty)$,值域为 $W=[0,+\infty)$,函数图形如图 1-3 所示.

  例 2 函数

$$y=\begin{cases} \dfrac{|x|}{x}, & x\neq 0, \\ 0, & x=0 \end{cases}$$

的定义域为 $D=(-\infty,+\infty)$,值域为 $W=\{-1,1,0\}$,函数图形如图 1-4 所示.

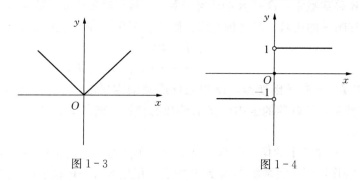

图 1-3   图 1-4

  例 1 和例 2 有一个共同点:自变量在不同范围变化时,因变量依照不同的对应法则与之对应.这种根据自变量的不同取值范围,用不同的数学解析式表示的函数称为**分段函数**.

  例 3 x 为任一实数,y 表示不超过 x 的最大整数,用记号 $y=[x]$ 表示,例如,$[-3.5]=-4$,$[-2.9]=-3$,$[0]=0$,$[\pi]=3$,$[2.5]=2$,$[5]=5$,等等.函数 $y=[x]$ 称为**取整函数**.

二、函数的四种特性

1.函数的奇偶性

  定义 2 设函数 $f(x)$ 的定义域为 D,且对任意 $x\in D$,必有 $-x\in D$,若对任意 $x\in D$,

恒有

$$f(-x)=f(x),$$

则称函数 $f(x)$ 为偶函数；若恒有

$$f(-x)=-f(x),$$

则称函数 $f(x)$ 为奇函数．

如函数 $y=\cos x$，$y=\dfrac{1}{2}x^2$ 都是偶函数，函数 $y=\sin x$，$y=x^3$ 都是奇函数，凡是不满足定义 2 的函数叫做非奇非偶函数，如函数 $y=\ln x$，$y=\sin x+\cos x$，$y=\mathrm{e}^x$ 等均是非奇非偶函数．

2. 函数的单调性

定义 3　设函数 $f(x)$ 在数集 X 上有定义，对于 X 内任意两点 x_1，x_2，且 $x_1<x_2$，

若恒有 $f(x_1)<f(x_2)$，则称 $f(x)$ 在 X 上为严格（递）增函数或称 $f(x)$ 在 X 上为严格单调增加；

若恒有 $f(x_1)\leqslant f(x_2)$，则称 $f(x)$ 在 X 上为（递）增函数或称 $f(x)$ 在 X 上为单调增加；

若恒有 $f(x_1)>f(x_2)$，则称 $f(x)$ 在 X 上为严格（递）减函数或称 $f(x)$ 在 X 上为严格单调减少；

若恒有 $f(x_1)\geqslant f(x_2)$，则称 $f(x)$ 在 X 上为（递）减函数或称 $f(x)$ 在 X 上为单调减少．

增函数和减函数统称为单调函数，严格增函数和严格减函数统称为严格单调函数．

如函数 $y=[x]$ 在 $\mathbf{R}$ 上为增函数．函数 $y=\arcsin x$ 在闭区间 $[-1,1]$ 上严格单调增加，函数 $y=\arccos x$ 在闭区间 $[-1,1]$ 上严格单调减少．函数 $y=\sin x$，$y=\cos x$ 在 $(-\infty,+\infty)$ 内不是单调函数．注意，有时在不引起矛盾和容易判断的前提下，我们并不区分单调和严格单调．

例 4　证明：（1）函数 $f(x)=\dfrac{1+x}{x}$ 在区间 $(0,+\infty)$ 内严格单调减少；（2）函数 $f(x)=2x+\sin x$ 在区间 $(-\infty,+\infty)$ 内严格单调增加．

证明　（1）任取 x_1，$x_2\in(0,+\infty)$，且 $x_1<x_2$，因为 $f(x_1)-f(x_2)=\dfrac{x_2-x_1}{x_1 x_2}$，又 $x_2-x_1>0$，$x_1 x_2>0$，所以 $f(x_1)>f(x_2)$，即函数 $f(x)=\dfrac{1+x}{x}$ 在区间 $(0,+\infty)$ 上严格单调减少．

（2）任取 x_1，$x_2\in(-\infty,+\infty)$，且 $x_1<x_2$，因为

$$f(x_1)-f(x_2)=2(x_1-x_2)+2\cos\dfrac{x_1+x_2}{2}\sin\dfrac{x_1-x_2}{2},$$

又 $\left|\cos\dfrac{x_1+x_2}{2}\right|\leqslant 1$，$\left|\sin\dfrac{x_1-x_2}{2}\right|<\left|\dfrac{x_1-x_2}{2}\right|$，所以

$$\left|2\cos\dfrac{x_1+x_2}{2}\sin\dfrac{x_1-x_2}{2}\right|<|x_1-x_2|,$$

即 $f(x_1)<f(x_2)$．因此，函数 $f(x)=2x+\sin x$ 在区间 $(-\infty,+\infty)$ 上严格单调增加．

3. 函数的周期性

定义 4　设函数 $f(x)$ 的定义域为 D，如果存在常数 $l\neq 0$，使得对任意 $x\in D$，有 $(x+l)\in$

D，且 $f(x+l)=f(x)$，则称函数 $f(x)$ 为周期函数，l 为函数的周期.

从定义易知，若 l 是函数 $f(x)$ 的周期，则 nl 也是函数 $f(x)$ 的周期（其中 n 为非零的整数）. 通常所说的周期是指函数的最小正周期，如 $y=\sin x$，$y=\cos x$ 是以 2π 为周期的周期函数，$y=\tan x$，$y=\cot x$ 是以 π 为周期的周期函数.

例 5 考察函数 $f(x)=\sin\dfrac{1}{x}$ 的周期性.

解 由周期函数的定义，若 l 为 $f(x)$ 的周期，则 $f(x+l)-f(x)=0$，即

$$f(x+l)-f(x)=\sin\frac{1}{x+l}-\sin\frac{1}{x}=-2\sin\frac{l}{2x(x+l)}\cos\frac{2x+l}{2x(x+l)}=0,$$

而从 $\sin\dfrac{l}{2x(x+l)}=0$ 或 $\cos\dfrac{2x+l}{2x(x+l)}=0$ 解出的 l 均与 x 有关，所以，函数 $f(x)=\sin\dfrac{1}{x}$ 不是周期函数.

4. 函数的有界性

定义 5 设函数 $f(x)$ 在数集 X 上有定义，如果存在常数 M，对任意 $x\in X$ 有 $f(x)\leqslant M$（或 $f(x)\geqslant M$），则称 $f(x)$ 在数集 X 上有上界（或有下界）. 如果 $f(x)$ 在 X 上既有上界又有下界，则称 $f(x)$ 在 X 上有界，否则称为无界.

显然，函数 $f(x)$ 在 X 上有界等价于存在常数 $M>0$，对任意 $x\in X$，有 $|f(x)|\leqslant M$. 如，函数 $y=\sin x$ 在 $(-\infty,+\infty)$ 内有界，函数 $y=x^2$ 在 $(-\infty,+\infty)$ 内有下界而无上界，函数 $y=\ln x$ 在 $(0,+\infty)$ 内无界.

三、反函数与复合函数

1. 反函数

定义 6 设函数 f 的定义域为 D，值域为 $f(D)$，如果对于 $f(D)$ 中每一个值 y，在 D 都有唯一的值 x 使得 $f(x)=y$，按此对应规律则得到一个以 y 为自变量 x 为因变量的函数，称这个函数为 f 的反函数，记为

$$f^{-1}:\ f(D)\to D$$
$$y\to x=f^{-1}(y),\ y\in f(D),$$

或者 $x=f^{-1}(y)$，$y\in f(D)$.

从反函数的定义中可看出，若 $y=f(x)$ 与 $x=f^{-1}(y)$ 互为反函数，则

$$f^{-1}(f(x))=x,\ x\in D;\ f(f^{-1}(y))=y,\ y\in f(D),$$

习惯上，我们总是用字母 x 表示自变量，用字母 y 表示因变量. 因此，一般将反函数 $x=f^{-1}(y)$ 表示为 $y=f^{-1}(x)$.

可以证明，函数 $y=f(x)$ 及其反函数 $y=f^{-1}(x)$ 的图形关于直线 $y=x$ 对称. 严格单调函数存在反函数，且反函数仍为严格单调函数.

2. 复合函数

简单函数的四则运算可得到一个复杂的函数，然而大量的复杂函数是由复合的方法所构成.

定义 7 设函数 $y=f(u)$ 定义域为 D，函数 $u=\varphi(x)$ 的定义域为 E，且 $D\bigcap\varphi(E)\neq\varnothing$，则称函数 $y=f(\varphi(x))$ 为 $y=f(u)$ 与 $u=\varphi(x)$ 所构成的复合函数，u 称为中间变量.

如函数 $y=\sin^2 x$ 可视为 $y=u^2$ 与 $u=\sin x$ 复合而成. 函数 $y=\ln u$ 及 $u=-x^2$ 就不能构成一个复合函数，因为函数 $u=-x^2$ 的值域与函数 $y=\ln u$ 定义域的交集是空集.

四、初等函数

在中学数学中我们曾学过**常数函数、幂函数、指数函数、对数函数、三角函数及反三角函数**，这六类函数是常用的基础函数，将它们统称为**基本初等函数**. 为便于复习和应用，将它们的主要性质及图形列表如下(表 $1-1$). 由**基本初等函数经过有限次四则运算及有限次复合运算而得到的函数称为初等函数**.

表 $1-1$ 基本初等函数的主要性质及图形

函数	幂函数 $y=x^{\mu}$			
	$\mu=1,3$	$\mu=2$	$\mu=\dfrac{1}{2}$	$\mu=-1$
图像				
性质	定义域：$(-\infty,+\infty)$；值域：$(-\infty,+\infty)$；奇函数；单调增	定义域：$(-\infty,+\infty)$；值域：$[0,+\infty)$；偶函数；在 $[0,+\infty)$ 内单调增；在 $(-\infty,0]$ 内单调减	定义域：$[0,+\infty)$；值域：$[0,+\infty)$；非奇非偶；单调增	定义域、值域均是：$(-\infty,0)\bigcup(0,+\infty)$；奇函数；单调减
函数	指数函数 $y=a^x(a>0,\ a\neq1)$		对数函数 $y=\log_a x$	
	$a>1$	$0<a<1$	$a>1$	$0<a<1$
图像				
性质	定义域：$(-\infty,+\infty)$；值域：$(0,+\infty)$；单调增	定义域：$(-\infty,+\infty)$；值域：$(0,+\infty)$；单调减	定义域：$(0,+\infty)$；值域：$(-\infty,+\infty)$；单调增	定义域：$(0,+\infty)$；值域：$(-\infty,+\infty)$；单调减
函数	$y=\sin x$	$y=\cos x$	$y=\tan x$	$y=\cot x$
图像				

（续）

函数	$y=\sin x$	$y=\cos x$	$y=\tan x$	$y=\cot x$
性质	定义域：$(-\infty, +\infty)$；值域：$[-1, 1]$；奇函数；周期为 2π 的周期函数	定义域：$(-\infty, +\infty)$；值域：$[-1, 1]$；偶函数；周期为 2π 的周期函数	定义域：$\left(k\pi-\dfrac{\pi}{2}, k\pi+\dfrac{\pi}{2}\right)$，$k$ 整数；值域：$(-\infty, +\infty)$；奇函数；周期为 π 的周期函数；单调增	定义域：$(k\pi, (k+1)\pi)$，k 整数；值域：$(-\infty, +\infty)$；奇函数；周期为 π 的周期函数；单调减

函数	$y=\arcsin x$	$y=\arccos x$	$y=\arctan x$	$y=\text{arccot} x$
图像				
性质	定义域：$[-1, 1]$；值域：$\left[-\dfrac{\pi}{2}, \dfrac{\pi}{2}\right]$；单调增；$\arcsin(-x)=-\arcsin x$	定义域：$[-1, 1]$；值域：$[0, \pi]$；单调减；$\arccos(-x)=\pi-\arccos x$	定义域：$(-\infty, +\infty)$；值域：$\left(-\dfrac{\pi}{2}, \dfrac{\pi}{2}\right)$；单调增；$\arctan(-x)=-\arctan x$	定义域：$(-\infty, +\infty)$；值域：$(0, \pi)$；单调减；$\text{arccot}(-x)=\pi-\text{arccot} x$

习 题 1-1

1. 把等边三角形的面积 s 和周长 d 表示为该三角形边长 x 的函数．

2. 把正方形的面积 s 和周长 d 表示为该正方形对角线长度 x 的函数．

3. 求下列各函数的定义域和值域．

(1) $y=1-x^2$；   (2) $y=1+\sqrt{x}$；   (3) $s=\dfrac{1}{\sqrt{t}}$；

(4) $u=\sqrt{4-v^2}$；   (5) $y=\arcsin\dfrac{1-2x}{4}$；   (6) $y=\ln(2x-3)$．

4. 画出分段函数 $f(x)=\begin{cases} 3-x, & x\leqslant 1, \\ x^2, & x>1 \end{cases}$ 的图像，并求出它的定义域和值域．

5. 指出下列函数的奇偶性．

(1) $y=x^3+x$；   (2) $y=x^4+3x^2+1$；   (3) $y=\dfrac{1}{x^2-1}$；

(4) $y=x(x-1)(x+1)$．

6. 若 $f(x)=x+5$ 而 $g(x)=x^2-3$，求 $f(g(x))$，$f(g(0))$，$g(f(0))$，$f(f(0))$．

7. 若 $u(x)=4x-5$，$v(x)=x^2$，而 $f(x)=\dfrac{1}{x}$，求复合函数 $u(v(f(x)))$，$f(v(u(x)))$．

8. 求下列函数的反函数，用变量 x 表示．

(1) $y=(x+2)^2$，$x\geqslant 2$；　(2) $y=\dfrac{x-1}{x+1}$．

9. 如果利息按年复利率 6.25% 计算，求要多长时间能使存款翻倍．

10. 求下列三角函数与反三角函数的值．

(1) $y=\sec\dfrac{\pi}{6}$；　　　　(2) $y=\csc\dfrac{\pi}{6}$；　　　　(3) $y=\arcsin\dfrac{1}{2}$；

(4) $y=\arccos\left(-\dfrac{1}{2}\right)$；　(5) $y=\arctan\sqrt{3}$；　　(6) $y=\cot\left(\arcsin\dfrac{\sqrt{3}}{2}\right)$．

11. 化简下列各式．

(1) $e^{\ln 5}$；　　　　　　(2) $e^{-\ln x^2}$；　　　　　(3) $e^{\ln x-\ln y}$；

(4) $2\ln\sqrt{e}$；　　　　(5) $\ln(\ln e^e)$；　　　　(6) $\ln(e^{-x^2-y^2})$．

12. 在某生物细菌增长实验中，t h 后细菌培养皿溶液中的细菌数为 $B=100e^{0.693t}$．

(1) 一开始的细菌数是多少？

(2) 6h 后有多少细菌？

(3) 近似计算一下什么时候细菌数为 200？估计使细菌数倍增所需要的时间．

第二节　函数的极限

极限概念不仅是微积分学中的一个重要概念，同时在数学的函数论支系中也占有不可替代的位置．极限描述的是一个变量在某一过程下的变化趋势，作为一个完整的数学概念产生于 19 世纪微积分学基础重建之时，由柯西(A. Cauchy，法国数学家，1789—1857)和维尔斯特拉斯(K. W. Weierstrass，德国数学家，1815—1897)提出，然而，极限思想方法的应用却可追溯到更久远的历史，如我国古代魏晋时的数学家刘徽用"割圆求周长"的方法计算圆周率；古希腊数学家阿基米德(Archimedes，前 287—前 212)用"穷竭法"计算图形的面积等．

本节将从一类特殊的函数——数列(整标函数)开始讨论极限概念．

一、数列极限

$x_n=f(n)$ 是定义在正整数集上的函数，当自变量 n 按 1，2，3，…依次增大的顺序取值时，得到函数值按相应顺序排成一列数 x_1，x_2，x_3，…，x_n，…，将它称为一个无穷数列，简称数列，记为 $\{x_n\}$．

考察下列数列，当 n 趋于无穷大时(记作：$n\to\infty$)，数列 $\{x_n\}$ 的项 x_n 的变化趋势．

(1) $x_n=\dfrac{(-1)^n}{n}$(图 1-5)；(2) $x_n=(-1)^n$(图 1-6)；(3) $x_n=\dfrac{1+n}{n}$(图 1-7)．

从图 1-5 中可看出，当 $n\to\infty$ 时，数列 $\left\{\dfrac{(-1)^n}{n}\right\}$ 的项 $\dfrac{(-1)^n}{n}$ 无限地趋近于 0，或者说 $\left\{\dfrac{(-1)^n}{n}\right\}$ 与 0 距离 $\left|\dfrac{(-1)^n}{n}-0\right|$ 可以任意小($n\to\infty$)，这里数 0 刻画了数列 $\left\{\dfrac{(-1)^n}{n}\right\}$ 当 n 趋于无穷大时的集中趋势，我们就将 0 称为数列 $\left\{\dfrac{(-1)^n}{n}\right\}$($n\to\infty$)的极限．同样，从图 1-7

中可以看出，数列 $\left\{\dfrac{1+n}{n}\right\}$ 的极限为 $1(n\to\infty)$. 而由图 $1-6$，可以断定，数列 $\{(-1)^n\}$ 没有极限 $(n\to\infty)$. 通常，当 n 趋于无穷大时 $(n\to\infty)$，数列 $\{x_n\}$ 与常数 a 的距离 $|x_n-a|$ 可以任意的小，则称 a 为数列 $\{x_n\}$ 当 n 趋于无穷大时的极限，记为 $\lim\limits_{n\to\infty}x_n=a$ 或 $x_n\to a(n\to\infty)$.

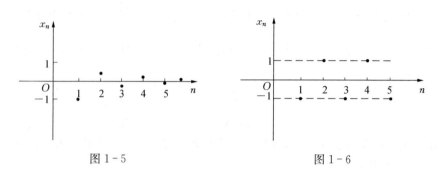

图 $1-5$ 图 $1-6$

如，经观察可知，$\lim\limits_{n\to\infty}\left(\dfrac{1}{n}+5\right)=5$，$\lim\limits_{n\to\infty}\dfrac{6n}{n+1}=6$，$\lim\limits_{n\to\infty}\dfrac{2n+1}{n-1}=2$. 然而，这种直观的描述是不能满足数学中严谨论证的需要，我们要探索严格刻画极限的方法.

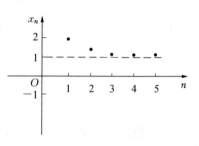

图 $1-7$

对给定的数 $\dfrac{1}{10}$，要使 $\left|\dfrac{(-1)^n}{n}-0\right|<\dfrac{1}{10}$，只需 $n>10$，就是说从数列 $\left\{\dfrac{(-1)^n}{n}\right\}$ 的第 10 项以后的所有项 $\left\{\dfrac{(-1)^{11}}{11}\right\}$，$\left\{\dfrac{(-1)^{12}}{12}\right\}$，$\left\{\dfrac{(-1)^{13}}{13}\right\}$，…，都能满足与 0 之差的绝对值小于 $\dfrac{1}{10}$ 的要求，类似地，

对给定的数 $\dfrac{1}{100}$，要使 $\left|\dfrac{(-1)^n}{n}-0\right|<\dfrac{1}{100}$，只需 $n>100$ 即可；

对给定的数 $\dfrac{1}{1000}$，要使 $\left|\dfrac{(-1)^n}{n}-0\right|<\dfrac{1}{1000}$，只需 $n>1000$ 即可；

对给定的数 $\dfrac{1}{10000}$，要使 $\left|\dfrac{(-1)^n}{n}-0\right|<\dfrac{1}{10000}$，只需 $n>10000$ 即可；

……

上述给定的数 $\dfrac{1}{10}$，$\dfrac{1}{100}$，$\dfrac{1}{1000}$，$\dfrac{1}{10000}$ 都是刻画数列 $\left\{\dfrac{(-1)^n}{n}\right\}$ 的项 $\dfrac{(-1)^n}{n}$ 与常数 0 接近程度的"尺度"，这个尺度越小，就表示 $\dfrac{(-1)^n}{n}$ 与 0 越接近，在此统称它为小正数，用 ε 表示. 显然，仅用有限个小正数来判定数列 $\left\{\dfrac{(-1)^n}{n}\right\}$ 的项 $\dfrac{(-1)^n}{n}$ 无限趋近于 $0(n\to\infty)$ 是不行的，必须做到对任意的 $\varepsilon>0$，均能找到某个适当的项数 N，自数列中 N 项以后的每一项 $x_n=\dfrac{(-1)^n}{n}(n>N)$ 都满足 $\left|\dfrac{(-1)^n}{n}-0\right|<\varepsilon$，这样才可以说当 $n\to\infty$ 时，数列 $\left\{\dfrac{(-1)^n}{n}\right\}$ 无限趋近于 0.

事实上，对任意的 $\varepsilon > 0$，要使 $\left|\dfrac{(-1)^n}{n} - 0\right| < \varepsilon$，只需 $n > \dfrac{1}{\varepsilon}$ 即可，就是说从数列 $\left\{\dfrac{(-1)^n}{n}\right\}$ 的第 $N = \dfrac{1}{\varepsilon}$（为了保证 N 是正整数，可取 $N = \left[\dfrac{1}{\varepsilon}\right]$ 或者 $N = \left[\dfrac{1}{\varepsilon}\right] + 1$）项以后的所有项与 0 的差的绝对值均小于 ε. 于是，数列 $\left\{\dfrac{(-1)^n}{n}\right\}$ 无限趋于 $0\,(n \to \infty)$ 的过程就可严格地叙述为：对于给定的 $\varepsilon > 0$，总存在正整数 N，对所有的 $n > N$，均有不等式 $\left|\dfrac{(-1)^n}{n} - 0\right| < \varepsilon$ 成立.

定义 1　设有数列 $\{x_n\}$ 和数 a，如果对任意给定的 $\varepsilon > 0$，总存在正整数 N，对任意的 $n > N$，使得 $|x_n - a| < \varepsilon$，则称数列 $\{x_n\}$ 当 $n \to \infty$ 时存在极限 a（或收敛于 a），记为 $\lim\limits_{n \to \infty} x_n = a$ 或 $x_n \to a\,(n \to \infty)$. 若数列 $\{x_n\}$ 不存在极限，则称数列 $\{x_n\}$ 发散.

$\lim\limits_{n \to \infty} x_n = a$ 的几何意义是：对任给的 $\varepsilon > 0$，总存在正整数 N，数列 $\{x_n\}$ 中第 N 项以后的所有项 $x_n\,(n > N)$ 均落在任意的开区间 $(a - \varepsilon, a + \varepsilon)$ 内. 如图 $1 - 8$ 所示.

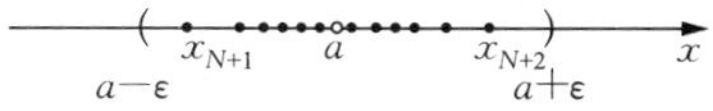

图 1 - 8

定义中的 ε 是"任意的小正数"，2ε，$\dfrac{1}{2}\varepsilon$，ε^2 等也保持着任意小的性质，也是任意的小正数. ε 任意小这一性质刻画了当 n 充分大 $(n \to \infty)$ 时，数列 $\{x_n\}$ 可无限地接近常数 a，或者说数列 $\{x_n\}$ 与 a 的距离 $|x_n - a|$ 可以任意小. N 与 ε 有关，但并不被 ε 唯一确定，如果 N 存在，则 $N+1$，$N+2$，$N+3$，…也满足定义的要求.

数列 $\{x_n\}$ 不存在极限，指的是数列 $\{x_n\}$ 不以任何的实数 b 为极限，习惯上也说 $\lim\limits_{n \to \infty} x_n$ 不存在或 $\lim\limits_{n \to \infty} x_n \neq b\,(b$ 为任何实数$)$，用定义的否定叙述刻画这一事实，即是：存在 $\varepsilon_0 > 0$，对任意的正整数 N，均存在 $n_0 > N$，使得 $|x_{n_0} - b| \geqslant \varepsilon_0$. 如我们可以用定义的否定叙述来验证数列 $\{(-1)^n\}$ 不存在极限，也就是 $\lim\limits_{n \to \infty} (-1)^n \neq b\,(b$ 为任何实数$)$. 事实上，只要取 $\varepsilon_0 = 1 > 0$，对任意的正整数 N，均存在 $n_0 = 2N + 1 > N$，使得
$$|x_{n_0} - b| = |(-1)^{2N+1} - b| = 1 + b \geqslant 1\,(不妨设\ b \geqslant 0),$$
所以，数列 $\{(-1)^n\}$ 不存在极限.

例 1　证明数列 $x_n = \dfrac{1 + n}{n}$ 的极限是 1.

证明　对于任意给的 $\varepsilon > 0$，要使 $\left|\dfrac{1 + n}{n} - 1\right| < \varepsilon$ 成立，只需
$$\left|\dfrac{1 + n}{n} - 1\right| = \dfrac{1}{n} < \varepsilon,$$
即 $n > \dfrac{1}{\varepsilon}$，取 $N = \left[\dfrac{1}{\varepsilon}\right]$ 即可.

于是，对于任意给的 $\varepsilon > 0$，存在自然数 $N = \left[\dfrac{1}{\varepsilon}\right]$，当 $n > N$ 时，有 $\left|\dfrac{1 + n}{n} - 1\right| < \varepsilon$，所以 $\lim\limits_{n \to \infty} \dfrac{1 + n}{n} = 1$.

例 2　证明数列 $x_n = q^{n-1}\,(|q| < 1)$ 的极限是 0.

证明　对于任意给的 $\varepsilon > 0$（不妨设 $\varepsilon < 1$），要 $|q^{n-1} - 0| < \varepsilon$ 成立，只需

$$|q^{n-1}-0|=|q|^{n-1}<\varepsilon,$$

即 $n>1+\dfrac{\ln\varepsilon}{\ln|q|}$，取 $N=\left[1+\dfrac{\ln\varepsilon}{\ln|q|}\right]$ 即可．

于是，对于任意给的 $\varepsilon>0$（不妨设 $\varepsilon<1$），存在自然数 $N=\left[1+\dfrac{\ln\varepsilon}{\ln|q|}\right]$，当 $n>N$ 时，有 $|q^{n-1}-0|<\varepsilon$，所以 $\lim\limits_{n\to\infty}q^{n-1}=0$．

注意，应用极限定义只能验证一个数列的极限是某一个数，并不能求出极限．目前，我们只能直观地判断一个数列的敛散性，然后用定义证明判断是否正确．

二、函数极限

1. 函数极限定义

微积分讨论的函数是定义在实数集 **R** 上的实值函数，函数极限刻画的是函数在一点附近的局部性质．首先，我们通过图像考察下列函数的极限．

（1）当 x 趋于无穷大（$x\to\infty$）时，函数 $f(x)=\dfrac{1}{x}$ 的极限，如图 1-9 所示．

（2）当 x 趋于正无穷大（$x\to+\infty$）时或当 x 趋于负无穷大（$x\to-\infty$）时，函数 $f(x)=\arctan x$ 的极限，如图 1-10 所示．

（3）当 x 趋于 1（$x\to1$）时，函数 $f(x)=\dfrac{x^2-1}{x-1}$ 的极限，如图 1-11 所示．

（4）当 x 从 0 的右边趋于 0（$x\to0+0$）时或 x 从 0 的左边趋于 0（$x\to0-0$）时，函数 $f(x)=\begin{cases}1, & x>0,\\ 0, & x=0,\\ -1, & x<0\end{cases}$ 的极限，如图 1-12 所示．

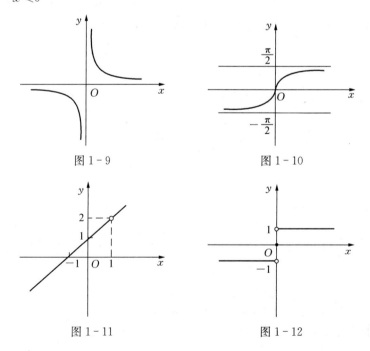

图 1-9　　　　　　　　　　图 1-10

图 1-11　　　　　　　　　　图 1-12

从图像易知，$\lim\limits_{x\to\infty}\dfrac{1}{x}=0$，$\lim\limits_{x\to+\infty}\arctan x=\dfrac{\pi}{2}$，$\lim\limits_{x\to-\infty}\arctan x=-\dfrac{\pi}{2}$，$\lim\limits_{x\to1}\dfrac{x^2-1}{x-1}=2$，$\lim\limits_{x\to0+0}f(x)=1$，$\lim\limits_{x\to0-0}f(x)=-1$. 用同样的方法可知，当 $x\to\infty$ 时，函数 $f(x)=\sin x$ 不趋于某定数，所以，当 $x\to\infty$ 时，函数 $f(x)=\sin x$ 不存在极限. 借助函数图像，对基本初等函数我们可得到更一般的结论：**设函数 $y=f(x)$ 是一个基本初等函数，其定义域为 D，则对任意 $x_0\in D$，有 $\lim\limits_{x\to x_0}f(x)=f(x_0)$，或 $\lim\limits_{x\to x_0+0}f(x)=f(x_0)$ 或 $\lim\limits_{x\to x_0-0}f(x)=f(x_0)$.** 下面给出函数极限的严格定义，并用定义证明函数极限的一些有用的性质.

定义 2　**设函数 $f(x)$ 在区间 $(-\infty,-a)\bigcup(a,+\infty)$ 上有定义（$a>0$），存在实数 A，如果对任意的 $\varepsilon>0$，总存在实数 $X>0$，对任意的 $|x|>X$，有 $|f(x)-A|<\varepsilon$，则称函数 $f(x)$ 当 $x\to\infty$ 时存在极限（或收敛），且极限为 A（或收敛于 A），记为 $\lim\limits_{x\to\infty}f(x)=A$ 或 $f(x)\to A$ 当 $x\to\infty$. 若函数 $f(x)$ 不存在极限，则称为发散.**

在给出定义 3 之前，我们首先介绍一种常用的数集表示方法——邻域. 设 a 与 δ 为两个实数，且 $\delta>0$，将以 a 为中心、δ 为半径的开区间 $(a-\delta,a+\delta)=\{x\,|\,a-\delta<x<a+\delta\}$ 叫做点 a 的 δ 邻域，记作 $U(a,\delta)$. 在邻域 $U(a,\delta)$ 中去掉中心 a 后的集合 $(a-\delta,a)\bigcup(a,a+\delta)$ 称为点 a 的去心 δ 邻域，记为 $\mathring{U}(a,\delta)$.

定义 3　**设函数 $f(x)$ 在点 x_0 的某去心邻域内有定义，存在实数 A，如果对任意的 $\varepsilon>0$，总存在 $\delta>0$，对任意的 $x\in\mathring{U}(x_0,\delta)$，有 $|f(x)-A|<\varepsilon$，则称函数 $f(x)$ 当 $x\to x_0$ 时存在极限（或收敛），且极限为 A（或收敛于 A），记为 $\lim\limits_{x\to x_0}f(x)=A$ 或 $f(x)\to A$ 当 $x\to x_0$. 若函数 $f(x)$ 不存在极限，则称为发散.**

定义 4　**设函数 $f(x)$ 在区间 $(a-r,a)$（或 $(a,a+r)$，其中 $r>0$）上有定义，存在实数 A，如果对任意的 $\varepsilon>0$，总存在 $\delta>0$，对任意的 $x\in(a-\delta,a)$（或 $x\in(a,a+\delta)$，其中 $\delta<r$）时，有 $|f(x)-A|<\varepsilon$，则称函数 $f(x)$ 在点 a 存在左极限（或右极限），且左极限为 A（或右极限为 A），记为 $\lim\limits_{x\to a-0}f(x)=A$（或 $\lim\limits_{x\to a+0}f(x)=A$），等价的记法还有：$\lim\limits_{x\to a^-}f(x)=A$，$f(a-0)=A$（或 $\lim\limits_{x\to a^+}f(x)=A$，$f(a+0)=A$）.**

例 3　证明 $\lim\limits_{x\to\infty}C=C$（$C$ 为常数）.

证明　因为，对任意给的 $\varepsilon>0$，恒有
$$|C-C|=0<\varepsilon,$$
于是，对任意给的 $\varepsilon>0$，任取 $X>0$，对任意的 $|x|>X$，有 $|C-C|<\varepsilon$，所以 $\lim\limits_{x\to\infty}C=C$.

例 4　证明 $\lim\limits_{x\to x_0}x=x_0$.

证明　对任意给的 $\varepsilon>0$，要 $|x-x_0|<\varepsilon$ 成立，只需取 $\delta=\varepsilon$ 即可.

于是，对任意给的 $\varepsilon>0$，存在 $\delta=\varepsilon>0$，对任意的 $x\in\mathring{U}(x_0,\delta)$，有 $|x-x_0|<\varepsilon$，所以 $\lim\limits_{x\to x_0}x=x_0$.

例 5　证明 $\lim\limits_{x\to x_0}\sin x=\sin x_0$.

证明　对任意给的 $\varepsilon>0$，要 $|\sin x-\sin x_0|<\varepsilon$ 成立，只需
$$|\sin x-\sin x_0|=2\left|\cos\dfrac{x+x_0}{2}\right|\cdot\left|\sin\dfrac{x-x_0}{2}\right|\leqslant2\times1\times\dfrac{|x-x_0|}{2}=|x-x_0|<\varepsilon,$$

即 $|x-x_0|<\varepsilon$，取 $\delta=\varepsilon$ 即可．

于是，对任意给的 $\varepsilon>0$，存在 $\delta=\varepsilon>0$，对任意的 $x\in\overset{\circ}{U}(x_0,\delta)$，有 $|\sin x-\sin x_0|<\varepsilon$，所以 $\lim\limits_{x\to x_0}\sin x=\sin x_0$．

从上述讨论可知，函数的极限形式依自变量的趋势不同有如下六种情形：

$$\lim_{x\to\infty}f(x),\ \lim_{x\to+\infty}f(x),\ \lim_{x\to-\infty}f(x),\ \lim_{x\to x_0}f(x),\ \lim_{x\to x_0+0}f(x),\ \lim_{x\to x_0-0}f(x).$$

我们已给出了函数极限四种形式的定义，另外两种情形留给读者自己写出．在收敛的前提下，这六种函数极限形式都有完全类似的性质，今后若没有特别声明，我们均以 $x\to x_0$ 为例来讨论函数极限的有关性质．

2. 函数极限的性质

定理 1　若函数 $f(x)$ 在点 x_0 处存在极限，则极限唯一．

证明（反证法）　设 $\lim\limits_{x\to x_0}f(x)=a$，$\lim\limits_{x\to x_0}f(x)=b$，且 $a>b$，取 $\varepsilon=\dfrac{a-b}{2}>0$，由 $\lim\limits_{x\to x_0}f(x)=a$，存在 $\delta_1>0$，当 $x\in\overset{\circ}{U}(x_0,\delta_1)$，有 $|f(x)-a|<\dfrac{a-b}{2}$，即

$$\frac{a+b}{2}<f(x)<\frac{3a-b}{2}. \tag{1}$$

由 $\lim\limits_{x\to x_0}f(x)=b$，存在 $\delta_2>0$，当 $x\in\overset{\circ}{U}(x_0,\delta_2)$，有 $|f(x)-b|<\dfrac{a-b}{2}$，即

$$\frac{3b-a}{2}<f(x)<\frac{a+b}{2}. \tag{2}$$

取 $\delta=\min\{\delta_1,\delta_2\}$，则当 $x\in\overset{\circ}{U}(x_0,\delta)$ 时，(1)式、(2)式同时成立，即导致矛盾：

$$\frac{a+b}{2}<f(x)<\frac{a+b}{2}.$$

所以，若函数 $f(x)$ 在点 x_0 处存在极限，则极限唯一．

定理 2　若 $\lim\limits_{x\to x_0}f(x)=a$，$\lim\limits_{x\to x_0}g(x)=b$，且 $a>b$，则存在 $\delta>0$，对任意的 $x\in\overset{\circ}{U}(x_0,\delta)$，有 $f(x)>g(x)$．

证明　取 $\varepsilon=\dfrac{a-b}{2}>0$，由 $\lim\limits_{x\to x_0}f(x)=a$，存在 $\delta_1>0$，当 $x\in\overset{\circ}{U}(x_0,\delta_1)$，有 $|f(x)-a|<\dfrac{a-b}{2}$，即

$$\frac{a+b}{2}<f(x)<\frac{3a-b}{2}. \tag{3}$$

由 $\lim\limits_{x\to x_0}g(x)=b$，存在 $\delta_2>0$，当 $x\in\overset{\circ}{U}(x_0,\delta_2)$，有 $|g(x)-b|<\dfrac{a-b}{2}$，即

$$\frac{3b-a}{2}<g(x)<\frac{a+b}{2}. \tag{4}$$

取 $\delta=\min\{\delta_1,\delta_2\}$，则当 $x\in\overset{\circ}{U}(x_0,\delta)$ 时，(3)式、(4)式同时成立，即

$$g(x)<\frac{a+b}{2}<f(x).$$

于是，存在 $\delta=\min\{\delta_1,\delta_2\}$，当 $x\in\overset{\circ}{U}(x_0,\delta)$ 时，有 $f(x)>g(x)$．

推论 若$\lim\limits_{x \to x_0} f(x)=a$，$\lim\limits_{x \to x_0} g(x)=b$，且存在$\delta>0$，对任意的$x \in \mathring{U}(x_0, \delta)$，有$f(x)>g(x)$，则$a \geqslant b$.

由定理2，应用反证法即可证明此推论.

定理3 $\lim\limits_{x \to x_0} f(x)=a$**的充要条件是**：$\lim\limits_{x \to x_0+0} f(x)=\lim\limits_{x \to x_0-0} f(x)=a$.

证明 必要性的证明是显然的，下面给出充分性的证明. 对任意给的$\varepsilon>0$，由$\lim\limits_{x \to x_0+0} f(x)=a$，存在$\delta_1>0$，当$x \in (x_0, x_0+\delta_1)$时，有

$$|f(x)-a|<\varepsilon, \tag{5}$$

由$\lim\limits_{x \to x_0-0} f(x)=a$，存在$\delta_2>0$，当$x \in (x_0-\delta_2, x_0)$时，有

$$|f(x)-a|<\varepsilon, \tag{6}$$

取$\delta=\min\{\delta_1, \delta_2\}$，则当$x \in \mathring{U}(x_0, \delta)$时，(5)式、(6)式同时成立.

于是，对任意给的$\varepsilon>0$，存在$\delta=\min\{\delta_1, \delta_2\}$，对任意的$x \in \mathring{U}(x_0, \delta)$，有$|f(x)-a|<\varepsilon$，所以$\lim\limits_{x \to x_0} f(x)=a$.

定理4 **若**$\lim\limits_{x \to x_0} f(x)=a$，**则存在**$\delta>0$，**使得函数**$f(x)$**在**$\mathring{U}(x_0, \delta)$**内有界，即存在**$M>0$，**当**$x \in \mathring{U}(x_0, \delta)$**时，有**$|f(x)| \leqslant M$.

证明 取$\varepsilon=1>0$，由$\lim\limits_{x \to x_0} f(x)=a$，则存在$\delta>0$，当$x \in \mathring{U}(x_0, \delta)$时，有

$$|f(x)-a|<1,$$

从而有$|f(x)|=|f(x)-a+a| \leqslant |f(x)-a|+|a| \leqslant 1+|a|$，取$M=1+|a|>0$，则当$x \in \mathring{U}(x_0, \delta)$时，有$|f(x)| \leqslant M$.

定理5 **若**$\lim\limits_{x \to x_0} g(x)=\lim\limits_{x \to x_0} h(x)=a$，**且存在**$\delta_0>0$，**当**$x \in \mathring{U}(x_0, \delta_0)$**时有**

$$g(x) \leqslant f(x) \leqslant h(x),$$

则$\lim\limits_{x \to x_0} f(x)=a$.

证明 对任意给的$\varepsilon>0$，由$\lim\limits_{x \to x_0} g(x)=a$，存在$\delta_1>0$，当$x \in \mathring{U}(x_0, \delta_1)$，有

$$a-\varepsilon<g(x)<a+\varepsilon. \tag{7}$$

由$\lim\limits_{x \to x_0} h(x)=a$，存在$\delta_2>0$，当$x \in \mathring{U}(x_0, \delta_2)$，有

$$a-\varepsilon<h(x)<a+\varepsilon. \tag{8}$$

取$\delta=\min\{\delta_0, \delta_1, \delta_2\}$，当$x \in \mathring{U}(x_0, \delta)$，应用已知条件及(7)式、(8)式得

$$a-\varepsilon<g(x) \leqslant f(x) \leqslant h(x)<a+\varepsilon,$$

即$|f(x)-a|<\varepsilon$.

于是对任意给的$\varepsilon>0$，存在$\delta>0$，当$x \in \mathring{U}(x_0, \delta)$，有$|f(x)-a|<\varepsilon$，所以$\lim\limits_{x \to x_0} f(x)=a$.

定理6（柯西极限存在准则） **函数**$f(x)$**在点**x_0**存在极限的充要条件是**：**对任意给的**$\varepsilon>0$，**存在**$\delta>0$，**当**$x', x'' \in \mathring{U}(x_0, \delta)$，**有**$|f(x')-f(x'')|<\varepsilon$.

必要性的证明 设$\lim\limits_{x \to x_0} f(x)=a$，则对任意给的$\varepsilon>0$，存在$\delta>0$，当$x \in \mathring{U}(x_0, \delta)$，

有 $|f(x)-a|<\dfrac{\varepsilon}{2}$. 当然，对任意 x'，$x''\in \mathring{U}(x_0，\delta)$，同时有

$$|f(x')-a|<\frac{\varepsilon}{2}，|f(x'')-a|<\frac{\varepsilon}{2}，$$

于是 $$|f(x')-f(x'')|\leqslant |f(x')-a|+|f(x'')-a|<\varepsilon.$$

充分性的证明从略.

应用柯西极限存在准则，可以证明函数 $f(x)=\sin\dfrac{1}{x}$，当 $x\to 0$ 时不存在极限.

事实上，只要取 $\varepsilon_0=\dfrac{1}{2}>0$，$x'=\dfrac{1}{n\pi+\dfrac{\pi}{2}}$，$x''=\dfrac{1}{n\pi}$，对任意的 $\delta>0$，当 n 充分大时，可

使 x'，$x''\in \mathring{U}(0，\delta)$，且有

$$|f(x')-f(x'')|=\left|\sin\left(n\pi+\frac{\pi}{2}\right)-\sin(n\pi)\right|=1>\frac{1}{2}=\varepsilon_0，$$

即，当 $x\to 0$ 时，函数 $f(x)=\sin\dfrac{1}{x}$ 不满足柯西极限准则. 故函数 $f(x)=\sin\dfrac{1}{x}$，当 $x\to 0$ 时不存在极限.

定理 7 设函数 $f(x)$ 在 $\mathring{U}(x_0，r)$ 内有定义，$\lim\limits_{x\to x_0}f(x)=a$ 的充要条件是：对任意含于 $\mathring{U}(x_0，r)$ 且以 x_0 为极限的数列 $\{x_n\}$ 有 $\lim\limits_{n\to\infty}f(x_n)=a$.

证明 （1）必要性 若 $\lim\limits_{x\to x_0}f(x)=a$，则对任意给的 $\varepsilon>0$，存在 $\delta>0(\delta<r)$，当 $x\in \mathring{U}(x_0，\delta)$，有 $|f(x)-a|<\varepsilon$.

而 $\{x_n\}\subset\mathring{U}(x_0，r)$，且 $\lim\limits_{n\to\infty}x_n=x_0$，则对 $\delta>0$ 而言，存在自然数 N，当 $n>N$，有 $|x_n-x_0|<\delta$，从而 $|f(x_n)-a|<\varepsilon$，所以 $\lim\limits_{n\to\infty}f(x_n)=a$.

（2）充分性 设对任意的数列 $\{x_n\}\subset\mathring{U}(x_0，r)$，且当 $\lim\limits_{n\to\infty}x_n=x_0$ 时，有 $\lim\limits_{n\to\infty}f(x_n)=a$. 下面用反证法证明 $\lim\limits_{x\to x_0}f(x)=a$.

若 $\lim\limits_{x\to x_0}f(x)\neq a$，则存在 $\varepsilon_0>0$，对任意的 $\delta'>0$，总存在 $x'\in \mathring{U}(x_0，\delta')$，使得

$$|f(x')-a|\geqslant\varepsilon_0.$$

依次取 $\delta'=r$，$\dfrac{r}{2}$，$\dfrac{r}{3}$，$\cdots$，$\dfrac{r}{n}$，$\cdots$，则存在对应的 $x'=x_1$，x_2，x_3，$\cdots$，x_n，$\cdots$，使得

$$|x_n-x_0|<\frac{r}{n}，$$

而 $|f(x_n)-a|\geqslant\varepsilon_0(n=1，2，3，\cdots)$，从而，数列 $\{x_n\}\subset\mathring{U}(x_0，r)$，且 $\lim\limits_{n\to\infty}x_n=x_0$，但是 $\lim\limits_{x\to x_0}f(x_n)\neq a$，这与已知相矛盾. 即必有 $\lim\limits_{x\to x_0}f(x)=a$.

定理 7 揭示了函数极限与数列极限的关系. 应用定理的必要条件可以很方便地判别某些函数不存在极限. 如证明 $\lim\limits_{x\to 0}\cos\dfrac{1}{x}$ 不存在. 事实上只需取 $x_n=\dfrac{1}{2n\pi+\pi}$，$y_n=\dfrac{1}{2n\pi}$，$n=1，2，3，\cdots$，

显然，$\lim\limits_{n\to\infty}x_n=0$，$\lim\limits_{n\to\infty}y_n=0$，但是 $\lim\limits_{n\to\infty}f(x_n)=-1$，$\lim\limits_{n\to\infty}f(y_n)=1$，所以 $\lim\limits_{x\to0}\cos\dfrac{1}{x}$ 不存在.

定理 8 如果函数 $f(x)$ 在 $[a-\delta,a)(\delta>0)$ 内单调有界，则当 $x\to a^-$ 时，函数 $f(x)$ 收敛，即极限 $\lim\limits_{x\to a^-}f(x)$ 存在.

证明从略. 对数列有如下结论.

定理 9 单调有界数列必收敛.

例 6 证明数列 $\left\{\dfrac{a^n}{n!}\right\}(a>0)$ 收敛.

证明 令 $x_n=\dfrac{a^n}{n!}$，则有

$$x_{n+1}=\frac{a^{n+1}}{(n+1)!}=\frac{a^n}{n!}\cdot\frac{a}{n+1}=x_n\frac{a}{n+1},$$

显然，对任意的自然数 n 有 $x_n>0$. 且当 $n>a-1$ 时，有 $\dfrac{a}{n+1}<1$，则

$$x_{n+1}=x_n\frac{a}{n+1}<x_n,$$

所以，数列 $\left\{\dfrac{a^n}{n!}\right\}$ 严格单调递减且有下界，由定理 9 知，数列 $\left\{\dfrac{a^n}{n!}\right\}$ 必收敛.

注意，应用第三节极限运算法则，我们还可以求该数列的极限. 事实上，只需令 $\lim\limits_{n\to\infty}\dfrac{a^n}{n!}=l$，对 $x_{n+1}=x_n\dfrac{a}{n+1}$ 两边取极限，得

$$\lim_{n\to\infty}x_{n+1}=\lim_{n\to\infty}x_n\cdot\lim_{n\to\infty}\frac{a}{n+1},$$

而数列 $\{x_{n+1}\}$ 是数列 $\{x_n\}$ 的子数列，由总练习一第 20 题知：$\lim\limits_{n\to\infty}x_{n+1}=\lim\limits_{n\to\infty}x_n=l$，从而有

$$l=l\cdot0=0,$$

故 $\lim\limits_{n\to\infty}\dfrac{a^n}{n!}=0$.

三、无穷小与无穷大

1. 无穷小定义

函数 $f(x)$ 的自变量在某一变化过程中（$x\to x_0$，$x\to\infty$，$x\to+\infty$ 等），其极限为零（$f(x)\to0$），这样的函数在很多时候具有重要的意义，我们将单独给予讨论.

定义 5 如果 $\lim\limits_{x\to x_0}f(x)=0$，则称 $f(x)$ 当 $x\to x_0$ 时是无穷小.

如当 $n\to\infty$ 时，数列 $\left\{\dfrac{(-1)^n}{n}\right\}$，$\left\{\dfrac{1}{\sqrt{n}}\right\}$，$\left\{\dfrac{1}{n+1}\right\}$ 等均是无穷小；当 $x\to0$ 时，$\sin x$ 是无穷小；当 $x\to\dfrac{\pi}{2}$ 时，$\cos x$ 是无穷小等.

2. 无穷小的性质

$f(x)$ 当 $x\to x_0$ 时是无穷小，当且仅当 $\lim\limits_{x\to x_0}f(x)=0$，所以，无穷小的定义又可叙述为：

对于任给的 $\varepsilon>0$，存在 $\delta>0$，当 $x\in \mathring{U}(x_0,\delta)$ 时，有 $|f(x)|<\varepsilon$. 根据极限的定义，不难证明无穷小有如下性质.

性质 1 若函数 $f(x)$ 与 $g(x)$ 当 $x\to x_0$ 时是无穷小，则函数 $(f(x)\pm g(x))$ 与 $f(x)g(x)$ 当 $x\to x_0$ 时也都是无穷小.

性质 2 若函数 $f(x)$ 当 $x\to x_0$ 时是无穷小，函数 $g(x)$ 在 x_0 的某去心邻域内有界，则函数 $f(x)g(x)$ 当 $x\to x_0$ 时是无穷小.

推论 常数与无穷小的积是无穷小.

性质 3 函数 $f(x)$ 当 $x\to x_0$ 时极限为 a 的充要条件是：$f(x)$ 可表示为 a 与一个无穷小的和，即，$f(x)=a+\alpha(x)$，其中 $\alpha(x)$ 当 $x\to x_0$ 时是无穷小.

证明 （1）必要性 已知 $\lim\limits_{x\to x_0}f(x)=a$，由极限定义得，对于任给的 $\varepsilon>0$，存在 $\delta>0$，当 $x\in \mathring{U}(x_0,\delta)$ 时，有 $|f(x)-a|<\varepsilon$.

令 $\alpha(x)=f(x)-a$，则 $\alpha(x)$ 当 $x\to x_0$ 时是无穷小，所以，$f(x)=a+\alpha(x)$.

（2）充分性 已知 $\alpha(x)=f(x)-a$ 当 $x\to x_0$ 时是无穷小，即 $\lim\limits_{x\to x_0}\alpha(x)=0$，则对于任给的 $\varepsilon>0$，存在 $\delta>0$，当 $x\in \mathring{U}(x_0,\delta)$ 时，有 $|\alpha(x)|<\varepsilon$，即 $|f(x)-a|<\varepsilon$，所以 $\lim\limits_{x\to x_0}f(x)=a$.

3. 无穷大

从函数图像易知，当 $x\to \dfrac{\pi}{2}$ 时，$f(x)=\tan x$ 的绝对值无限增大；当 $x\to 0$ 时，$f(x)=\dfrac{1}{x}$ 的绝对值无限增大，这时我们称 $f(x)$ 为某一变化过程下的无穷大，它与无穷小有密切的关系，类似于无穷小有如下定义.

定义 6 设函数 $f(x)$ 在 x_0 的某去心邻域内有定义，若对任意给的 $M>0$，存在 $\delta>0$，当 $x\in \mathring{U}(x_0,\delta)$ 时，有 $|f(x)|>M$，则称函数 $f(x)$ 当 $x\to x_0$ 时为无穷大，记为 $\lim\limits_{x\to x_0}f(x)=\infty$ 或 $f(x)\to\infty(x\to x_0)$.

如果将定义中的 $|f(x)|>M$ 改为 $f(x)>M$ 或 $f(x)<-M$，就可得到正无穷大 $(\lim\limits_{x\to x_0}f(x)=+\infty)$ 或负无穷大 $(\lim\limits_{x\to x_0}f(x)=-\infty)$ 的定义.

下述定理揭示了无穷大与无穷小的关系.

定理 10 设函数 $f(x)$ 在 x_0 的某去心邻域内有定义，且 $f(x)\neq0$，如果 $f(x)$ 是无穷小 $(x\to x_0)$，则 $\dfrac{1}{f(x)}$ 是无穷大 $(x\to x_0)$；如果 $f(x)$ 是无穷大 $(x\to x_0)$，则 $\dfrac{1}{f(x)}$ 是无穷小 $(x\to x_0)$.

证明 （1）$f(x)$ 是无穷小 $(x\to x_0)$，则 $\dfrac{1}{f(x)}$ 是无穷大 $(x\to x_0)$，其中 $f(x)\neq0$.

已知 $f(x)$ 是无穷小 $(x\to x_0)$，即 $\lim\limits_{x\to x_0}f(x)=0$，则对任意给的 $M>0$，取 $\varepsilon=\dfrac{1}{M}>0$，存在 $\delta>0$，当 $x\in \mathring{U}(x_0,\delta)$ 时，有

$$|f(x)|<\varepsilon=\frac{1}{M}, \quad 即 \quad \left|\frac{1}{f(x)}\right|>M.$$

于是，任意给 $M>0$，存在 $\delta>0$，当 $x\in\overset{\circ}{U}(x_0,\delta)$ 时，有 $\left|\dfrac{1}{f(x)}\right|>M$，所以 $\dfrac{1}{f(x)}$ 是无穷大 $(x\rightarrow x_0)$.

(2) $f(x)$ 是无穷大 $(x\rightarrow x_0)$，则 $\dfrac{1}{f(x)}$ 是无穷小 $(x\rightarrow x_0)$.

已知 $f(x)$ 是无穷大 $(x\rightarrow x_0)$，即 $\lim\limits_{x\rightarrow x_0}f(x)=\infty$，则对任意给的 $\varepsilon>0$，取 $M=\dfrac{1}{\varepsilon}>0$，存在 $\delta>0$，当 $x\in\overset{\circ}{U}(x_0,\delta)$ 时，有

$$|f(x)|>M=\frac{1}{\varepsilon}, \quad 即 \left|\frac{1}{f(x)}\right|<\varepsilon,$$

于是，对任意给的 $\varepsilon>0$，存在 $\delta>0$，当 $x\in\overset{\circ}{U}(x_0,\delta)$ 时，有 $\left|\dfrac{1}{f(x)}\right|<\varepsilon$，所以 $\dfrac{1}{f(x)}$ 是无穷小 $(x\rightarrow x_0)$.

例 7 用无穷大定义证明 $\lim\limits_{x\rightarrow 3}\dfrac{1}{(x-3)^2}=+\infty$.

证明 对任给的 $M>0$，要

$$\frac{1}{(x-3)^2}>M$$

成立，只需 $|x-3|<\dfrac{1}{\sqrt{M}}$，即取 $\delta=\dfrac{1}{\sqrt{M}}>0$ 即可.

于是，对任给的 $M>0$，存在 $\delta=\dfrac{1}{\sqrt{M}}>0$，当 $x\in\overset{\circ}{U}(x_0,\delta)$ 时，有 $\dfrac{1}{(x-3)^2}>M$，所以 $\lim\limits_{x\rightarrow 3}\dfrac{1}{(x-3)^2}=+\infty$.

习　题　1 - 2

1. 观察数列 $x_n=4-\dfrac{1}{10n}$ 的变化趋势 $(n\rightarrow\infty)$，求其极限；该数列第几项后的所有项与其极限的差的绝对值小于任意的小正数 ε？当 $\varepsilon=0.001$ 时，该数列第几项后的所有项与其极限的差的绝对值小于小正数 0.001？

2. 已知函数的图像如图 1-13 所示，求下列极限或解释为什么没有极限.

(1) $\lim\limits_{x\rightarrow 1^-}g(x)$；(2) $\lim\limits_{x\rightarrow 1^+}g(x)$；(3) $\lim\limits_{x\rightarrow 1}g(x)$；

(4) $\lim\limits_{x\rightarrow 2}g(x)$；(5) $\lim\limits_{x\rightarrow 3}g(x)$.

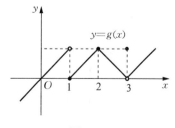

图 1-13

3. 借助函数的图像，考察其变化趋势，并写出极限.

(1) $\lim\limits_{x\rightarrow 1}(2x-3)$；(2) $\lim\limits_{x\rightarrow 3}\dfrac{x^2-9}{3-x}$；(3) $\lim\limits_{x\rightarrow 0+0}\ln x$；

(4) $\lim\limits_{x\rightarrow-\infty}e^x$.

4. 借助函数的图像，考察其变化趋势，求出下列函数在指定点 x_0 处的左右极限，并判

断在 x_0 处的极限是否存在，若存在，写出其极限.

(1) $f(x)=\begin{cases} x^2, & x\geqslant-1, \\ x+1, & x<-1, \end{cases}x_0=-1$; (2) $f(x)=\begin{cases} |\sin x|, & x\neq0, \\ 1, & x=0, \end{cases}x_0=0.$

5. 当 $x\to0$ 时，函数 $f(x)=x\cdot\sin\dfrac{1}{x}$ 是无穷小吗？为什么？

6. 根据无穷小及无穷大的定义，至少举一个函数例子，满足以下极限.

(1) $\lim\limits_{x\to+\infty}f(x)=0$; (2) $\lim\limits_{x\to3^+}f(x)=\infty$; (3) $\lim\limits_{x\to3^-}f(x)=+\infty$;

(4) $\lim\limits_{x\to2}f(x)=0$; (5) $\lim\limits_{x\to+\infty}f(x)=+\infty$.

第三节　函数极限的计算

一、函数极限的运算法则

定理 1　若 $\lim\limits_{x\to x_0}f(x)=a$，$\lim\limits_{x\to x_0}g(x)=b$，则

(1) $\lim\limits_{x\to x_0}(f(x)\pm g(x))=\lim\limits_{x\to x_0}f(x)\pm\lim\limits_{x\to x_0}g(x)=a\pm b$;

(2) $\lim\limits_{x\to x_0}(f(x)\cdot g(x))=\lim\limits_{x\to x_0}f(x)\cdot\lim\limits_{x\to x_0}g(x)=ab$;

(3) $\lim\limits_{x\to x_0}\dfrac{f(x)}{g(x)}=\dfrac{\lim\limits_{x\to x_0}f(x)}{\lim\limits_{x\to x_0}g(x)}=\dfrac{a}{b}(b\neq0).$

证明　(1) 任给 $\varepsilon>0$，由 $\lim\limits_{x\to x_0}f(x)=a$，存在 $\delta_1>0$，当 $x\in\mathring{U}(x_0,\delta_1)$ 时，有

$$|f(x)-a|<\frac{\varepsilon}{2},$$

由 $\lim\limits_{x\to x_0}g(x)=b$，存在 $\delta_2>0$，当 $x\in\mathring{U}(x_0,\delta_2)$ 时，有

$$|g(x)-b|<\frac{\varepsilon}{2},$$

取 $\delta=\min\{\delta_1,\delta_2\}$，则当 $x\in\mathring{U}(x_0,\delta)$ 时，有
$$|(f(x)\pm g(x))-(a\pm b)|=|(f(x)-a)\pm(g(x)-b)|\leqslant|f(x)-a|+|g(x)-b|$$
$$\leqslant\frac{\varepsilon}{2}+\frac{\varepsilon}{2}=\varepsilon.$$

于是，任给 $\varepsilon>0$，存在 $\delta=\min\{\delta_1,\delta_2\}$，当 $x\in\mathring{U}(x_0,\delta)$ 时，有 $|(f(x)\pm g(x))-(a\pm b)|<\varepsilon$，所以 $\lim\limits_{x\to x_0}(f(x)\pm g(x))=\lim\limits_{x\to x_0}f(x)\pm\lim\limits_{x\to x_0}g(x)=a\pm b.$

(2) 首先，由 $\lim\limits_{x\to x_0}g(x)=b$，根据第二节定理 4 得，$g(x)$ 是局部有界的，即存在 $M>0$，存在 $\delta_1>0$，当 $x\in\mathring{U}(x_0,\delta_1)$，有 $|g(x)|\leqslant M.$

任给 $\varepsilon>0$，由 $\lim\limits_{x\to x_0}f(x)=a$，则存在 $\delta_2>0$，当 $x\in\mathring{U}(x_0,\delta_2)$ 时，有

$$|f(x)-a|<\frac{\varepsilon}{2M}.$$

又由 $\lim\limits_{x\to x_0}g(x)=b$，则存在 $\delta_3>0$，当 $x\in\mathring{U}(x_0,\delta_3)$ 时，有

$$|g(x)-b|<\frac{\varepsilon}{2|a|}（不妨设 a\neq0）.$$

取 $\delta=\min\{\delta_1,\delta_2,\delta_3\}$，当 $x\in\mathring{U}(x_0,\delta)$ 时，有

$$|f(x)g(x)-ab|=|f(x)g(x)-ag(x)+ag(x)-ab|$$
$$\leqslant|f(x)-a||g(x)|+|g(x)-b||a|$$
$$\leqslant\frac{\varepsilon}{2M}M+\frac{\varepsilon}{2|a|}|a|=\varepsilon.$$

于是，对任意给的 $\varepsilon>0$，存在 $\delta>0$，当 $x\in\mathring{U}(x_0,\delta)$，有 $|f(x)g(x)-ab|<\varepsilon$，因此 $\lim\limits_{x\to x_0}f(x)g(x)=ab.$

（3）注意到 $\lim\limits_{x\to x_0}g(x)=b\neq0$，则存在 $\delta_1>0$，当 $x\in\mathring{U}(x_0,\delta_1)$ 时，有 $|g(x)-b|<\frac{|b|}{2}$，从而

$$|g(x)|=|g(x)-b+b|\geqslant|b|-|g(x)-b|\geqslant|b|-\frac{|b|}{2}=\frac{|b|}{2}.$$

下面证明 $\lim\limits_{x\to x_0}\frac{1}{g(x)}=\frac{1}{b}.$

对任意给的 $\varepsilon>0$，由 $\lim\limits_{x\to x_0}g(x)=b$，则存在 $\delta_2>0$，当 $x\in\mathring{U}(x_0,\delta_2)$ 时，有

$$|g(x)-b|<\frac{b^2}{2}\varepsilon.$$

取 $\delta=\min\{\delta_1,\delta_2\}$，当 $x\in\mathring{U}(x_0,\delta)$ 时，有

$$\left|\frac{1}{g(x)}-\frac{1}{b}\right|=\frac{|g(x)-b|}{|g(x)||b|}<\frac{\frac{b^2}{2}\varepsilon}{\frac{|b|}{2}|b|}=\varepsilon,$$

所以 $\lim\limits_{x\to x_0}\frac{1}{g(x)}=\frac{1}{b}$. 由（2）得 $\lim\limits_{x\to x_0}\frac{f(x)}{g(x)}=\lim\limits_{x\to x_0}\left(\frac{1}{g(x)}f(x)\right)=\frac{a}{b}.$

注意，定理 1 表明，代数和的极限等于极限的代数和；积的极限等于极限的积；商的极限等于极限的商（但分母的极限不为零）. 另外，和与积的运算法则均可推广到有限个函数情形.

定理 2 设函数 $y=f(\varphi(x))$ 是由 $u=\varphi(x)$ 及 $y=f(u)$ 复合而成的函数. 如果，$\lim\limits_{x\to x_0}\varphi(x)=a$，且存在 $r>0$，当 $x\in\mathring{U}(x_0,r)$ 时，有 $\varphi(x)\neq a$，又 $\lim\limits_{u\to a}f(u)=A$，则 $\lim\limits_{x\to x_0}f(\varphi(x))=A.$

证明 对任给的 $\varepsilon>0$，由 $\lim\limits_{u\to a}f(u)=A$，存在 $\eta>0$，当 $u\in\mathring{U}(a,\eta)$ 时，有
$$|f(\varphi(x))-A|=|f(u)-A|<\varepsilon.$$

对 $\eta>0$ 而言，由 $\lim\limits_{x\to x_0}\varphi(x)=a$，则存在 $\delta'>0$. 当 $x\in\mathring{U}(x_0,\delta')$ 时，有

$$|\varphi(x)-a|<\eta.$$

取 $\delta=\min\{r,\delta'\}$，则当 $x\in\mathring{U}(x_0,\delta)$ 时，有 $u=\varphi(x)\in\mathring{U}(a,\eta)$，即

$$|f(\varphi(x))-A|=|f(u)-A|<\varepsilon.$$

于是，对任给的 $\varepsilon>0$，存在 $\delta>0$，当 $x\in\mathring{U}(x_0,\delta)$ 时，有 $|f(\varphi(x))-A|<\varepsilon$，因此，$\lim\limits_{x\to x_0}f(\varphi(x))=A$.

下面的例题给出了用极限的运算法则和已知极限求极限的方法.

例 1 求下列极限.

(1) $\lim\limits_{x\to 2}(x^2+3x-9)$；(2) $\lim\limits_{x\to 2}\dfrac{x^3+2x^2-x+1}{x^2-x+10}$.

解 (1) $\lim\limits_{x\to 2}(x^2+3x-9)=(\lim\limits_{x\to 2}x)\cdot(\lim\limits_{x\to 2}x)+(\lim\limits_{x\to 2}3)\cdot(\lim\limits_{x\to 2}x)-\lim\limits_{x\to 2}9$

$$=4+6-9=1.$$

(2) 因为

$$\lim\limits_{x\to 2}(x^3+2x^2-x+1)=8+8-2+1=15,$$

$$\lim\limits_{x\to 2}(x^2-x+10)=4-2+10=12,$$

所以

$$\lim\limits_{x\to 2}\dfrac{x^3+2x-x+1}{x^2-x+10}=\dfrac{15}{12}=\dfrac{5}{4}.$$

显然，由例 1 可推广到更为一般的情形. 设有多项式

$$P(x)=a_0x^n+a_1x^{n-1}+\cdots+a_{n-1}x+a_n,$$

$$Q(x)=b_0x^m+b_1x^{m-1}+\cdots+b_{m-1}x+b_m,$$

则 $\lim\limits_{x\to x_0}P(x)=a_0x_0^n+a_1x_0^{n-1}+\cdots+a_{n-1}x_0+a_n=P(x_0)$，即 $\lim\limits_{x\to x_0}P(x)=P(x_0)$，$\lim\limits_{x\to x_0}Q(x)=Q(x_0)$. 如果 $\lim\limits_{x\to x_0}Q(x)=Q(x_0)\neq 0$，则 $\lim\limits_{x\to x_0}\dfrac{P(x)}{Q(x)}=\dfrac{P(x_0)}{Q(x_0)}$.

例 2 求下列极限.

(1) $\lim\limits_{x\to 1}\dfrac{x^2-1}{x-1}$；(2) $\lim\limits_{x\to -1}\dfrac{x+1}{\sqrt{2x+3}-1}$.

解 (1) $\lim\limits_{x\to 1}\dfrac{x^2-1}{x-1}=\lim\limits_{x\to 1}\dfrac{(x-1)(x+1)}{x-1}=\lim\limits_{x\to 1}(x+1)=2.$

(2) $\lim\limits_{x\to -1}\dfrac{x+1}{\sqrt{2x+3}-1}=\lim\limits_{x\to -1}\dfrac{(x+1)(\sqrt{2x+3}+1)}{(\sqrt{2x+3}-1)(\sqrt{2x+3}+1)}$

$$=\lim\limits_{x\to -1}\dfrac{(x+1)(\sqrt{2x+3}+1)}{2(x+1)}$$

$$=\lim\limits_{x\to -1}\dfrac{\sqrt{2x+3}+1}{2}=\dfrac{2}{2}=1.$$

例 3 求下列极限.

(1) $\lim\limits_{x\to\infty}\dfrac{2x^3+x^2-1}{3x^3+2x^2+9}$；(2) $\lim\limits_{x\to\infty}\dfrac{4x^2+3x-5}{x^3-9x+6}$；(3) $\lim\limits_{x\to\infty}\dfrac{3x^3+4x-7}{x^2+2x+8}$.

解 (1) $\lim\limits_{x\to\infty}\dfrac{2x^3+x^2-1}{3x^3+2x^2+9}=\lim\limits_{x\to\infty}\dfrac{2+\dfrac{1}{x}-\dfrac{1}{x^3}}{3+\dfrac{2}{x}+\dfrac{9}{x^3}}=\dfrac{2}{3}.$

(2) $\lim\limits_{x\to\infty}\dfrac{4x^2+3x-5}{x^3-9x+6}=\lim\limits_{x\to\infty}\dfrac{\dfrac{4}{x}+\dfrac{3}{x^2}-\dfrac{5}{x^3}}{1-\dfrac{9}{x^2}+\dfrac{6}{x^3}}=\dfrac{0}{1}=0.$

(3) 由例(2)知，$\lim\limits_{x\to\infty}\dfrac{x^2+2x+8}{3x^3+4x-7}=0$，所以

$$\lim\limits_{x\to\infty}\frac{3x^3+4x-7}{x^2+2x+8}=\infty.$$

由例3，对有理函数有如下一般结果：

$$\lim\limits_{x\to\infty}\frac{a_0x^n+a_1x^{n-1}+\cdots+a_{n-1}x+a_n}{b_0x^m+b_1x^{m-1}+\cdots+b_{m-1}x+b_m}=\begin{cases}\dfrac{a_0}{b_0},&m=n,\\[2mm]0,&m>n,\\[2mm]\infty,&m<n,\end{cases}$$

其中 $a_0\neq0$，$b_0\neq0$.

例4 求 $\lim\limits_{x\to\frac{\pi}{2}}x^{\sin x}$.

解 因为 $x^{\sin x}=e^{\sin x\ln x}$，所以

$$\lim\limits_{x\to\frac{\pi}{2}}x^{\sin x}=\lim e^{\sin x\ln x}=e^{\ln\frac{\pi}{2}}=\frac{\pi}{2}.$$

二、两个重要极限

我们不予证明地给出两个重要的极限，同时通过例题介绍其应用.

(1) $\lim\limits_{x\to0}\dfrac{\sin x}{x}=1$；(2) $\lim\limits_{x\to\infty}\left(1+\dfrac{1}{x}\right)^x=e$ 或 $\lim\limits_{y\to0}(1+y)^{\frac{1}{y}}=e$.

例5 求下列极限.

(1) $\lim\limits_{x\to0}\dfrac{\tan x}{x}$；(2) $\lim\limits_{x\to0}\dfrac{\tan2x}{\sin3x}$；(3) $\lim\limits_{x\to0}\dfrac{1-\cos x}{x^2}$.

解 (1) $\lim\limits_{x\to0}\dfrac{\tan x}{x}=\lim\limits_{x\to0}\left(\dfrac{\sin x}{x}\cdot\dfrac{1}{\cos x}\right)=\lim\limits_{x\to0}\dfrac{\sin x}{x}\cdot\lim\limits_{x\to0}\dfrac{1}{\cos x}=1.$

(2) $\lim\limits_{x\to0}\dfrac{\tan2x}{\sin3x}=\lim\limits_{x\to0}\left(\dfrac{\tan2x}{2x}\cdot\dfrac{3x}{\sin3x}\cdot\dfrac{2}{3}\right)$

$\qquad=\dfrac{2}{3}\cdot\lim\limits_{x\to0}\dfrac{\tan2x}{2x}\cdot\dfrac{1}{\lim\limits_{x\to0}\dfrac{\sin3x}{3x}}=\dfrac{2}{3}.$

(3) $\lim\limits_{x\to0}\dfrac{1-\cos x}{x^2}=\lim\limits_{x\to0}\dfrac{2\sin^2\dfrac{x}{2}}{x^2}=\lim\limits_{x\to0}\dfrac{1}{2}\left(\dfrac{\sin\dfrac{x}{2}}{\dfrac{x}{2}}\right)^2=\dfrac{1}{2}\left(\lim\limits_{x\to0}\dfrac{\sin\dfrac{x}{2}}{\dfrac{x}{2}}\right)^2=\dfrac{1}{2}.$

例 6 求下列极限.

(1) $\lim\limits_{x\to\infty}\left(1-\dfrac{1}{2x}\right)^x$；(2) $\lim\limits_{x\to\infty}\left(1+\dfrac{3}{x}\right)^x$.

解 (1) $\lim\limits_{x\to\infty}\left(1-\dfrac{1}{2x}\right)^x=\lim\limits_{x\to\infty}\left(\left(1-\dfrac{1}{2x}\right)^{-2x}\right)^{-\frac{1}{2}}=\left(\lim\limits_{x\to\infty}\left(1+\dfrac{1}{(-2x)}\right)^{-2x}\right)^{-\frac{1}{2}}=\mathrm{e}^{-\frac{1}{2}}.$

(2) 令 $y=\dfrac{3}{x}$，则当 $x\to\infty$ 时，$y\to 0$，所以

$$\lim\limits_{x\to\infty}\left(1+\dfrac{3}{x}\right)^x=\lim\limits_{y\to\infty}(1+y)^{\frac{3}{y}}=(\lim\limits_{y\to\infty}(1+y)^{\frac{1}{y}})^3=\mathrm{e}^3.$$

三、无穷小的比较

无穷小性质指出：两个无穷小的代数和是无穷小；两个无穷小之积是无穷小．但是，我们却不能断定两个无穷小的商也是无穷小．例如，当 $x\to 0$ 时，函数 x，x^2，$\sin x$ 及 $1-\cos x$ 均是无穷小，而 $\lim\limits_{x\to 0}\dfrac{x^2}{2x}=0$，$\lim\limits_{x\to 0}\dfrac{2x}{x^2}=\infty$，$\lim\limits_{x\to 0}\dfrac{\sin x}{x}=1$，$\lim\limits_{x\to 0}\dfrac{1-\cos x}{x^2}=\dfrac{1}{2}$.

由此可知，两个无穷小之商的极限有各种不同的情况，在同一过程下的无穷小趋向于零的速度不同，只有通过比较才能反应速度的快慢.

定义 1 设 $\alpha(x)$，$\beta(x)$ 当 $x\to x_0$ 时均是无穷小，且 $\alpha(x)\neq 0$，则

(1) 若 $\lim\limits_{x\to x_0}\dfrac{\beta(x)}{\alpha(x)}=0$，称 $\beta(x)$ 是 $\alpha(x)$ 的高阶无穷小，记为 $\beta=o(\alpha)$.

(2) 若 $\lim\limits_{x\to x_0}\dfrac{\beta(x)}{\alpha(x)}=\infty$，称 $\beta(x)$ 是 $\alpha(x)$ 的低阶无穷小.

(3) 若 $\lim\limits_{x\to x_0}\dfrac{\beta(x)}{\alpha(x)}=C$（$C$ 是不为零的常数），称 $\beta(x)$ 与 $\alpha(x)$ 是同阶无穷小.

(4) 若 $\lim\limits_{x\to x_0}\dfrac{\beta(x)}{\alpha(x)}=1$，称 $\beta(x)$ 与 $\alpha(x)$ 是等价无穷小，记为 $\alpha(x)\sim\beta(x)$ 或 $\alpha\sim\beta$.

上述定义刻画了两个无穷小趋向于零的快慢程度．$\beta(x)$ 是 $\alpha(x)$ 的高阶无穷小，就表明在同一过程下 $\beta(x)$ 趋向于零的速度快于 $\alpha(x)$；如果 $\beta(x)$ 与 $\alpha(x)$ 是同阶无穷小，则表示这两个无穷小在同一过程下趋向于零的速度相仿．等价无穷小是同阶无穷小的特殊情形，关于等价无穷小有下述有用的性质.

定理 3 设函数 $\alpha(x)$，$\beta(x)$，$\gamma(x)$ 在 x_0 某去心邻域内有定义，且当 $x\to x_0$ 时 $\alpha(x)$ 和 $\beta(x)$ 均为无穷小，$\alpha(x)\sim\beta(x)(x\to x_0)$，则

(1) 若 $\lim\limits_{x\to x_0}\alpha(x)\gamma(x)$ 存在，则 $\lim\limits_{x\to x_0}\beta(x)\gamma(x)$ 也存在，且

$$\lim\limits_{x\to x_0}\beta(x)\gamma(x)=\lim\limits_{x\to x_0}\alpha(x)\gamma(x).$$

(2) 若 $\lim\limits_{x\to x_0}\dfrac{\gamma(x)}{\alpha(x)}$ 存在，则 $\lim\limits_{x\to x_0}\dfrac{\gamma(x)}{\beta(x)}$ 也存在，且

$$\lim\limits_{x\to x_0}\dfrac{\gamma(x)}{\beta(x)}=\lim\limits_{x\to x_0}\dfrac{\gamma(x)}{\alpha(x)}.$$

证明 (1) 由已知 $\lim\limits_{x\to x_0}\dfrac{\beta(x)}{\alpha(x)}=1$，$\lim\limits_{x\to x_0}\alpha(x)\gamma(x)$ 存在，而

$$\lim_{x \to x_0} \beta(x)\gamma(x) = \lim_{x \to x_0} \left(\frac{\beta(x)}{\alpha(x)} \cdot \alpha(x)\gamma(x) \right) = \lim_{x \to x_0} \left(\frac{\beta(x)}{\alpha(x)} \right) \cdot \lim_{x \to x_0} (\alpha(x)\gamma(x))$$

$$= \lim_{x \to x_0} \alpha(x)\gamma(x),$$

所以 $\lim_{x \to x_0} \beta(x)\gamma(x)$ 存在，且 $\lim_{x \to x_0} \beta(x)\gamma(x) = \lim_{x \to x_0} \alpha(x)\gamma(x)$.

类似地可以证明(2).

推论 设函数 $\alpha(x)$，$\beta(x)$，$\alpha'(x)$，$\beta'(x)$ 当 $x \to x_0$ 时，均为无穷小，且 $\alpha(x) \sim \alpha'(x)$，$\beta(x) \sim \beta'(x)$，如果 $\lim_{x \to x_0} \dfrac{\alpha'(x)}{\beta'(x)}$ 存在，则 $\lim_{x \to x_0} \dfrac{\alpha(x)}{\beta(x)}$ 也存在，且

$$\lim_{x \to x_0} \frac{\alpha(x)}{\beta(x)} = \lim_{x \to x_0} \frac{\alpha'(x)}{\beta'(x)}.$$

利用定理 3，将对求无穷小商的极限带来极大的方便.

例 7 求下列极限.

(1) $\lim\limits_{x \to 0} \dfrac{x^2 + 2x}{\sin x}$; (2) $\lim\limits_{x \to 0} \dfrac{\tan 2x}{\sin 4x}$.

解 (1) 因为当 $x \to 0$ 时，$\sin x \sim x$，$x^2 + 2x \sim x^2 + 2x$，所以

$$\lim_{x \to 0} \frac{x^2 + 2x}{\sin x} = \lim_{x \to 0} \frac{x^2 + 2x}{x} = \lim_{x \to 0} (x + 2) = 2.$$

(2) 因为当 $x \to 0$ 时，$\tan 2x \sim 2x$，$\sin 4x \sim 4x$，所以

$$\lim_{x \to 0} \frac{\tan 2x}{\sin 4x} = \lim_{x \to 0} \frac{2x}{4x} = \frac{1}{2}.$$

习 题 1-3

1. 求下列函数极限.

(1) $\lim\limits_{x \to 7} (2x + 5)$;

(2) $\lim\limits_{x \to 6} 8(x - 5)(x - 7)$;

(3) $\lim\limits_{x \to 2} \dfrac{x + 2}{x^2 + 5x + 6}$;

(4) $\lim\limits_{x \to 0} \dfrac{3}{\sqrt{3x + 1} + 1}$;

(5) $\lim\limits_{x \to -3} (5 - x)^{\frac{4}{3}}$;

(6) $\lim\limits_{x \to 5} \dfrac{x - 5}{x^2 - 25}$;

(7) $\lim\limits_{x \to -5} \dfrac{x^2 + 3x - 10}{x + 5}$;

(8) $\lim\limits_{x \to -2} \dfrac{-2x - 4}{x^3 + 2x^2}$;

(9) $\lim\limits_{x \to 1} \dfrac{x - 1}{\sqrt{x + 3} - 2}$;

(10) $\lim\limits_{x \to 3} \sin\left(\dfrac{1}{x} - \dfrac{1}{2} \right)$;

(11) $\lim\limits_{x \to -1} \dfrac{\sqrt{x^2 + 8} - 3}{x + 1}$;

(12) $\lim\limits_{x \to 1} \dfrac{x^4 - 1}{x^3 - 1}$;

(13) $\lim\limits_{x \to 9} \dfrac{3 - \sqrt{x}}{9 - x}$;

(14) $\lim\limits_{x \to \pi} x \cos\left(\dfrac{\pi - x}{2} \right)$.

2. 求下列有理函数的极限.

(1) $\lim\limits_{x \to \infty} \dfrac{x + 3}{5x + 7}$;

(2) $\lim\limits_{x \to \infty} \dfrac{x + 1}{x^2 + 3}$;

(3) $\lim\limits_{x \to -\infty} \dfrac{1 - 12x^3}{4x^2 + 12}$;

(4) $\lim\limits_{x \to -\infty} \dfrac{3x^2 - 6x}{4x - 8}$;

(5) $\lim\limits_{x \to +\infty} \dfrac{2x^5 + 3}{-x^2 + x}$;

(6) $\lim\limits_{x \to 0} \dfrac{x^2 - 4x + 4}{x^3 + 5x^2 - 14x}$;

(7) $\lim\limits_{x \to 0} \dfrac{x^4 + x^3}{x^5 + 2x^4 + x^3}$;

(8) $\lim\limits_{x \to 1} \dfrac{x^2 + x}{x^5 + 2x^4 + x^3}$.

3. 设 α, β, γ 为同一过程下（如 $x \to x_0$）的无穷小，证明无穷小的等价关系具有下列性质．

(1) $\alpha \sim \alpha$（自反性）；

(2) 若 $\alpha \sim \beta$，则 $\beta \sim \alpha$（对称性）；

(3) 若 $\alpha \sim \beta$，$\beta \sim \gamma$，则 $\alpha \sim \gamma$（传递性）．

4. 求下列极限．

(1) $\lim\limits_{x \to 0} \dfrac{\sin 2x}{x}$；

(2) $\lim\limits_{x \to 0} \dfrac{\tan x - \sin x}{\sin^3 x}$；

(3) $\lim\limits_{x \to \frac{\pi}{2}} \dfrac{\cos x}{x - \dfrac{\pi}{2}}$；

(4) $\lim\limits_{x \to 0} \dfrac{\sin x^n}{(\sin x)^m}$，其中 n，m 是正整数；

(5) $\lim\limits_{x \to \infty}\left(1 + \dfrac{5}{x}\right)^x$；

(6) $\lim\limits_{x \to 0}(1-x)^{\frac{1}{x}+9}$；

(7) $\lim\limits_{x \to \infty}\left(1 - \dfrac{1}{x}\right)^{x+5}$；

(8) $\lim\limits_{x \to \infty}\left(\dfrac{x}{x-1}\right)^{2x-2}$．

5. 证明：当 $x \to 0$ 时，(1) $\arctan x \sim x$；(2) $1 - \cos x \sim \dfrac{x^2}{2}$．

第四节　函数的连续性

一、函数的连续性

本节开始，我们将以极限理论为工具，陆续对微积分研究的主要对象——函数，进行系统的讨论．首先，我们从函数在一点处的连续性开始，讨论函数的连续性．

观察如下两个函数在 $x_0 = 1$ 处及附近的图像．

(1) $f(x) = x + 1$，$x \in \mathbf{R}$，如图 1-14 所示．

(2) $g(x) = \begin{cases} x-1, & x \geqslant 1, \\ x-3, & x < 1, \end{cases}$ 如图 1-15 所示．

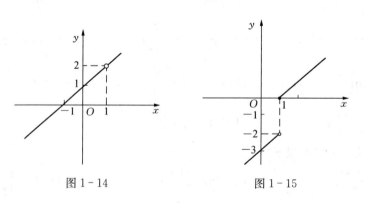

图 1-14　　　　　　　　图 1-15

从函数图像知，函数 $g(x)$ 在 $x_0 = 1$ 处是断开的，函数 $f(x)$ 在 $x_0 = 1$ 处不是断开的，即是连续的．从数学的角度看，当 $|x-1|$ 充分小时，$|f(x) - f(1)|$ 可以任意的小，但是 $|g(x) - g(1)|$ 却不能任意的小，这就是连续与不连续（间断）的数学本质．为了刻画这一数学本质，

下面给出一个简单的概念——**变量的增量(改变量)**.

通常将 $\Delta x = x - x_0$ 称为 x 在点 x_0 的增量(或改变量),相应的 $\Delta y = f(x_0 + \Delta x) - f(x_0)$ 叫做函数的增量(或改变量).如图 1-16,改变量 Δx 是变量在 x_0 附近变化的定量表示,通常情况我们说,对点 x_0 给予改变量 $\Delta x(\Delta x$ 可正,可负),即意味着变量在 x_0 附近取值或变化.

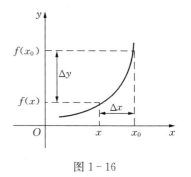

图 1-16

1. 函数在一点 x_0 处连续的定义

定义 1　设函数 $f(x)$ 在点 x_0 的某邻域内有定义,当自变量在 x_0 点的增量 $\Delta x = x - x_0$ 趋向于零时($\Delta x \to 0$),对应的函数的增量 $\Delta y = f(x_0 + \Delta x) - f(x_0)$ 也趋向于零,即 $\lim\limits_{\Delta x \to 0} \Delta y = 0$,这时称函数 $f(x)$ 在点 x_0 处连续,称点 x_0 为连续点;否则,称函数 $f(x)$ 在点 x_0 处间断,称点 x_0 为间断点.

注意到,$\Delta x = x - x_0$,即 $x = x_0 + \Delta x$,则
$$\Delta y = f(x_0 + \Delta x) - f(x_0) = f(x) - f(x_0),$$
即 $\lim\limits_{\Delta x \to 0} \Delta y = 0$ 等价于 $\lim\limits_{x \to x_0} f(x) = f(x_0)$,所以定义 1 还有如下两个等价的定义.

定义 2　设函数 $f(x)$ 在点 x_0 的某邻域内有定义,当 $x \to x_0$ 时,$f(x)$ 存在极限,且该极限等于 $f(x_0)$,即 $\lim\limits_{x \to x_0} f(x) = f(x_0)$,则称 $f(x)$ 在点 x_0 处连续.

定义 3　设函数 $f(x)$ 在点 x_0 的某邻域内有定义,对任意给的 $\varepsilon > 0$,存在 $\delta > 0$,当 $x \in U(x_0, \delta)$ 时,有 $|f(x) - f(x_0)| < \varepsilon$,则称 $f(x)$ 在点 x_0 处连续.

2. 函数在一点处左连续、右连续及函数在区间上的连续性

再分析上面提到的两个函数在点 $x_0 = 1$ 处的连续性,因为 $\lim\limits_{x \to 1} f(x) = 2 = f(1)$,所以函数 $f(x) = x + 1$ 在点 $x_0 = 1$ 处连续,而当 $x \to 1$ 时,$g(x)$ 不存在极限,即函数 $g(x)$ 在点 $x_0 = 1$ 处间断.为能全面地刻画函数的连续性,下面给出左连续与右连续的定义.

定义 4　若 $x \to x_0 + 0$ 时,函数 $f(x)$ 存在极限,且等于 $f(x_0)$,即
$$\lim\limits_{x \to x_0 + 0} f(x) = f(x_0 + 0) = f(x_0),$$
则称 $f(x)$ 在点 x_0 处右连续.若 $\lim\limits_{x \to x_0 - 0} f(x) = f(x_0 - 0) = f(x_0)$,则称 $f(x)$ 在点 x_0 处左连续.

由第二节定理 3 得,函数 $f(x)$ 在点 x_0 处连续的充要条件是:$f(x)$ 在点 x_0 处既左连续又右连续.

一般地,若函数 $f(x)$ 在区间 I 上的每一点都连续(如果 I 含有端点,则在断点处的连续为左端点右连续、右端点左连续),则称函数 $f(x)$ 为区间 I 上的连续函数,或者称函数 $f(x)$ 在区间 I 上连续.可以证明,**基本初等函数在定义域上是连续函数**.

3. 函数的间断点

分析连续的定义知,函数 $f(x)$ 在点 x_0 处连续必须满足如下三个条件:

(1)　函数 $f(x)$ 在点 x_0 有定义.

(2)　当 $x \to x_0$ 时,$f(x)$ 存在极限.

(3)　$f(x)$ 的极限值($x \to x_0$)等于 $f(x_0)$.

如果上述三个条件之一不成立,则函数 $f(x)$ 在点 x_0 处不连续,这时称 x_0 是函数 $f(x)$ 的一个间断点.通常,将左右极限都存在的间断点称为**第一类间断点**,不是第一类间断点的任何

间断点均称为**第二类间断点**.

例 1 考察下列函数在指定点 x_0 处的连续性.

(1) $f(x) = \dfrac{x^2 - 1}{x - 1}$, $x_0 = 1$；(2) $g(x) = \begin{cases} x - 2, & x < 0, \\ 0, & x = 0, x_0 = 0; \\ x + 2, & x > 0, \end{cases}$

(3) $h(x) = \begin{cases} \dfrac{1}{x}, & x \neq 0, \\ 0, & x = 0, \end{cases}$ $x_0 = 0$.

解 (1) 显然，$x_0 = 1$ 是函数 $f(x)$ 的间断点，如图 $1 - 17$ 所示. 而 $\lim\limits_{x \to 1} f(x) = 2$，所以 $x_0 = 1$ 是函数 $f(x)$ 的第一类间断点，同时，我们可以补充定义使得 $f(x)$ 在 $x_0 = 1$ 处连续，即

$$f(x) = \begin{cases} \dfrac{x^2 - 1}{x - 1}, & x \neq 1, \\ 2, & x = 1, \end{cases}$$

因此，又将这样的间断点称为**可去间断点**. 如图 $1 - 18$ 所示.

(2) 因为 $\lim\limits_{x \to 0 + 0} g(x) = 2$，$\lim\limits_{x \to 0 - 0} g(x) = -2$，所以 $x_0 = 0$ 是 $g(x)$ 的第一类间断点. 这样的间断点又称为**跳跃间断点**. 如图 $1 - 19$ 所示.

(3) 因为 $\lim\limits_{x \to 0} h(x) = \infty$，所以 $x_0 = 0$ 是 $h(x)$ 的第二类间断点. 这样的间断点又称为无穷间断点. 如图 $1 - 20$ 所示.

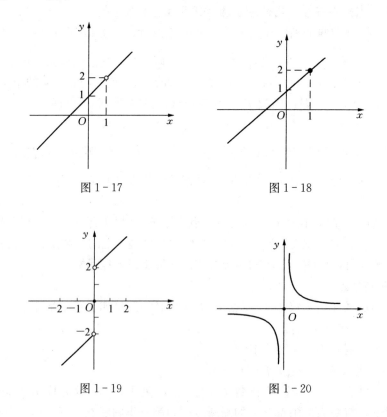

图 $1 - 17$ 图 $1 - 18$

图 $1 - 19$ 图 $1 - 20$

二、连续函数的运算

由第三节定理 1 及定理 2 容易得到如下两个关于连续函数运算的定理.

定理 1　如果函数 $f(x)$ 与 $g(x)$ 在点 x_0 处连续，则函数 $f(x)\pm g(x)$，$f(x)\cdot g(x)$，$\dfrac{f(x)}{g(x)}(g(x_0)\neq 0)$ 在点 x_0 处也连续.

定理 2　若函数 $u=\varphi(x)$ 在点 x_0 处连续，而函数 $y=f(u)$ 在点 $u_0=\varphi(x_0)$ 处连续，则复合函数 $y=f(\varphi(x))$ 在点 x_0 处连续.

显然，由上述两个定理及基本初等函数的连续性可得，初等函数在定义区间内是连续函数. 应用这一结论，给初等函数计算极限带来极大的方便.

例 2　计算下列极限.

(1) $\lim\limits_{x\to 0}\ln\cos x$；(2) $\lim\limits_{x\to\frac{\pi}{2}}\dfrac{\ln(e+\cos x)}{\sin x}$；(3) $\lim\limits_{x\to 4}\dfrac{\sqrt{1+2x}-3}{x-4}$.

解　(1) $\lim\limits_{x\to 0}\ln\cos x=\ln\cos 0=\ln 1=0.$

(2) $\lim\limits_{x\to\frac{\pi}{2}}\dfrac{\ln(e+\cos x)}{\sin x}=\dfrac{\ln\left(e+\cos\dfrac{\pi}{2}\right)}{\sin\dfrac{\pi}{2}}=\dfrac{\ln e}{1}=1.$

(3) $\lim\limits_{x\to 4}\dfrac{\sqrt{1+2x}-3}{x-4}=\lim\limits_{x\to 4}\dfrac{(\sqrt{1+2x}-3)(\sqrt{1+2x}+3)}{(x-4)(\sqrt{1+2x}+3)}=\lim\limits_{x\to 4}\dfrac{2(x-4)}{(x-4)(\sqrt{1+2x}+3)}$

$=\lim\limits_{x\to 4}\dfrac{2}{\sqrt{1+2x}+3}=\dfrac{2}{\sqrt{9}+3}=\dfrac{1}{3}.$

例 3　求下列极限.

(1) $\lim\limits_{x\to 0}\dfrac{\log_a(x+1)}{x}$；(2) $\lim\limits_{x\to 0}\dfrac{e^x-1}{x}$；(3) $\lim\limits_{x\to 0}\dfrac{(x+1)^\mu-1}{x}$.

解　(1) $\lim\limits_{x\to 0}\dfrac{\log_a(x+1)}{x}=\lim\limits_{x\to 0}\log_a(x+1)^{\frac{1}{x}}=\log_a e=\dfrac{1}{\ln a}.$

(2) 令 $e^x-1=h$，则当 $x\to 0$ 时，$h\to 0$，且 $x=\ln(h+1)$，由(1)得

$$\lim\limits_{x\to 0}\dfrac{e^x-1}{x}=\lim\limits_{h\to 0}\dfrac{h}{\ln(h+1)}=1.$$

(3) 令 $x+1=e^t$，则 $t=\ln(x+1)$，且当 $x\to 0$ 时，$t\to 0$，由(2)得

$$\lim\limits_{x\to 0}\dfrac{(x+1)^\mu-1}{x}=\lim\limits_{t\to 0}\dfrac{e^{\mu t}-1}{e^t-1}=\lim\limits_{t\to 0}\dfrac{\dfrac{e^{\mu t}-1}{\mu t}\cdot\mu}{\dfrac{e^t-1}{t}}=\mu.$$

由例 3 可得，当 $x\to 0$ 时，$\ln(x+1)\sim x$；$e^x-1\sim x$；$(x+1)^\mu-1\sim\mu x$.

三、闭区间上连续函数的性质

下述定理给出了闭区间上连续函数的重要性质.

定理 3(最大值最小值定理)   如果函数 $f(x)$ 在闭区间 $[a, b]$ 上连续，则函数 $f(x)$ 在闭区间 $[a, b]$ 上取得最大值 M 与最小值 m. 即存在 x_1, $x_2 \in [a, b]$，使得 $f(x_1) = M$，$f(x_2) = m$，对任意 $x \in [a, b]$，有 $m \leqslant f(x) \leqslant M$.

证明从略. 如图 1-21 所示，函数 $f(x)$ 在闭区间 $[a, b]$ 上连续，在点 x_1 处取得最大值 $f(x_1) = M$，在点 x_2 处取得最小值 $f(x_2) = m$.

推论(有界性定理)   如果函数 $f(x)$ 在闭区间 $[a, b]$ 上连续，则函数 $f(x)$ 在闭区间 $[a, b]$ 上有界. 即存在 $K > 0$，对任意 $x \in [a, b]$，有 $|f(x)| \leqslant K$.

证明 $f(x)$ 在闭区间 $[a, b]$ 上连续，根据定理 1，函数 $f(x)$ 在闭区间 $[a, b]$ 上取得最大值 M 与最小值 m，即对任意 $x \in [a, b]$，有 $m \leqslant f(x) \leqslant M$，取 $K = \max\{|M|, |m|\}$，则对任意 $x \in [a, b]$，一定有 $|f(x)| \leqslant K$，所以，函数 $f(x)$ 在闭区间 $[a, b]$ 上有界.

定理 4(零点定理)   如果函数 $f(x)$ 在闭区间 $[a, b]$ 上连续，且 $f(a) \cdot f(b) < 0$，则在区间 (a, b) 内至少存在一点 ξ，使得 $f(\xi) = 0$.

证明从略. 如图 1-22 所示，函数 $f(x)$ 在闭区间 $[a, b]$ 上连续，两端点 $(b, f(b))$、$(a, f(a))$ 分别在 x 轴的上下侧，则连接两端点的曲线 $f(x)$ 至少与 x 轴相交一次.

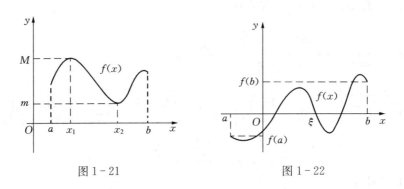

图 1-21   图 1-22

推论(介值定理)   如果函数 $f(x)$ 在闭区间 $[a, b]$ 上连续，设 $f(a) = A$，$f(b) = B$，且 $A \neq B$，则对于介于 A 与 B 之间的任何一个数 C，在区间 (a, b) 内至少存在一点 x_0，使得 $f(x_0) = C$.

证明   不妨设 $A < B$，已知 $A < C < B$，作辅助函数 $\varphi(x) = f(x) - C$，显然，$\varphi(x)$ 是闭区间 $[a, b]$ 上的连续函数，且 $\varphi(a) \cdot \varphi(b) < 0$，由定理 4 得，至少存在一点 $x_0 \in (a, b)$，使得 $\varphi(x_0) = 0$，即 $f(x_0) = C$.

例 4   证明方程 $x = \cos x$ 在闭区间 $\left[0, \dfrac{\pi}{2}\right]$ 上至少存在一个实根.

证明   令 $f(x) = x - \cos x$，显然，函数 $f(x)$ 在闭区间 $\left[0, \dfrac{\pi}{2}\right]$ 上连续，且 $f(0) \cdot f\left(\dfrac{\pi}{2}\right) < 0$，由定理 4 存在一点 $\xi \in \left(0, \dfrac{\pi}{2}\right)$，使得 $f(\xi) = \xi - \cos \xi = 0$，即 $\xi = \cos \xi$.

例 5   试证方程 $x = a\sin x + b$(其中 $a > 0$，$b > 0$)至少有一个正根，且不超过 $a + b$.

证明   令 $f(x) = x - (a\sin x + b)$，显然，此函数在闭区间 $[0, a+b]$ 上连续，且
$$f(0) = -b < 0, \quad f(a+b) = a(1 - \sin(a+b)) \geqslant 0.$$

若 $f(a+b) = 0$，则 $a+b$ 为所求正根；否则，$f(a+b) > 0$，由定理 4 得，存在一点 $\xi \in$

$(0,a+b)$，使得 $f(\xi)=\xi-(a\sin\xi+b)=0$，即 ξ 是方程 $x=a\sin x+b$ 不超过 $a+b$ 的一个正根.

综上所述命题得证.

习 题 1-4

1. 在下面函数图示中，分别说明图 1-23(a)、(b)、(c)、(d)中的函数在区间[1，3]上表示的函数是否连续? 如果不是，何处不连续以及为什么?

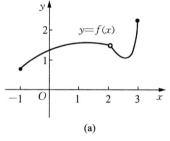

(a)

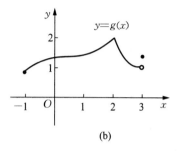

(b)

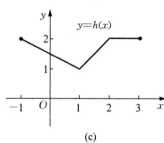

(c)

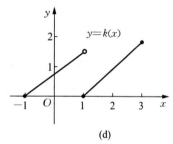

(d)

图 1-23

2. 已知函数 $f(x)=\begin{cases} x^2-1, & -1\leqslant x<0, \\ 2x, & 0<x<1, \\ 1, & x=1, \\ -2x+4, & 1<x<2, \\ 0, & 2<x<3, \end{cases}$

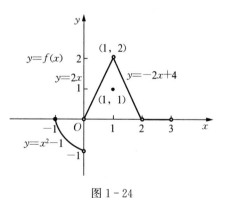

图 1-24

(图 1-24)讨论该函数在 $x=-1$，$x=0$，$x=1$，$x=2$ 处的极限、单侧极限、连续性和单侧连续性.

3. 指出下列函数在什么样的区间上连续.

(1) $y=\dfrac{1}{x-2}-3x$；   (2) $y=\dfrac{1}{(x+2)^2}-4$；

(3) $y=\dfrac{x+1}{x^2-4x+3}$；   (4) $y=\dfrac{\cos x}{x}$；

(5) $y=\sqrt{2x+3}$；   (6) $y=\sqrt[4]{3x-1}$.

4. 指出下列函数的间断点，并说明其类型.

(1) $y=\dfrac{x^3-8}{x-2}$；   (2) $y=\dfrac{x}{\sin x}$；   (3) $y=\dfrac{x^3+2x+7}{x^2-6x+8}$；

(4) $y=\begin{cases}\dfrac{1-x^2}{1+x}, & x\neq-1,\\ 0, & x=-1;\end{cases}$ (5) $y=\begin{cases}x-2, & x\leqslant0,\\ x^2, & x>0.\end{cases}$

5. 计算下列极限.

(1) $\lim\limits_{x\to2}\dfrac{x^2-4x+4}{x^3+5x^2-14x}$;   (2) $\lim\limits_{x\to1}\dfrac{1-\sqrt{x}}{1-x}$;   (3) $\lim\limits_{x\to a}\dfrac{x^2-a^2}{x^4-a^4}$;

(4) $\lim\limits_{h\to0}\dfrac{(x+h)^2-x^2}{h}$;   (5) $\lim\limits_{x\to0}\dfrac{(x+h)^2-x^2}{h}$;   (6) $\lim\limits_{x\to0}\dfrac{(x+2)^3-8}{x}$.

6. 证明方程 $x^5-3x=1$ 至少有一个根介于 1 与 2 之间.

总 习 题 一

1. 填空题.

(1) 已知 $f\left(\dfrac{1}{x}\right)=x+\sqrt{1+x^2}$ $(x>0)$,则 $f(x)=$_____,$f(2)=$_____.

(2) 不等式 $|x-2|<1$ 的区间表示法是_____.

(3) 在同一过程中,若 $f(x)$ 是无穷大,则_____是无穷小.

(4) 设 $f(x)=\begin{cases}e^x, & x<0,\\ a+x, & x\geqslant0,\end{cases}$ 当 $a=$_____时,$f(x)$ 在 $(-\infty,+\infty)$ 上连续.

2. 在下列每题的四个选项中,选出一个正确的结论.

(1) 函数 $y=x\cos x+\sin x$ 是( ).

(A)偶函数   (B)奇函数   (C)非奇非偶函数   (D)奇偶函数

(2) 与 $f(x)=\sqrt{x^2}$ 等价的函数是( ).

(A)x (B)$(\sqrt{x})^2$ (C)$(\sqrt[3]{x})^3$ (D)$|x|$

(3) 设 A 为常数,$\lim\limits_{x\to x_0}f(x)=A$,则 $f(x)$ 在 x_0 处( ).

(A)一定有定义   (B)一定无定义

(C)有定义且 $f(x_0)=A$ (D)可以有定义,也可以无定义

(4) 若 $f(x)$ 在区间( )上连续,则在该区间上 $f(x)$ 一定有最大值和最小值。

(A)$(-\infty,+\infty)$ (B)(a,b)

(C)$[a,b]$ (D)$(a,b]$

3. 若 $f(t)=2t^2+\dfrac{2}{t^2}+\dfrac{5}{t}+5t$,证明 $f(t)=f\left(\dfrac{1}{t}\right)$.

4. 求下列函数的定义域.

(1) $y=\sqrt{\dfrac{x-1}{x+1}}$;   (2) $y=\sqrt{x}+\sqrt[3]{\dfrac{1}{x-2}}-\ln(2x-3)$;

(3) $y=\dfrac{2x}{x^2-3x+2}$;   (4) $y=\dfrac{1}{\sqrt{4-x^2}}$.

5. 设 $f(x)=x^2-5x-6$,求 $\varphi(x)=\dfrac{1}{2}[f(x)+f(-x)]$,$\psi(x)=\dfrac{1}{2}[f(x)-f(-x)]$,并指出 $\varphi(x)$ 与 $\psi(x)$ 哪个是奇函数,哪个是偶函数.

6. 证明下列函数在指定区间内是单调增(减)函数.

(1) $y = x^3 + 1$, $x \in (-\infty, +\infty)$; (2) $y = \cos x$, $x \in [0, \pi]$.

7. 求下列极限.

(1) $\lim\limits_{x \to 2} \dfrac{x^2 + 5}{x - 3}$;

(2) $\lim\limits_{x \to 1} \dfrac{x^2 - 2x + 1}{x^2 - 1}$;

(3) $\lim\limits_{x \to 3} \dfrac{\sqrt{1 + x} - 2}{x - 3}$;

(4) $\lim\limits_{x \to \infty} \dfrac{x^2 - 1}{2x^2 + x + 1}$;

(5) $\lim\limits_{x \to \infty} \dfrac{x^2 - 1}{x + 5}$;

(6) $\lim\limits_{x \to 1} \left(\dfrac{2}{1 - x^2} - \dfrac{1}{1 - x} \right)$;

(7) $\lim\limits_{n \to +\infty} (\sqrt{x^2 + x} - \sqrt{x^2 - x})$;

(8) $\lim\limits_{n \to \infty} \left(1 + \dfrac{1}{2} + \dfrac{1}{4} + \cdots + \dfrac{1}{2^n} \right)$;

(9) $\lim\limits_{n \to \infty} \dfrac{1 + 2 + \cdots + (n - 1)}{n^2}$;

(10) $\lim\limits_{n \to \infty} \dfrac{(n - 1)(n - 2)(n - 3)}{5n^3}$.

8. 求函数 $f(x) = \dfrac{x^3 + 3x^2 - x - 3}{x^2 + x - 6}$ 的连续区间，并求极限 $\lim\limits_{x \to 0} f(x)$，$\lim\limits_{x \to -3} f(x)$，$\lim\limits_{x \to 2} f(x)$.

9. 讨论函数 $f(x) = \begin{cases} x, & x \neq 1, \\ \dfrac{1}{2}, & x = 1 \end{cases}$ 在 $x = 1$ 处的连续性，若不连续，请指出间断点类型.

10. 若 $\lim\limits_{x \to \infty} \left(\dfrac{x^2 + 1}{x + 1} - (ax + b) \right) = 0$，求常数 a，b.

11. 证明方程 $2^x = 4x$ 在区间 $\left(0, \dfrac{1}{2} \right)$ 内至少有一个实根.

12. 设 $y = f(x)$ 为定义在 D 上的增(或减)函数，证明，f 必存在反函数 f^{-1}，且反函数 f^{-1} 在 $f(D)$ 上仍为增(或减)函数.

13. 若数列 $\{x_n\}$ 收敛，证明：它的极限唯一.

14. 若数列 $\{x_n\}$ 收敛，证明 $\{x_n\}$ 为有界数列，即存在 $M > 0$，使得对任意的正整数 n 有 $|x_n| \leqslant M$.

15. 若数列 $\{x_n\}$ 与 $\{y_n\}$ 均收敛，且存在正整数 N_0，使得当 $n > N_0$ 时，有 $x_n < y_n$，证明 $\lim\limits_{n \to \infty} x_n \leqslant \lim\limits_{n \to \infty} y_n$.

16. 存在正整数 N_0，当 $n > N_0$ 时，数列 $\{x_n\}$，$\{y_n\}$ 及 $\{z_n\}$ 满足

$$x_n \leqslant z_n \leqslant y_n,$$

且 $\{x_n\}$，$\{y_n\}$ 都以 a 为极限，证明数列 $\{z_n\}$ 收敛，且以 a 为极限. 应用此结论，求极限

$$\lim\limits_{n \to \infty} \left(\dfrac{1}{\sqrt{n^2 + 1}} + \dfrac{1}{\sqrt{n^2 + 2}} + \cdots + \dfrac{1}{\sqrt{n^2 + n}} \right).$$

17. 设 $f(x) = \mathrm{e}^{x^2}$，$f[\varphi(x)] = 1 - x$，且 $\varphi(x) \geqslant 0$. 求 $\varphi(x)$ 及其定义域.

18. 设 $g(x) = \begin{cases} 2 - x, & x \leqslant 0, \\ x + 2, & x > 0, \end{cases}$ $f(x) = \begin{cases} x^2, & x < 0, \\ -x, & x \geqslant 0, \end{cases}$ 求 $g[f(x)]$.

19. 求下列极限.

(1) $\lim\limits_{x \to 0^+} \dfrac{1 - \mathrm{e}^{\frac{1}{x}}}{x + \mathrm{e}^{\frac{1}{x}}}$;

(2) $\lim\limits_{x \to -\infty} x(\sqrt{x^2 + 100} + x)$;

(3) $\lim_{n\to\infty}\left(\sqrt{n+3\sqrt{n}}-\sqrt{n-\sqrt{n}}\right)$;   (4) $\lim_{n\to\infty}\left(\sqrt{1+2+\cdots+n}-\sqrt{1+2+\cdots+(n-1)}\right)$;

(5) $\lim_{x\to0}(1+3x)^{\frac{2}{\sin x}}$;   (6) $\lim_{x\to0}\left(\dfrac{2+\mathrm{e}^{\frac{1}{x}}}{1+\mathrm{e}^{\frac{4}{x}}}+\dfrac{\sin x}{|x|}\right)$.

20. 已知数列 $\{a_n\}$: a_1, a_2, $\cdots$, a_n, $\cdots$, 从中选一数列 $\{a_{n_k}\}$: a_{n_1}, a_{n_2}, $\cdots$, a_{n_k}, $\cdots$, 其下标应满足条件: $n_1<n_2<\cdots<n_k<\cdots$, 称数列 $\{a_{n_k}\}$ 为数列 $\{a_n\}$ 的子数列. 证明: 如果数列 $\{a_n\}$ 收敛于 a, 则 $\{a_n\}$ 的任意子数列 $\{a_{n_k}\}$ 也收敛于 a, 即若 $\lim_{n\to\infty}a_n=a$, 则 $\lim_{k\to\infty}a_{n_k}=a$.

21. 已知数列 $\{a_n\}$, 如果它的奇子列 $\{a_{2n-1}\}$ 与偶子列 $\{a_{2n}\}$ 均收敛于 a, 证明数列 $\{a_n\}$ 也收敛于 a. 即, 若 $\lim_{n\to\infty}a_{2n-1}=a$, $\lim_{n\to\infty}a_{2n}=a$, 证明 $\lim_{n\to\infty}a_n=a$.

22. 证明数列

$$\sqrt{2}\,,\ \sqrt{2+\sqrt{2}}\,,\ \sqrt{2+\sqrt{2+\sqrt{2}}}\,,\ \cdots,\ \underbrace{\sqrt{2+\sqrt{2+\cdots+\sqrt{2}}}}_{n\text{个根号}}\,,\ \cdots$$

是收敛的, 并求其极限.

第二章 导数与微分

微分学是微积分学的三个重要组成部分之一，它解决我们在第一章提到的第一类实际问题，即"如何求物体运动的瞬时速度、函数曲线的切线及函数的最大值、最小值等问题"。导数与微分是微分学两个关系紧密的基本概念，本章讨论的重点是导数概念、导数计算、微分概念及简单应用，更多的应用问题留在第三章讨论。

第一节 导数概念

一、导数概念

导数是函数在一点处瞬间变化率的一种度量。下面我们将以极限为工具，讨论两个具有历史意义的实际问题，引出导数的数学定义。

例 1 设一物体做非匀速直线运动，已知路程 s 与时间 t 的函数关系为 $s=0.2t^2$，求 $t=5(s)$ 时，运动物体的瞬时速度 $v(5)(\text{m/s})$。

在中学物理课程中已学过，若运动物体在一个时间段 $[5,5+\Delta t]$ 走过的路程为 $\Delta s=s(5+\Delta t)-s(5)$，则物体此时间段运动的平均速度为

$$\bar{v}(\Delta t)=\frac{\Delta s}{\Delta t}(\text{m/s}).$$

现在取 Δt 分别为 $0.1(s)$，$0.01(s)$，$0.001(s)$ 等，则运动物体在对应时间段的平均速度分别为：$\bar{v}(0.1)=2.02(\text{m/s})$，$\bar{v}(0.01)=2.002(\text{m/s})$，$\bar{v}(0.001)=2.0002(\text{m/s})$ 等。从计算中可知，Δt 越小，对应的平均速度越接近 $2(\text{m/s})$，按照极限的思想得 $v(5)=2(\text{m/s})$。

一般地，若非匀速直线运动物体路程 s 与时间 t 的函数关系为 $s=s(t)$，当 $\Delta t=t-t_0$ 趋于零时，$\bar{v}(\Delta t)$ 如果存在极限，我们就将此极限定义为运动物体在 t_0 时刻的瞬时速度，即

$$v(t_0)=\lim_{\Delta t\to 0}\frac{\Delta s}{\Delta t}=\lim_{\Delta t\to 0}\frac{s(t)-s(t_0)}{t-t_0}.$$

例 2 已知平面上一条光滑曲线的方程为 $y=f(x)$，求曲线在点 $M_0(x_0，y_0)$ 处切线的斜率。

首先在点 M_0 的邻近取一动点 $M(x，y)$，作割线 M_0M，则割线 M_0M 的斜率为

$$\bar{k}=\frac{f(x)-f(x_0)}{x-x_0}=\frac{\Delta y}{\Delta x},$$

当动点 M 沿曲线趋近于 M_0 点时，割线 M_0M 的极限位置 M_0T 就是曲线在点 $M_0(x_0，y_0)$ 处的切线（图 2-1）。而当 $M\to M_0$ 时，$\Delta x\to 0$，所以，$\bar{k}$ 的极限（当 $\Delta x\to 0$）就是切线

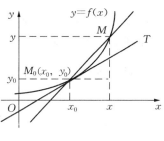

图 2-1

M_0T 的斜率 k，即

$$k=\lim_{x\to x_0}\frac{f(x)-f(x_0)}{x-x_0}=\lim_{\Delta x\to 0}\frac{\Delta y}{\Delta x}.$$

从数学的角度来说，上述两个例子均是利用极限刻画函数在某一点处随自变量变化的瞬时变化率，这个极限值我们就称为导数.

定义 1 设函数 $y=f(x)$ 在点 x_0 的某邻域内有定义，对于 x_0 给予改变量 Δx，引起函数相应的改变量 $\Delta y=f(x_0+\Delta x)-f(x_0)$，若当 $\Delta x\to 0$ 时，$\dfrac{\Delta y}{\Delta x}$ 存在极限，则称函数 $f(x)$ 在点 x_0 处可导，且将极限值称为函数 $f(x)$ 在点 x_0 处的导数，记作 $f'(x_0)$，即

$$f'(x_0)=\lim_{\Delta x\to 0}\frac{\Delta y}{\Delta x}=\lim_{\Delta x\to 0}\frac{f(x_0+\Delta x)-f(x_0)}{\Delta x}.$$

导数还可以记作 $y'(x_0)$，$\dfrac{\mathrm{d}y}{\mathrm{d}x}\Big|_{x=x_0}$，$\dfrac{\mathrm{d}f(x)}{\mathrm{d}x}\Big|_{x=x_0}$ **等.**

关于导数，我们有必要指出：

（1）左导数与右导数. 根据左、右极限的概念，我们还可以定义左导数和右导数. 如果极限

$$\lim_{\Delta x\to 0+0}\frac{\Delta y}{\Delta x}=\lim_{\Delta x\to 0+0}\frac{f(x_0+\Delta x)-f(x_0)}{\Delta x}=\lim_{x\to x_0+0}\frac{f(x)-f(x_0)}{x-x_0}$$

存在，则称该极限为函数 $f(x)$ 在点 x_0 处的右导数，记作 $f'_+(x_0)$. 同样，如果极限

$$\lim_{\Delta x\to 0-0}\frac{\Delta y}{\Delta x}=\lim_{\Delta x\to 0-0}\frac{f(x_0+\Delta x)-f(x_0)}{\Delta x}=\lim_{x\to x_0-0}\frac{f(x)-f(x_0)}{x-x_0}$$

存在，则称该极限为函数 $f(x)$ 在点 x_0 处的左导数，记作 $f'_-(x_0)$. 由第一章第二节定理 3 可知：函数 $f(x)$ 在点 x_0 处可导的充要条件是，$f'_-(x_0)$ 和 $f'_+(x_0)$ 存在且相等.

（2）导数与导函数. 若函数 $f(x)$ 在区间 I 上的每一点均可导，则其导数值在 I 上就定义了一个关于 x 的函数，称这个函数为导函数，记为 $f'(x)$. 显然，导数 $f'(x_0)$ 是导函数 $f'(x)$ 在 x_0 处的函数值，但通常情况下，我们总是将函数在一点处的导数值与函数在区间上的导函数都统称为导数.

（3）导数的几何意义. 由上述例 2 知，$f'(x_0)$ 是函数 $y=f(x)$ 的曲线在点 $(x_0,f(x_0))$ 处的切线的斜率.

如果 $f'(x_0)$ 存在，则由解析几何的知识可得，函数 $y=f(x)$ 在点 $(x_0,f(x_0))$ 处的切线与法线方程分别为

$$y-y_0=f'(x_0)(x-x_0)；\quad y-y_0=-\frac{1}{f'(x_0)}(x-x_0)（其中\ f'(x_0)\neq 0）.$$

函数在一点处的可导性与连续性有如下关系.

定理 1 如果函数 $y=f(x)$ 在点 x_0 处可导，则函数 $y=f(x)$ 在点 x_0 处连续.

证明 函数 $y=f(x)$ 在点 x_0 处可导，即 $f'(x_0)=\lim_{\Delta x\to 0}\dfrac{\Delta y}{\Delta x}$，所以

$$\lim_{\Delta x\to 0}\Delta y=\lim_{\Delta x\to 0}\left(\frac{\Delta y}{\Delta x}\Delta x\right)=f'(x_0)\cdot 0=0,$$

即函数 $y=f(x)$ 在点 x_0 处连续.

定理表明，函数在一点可导必连续．但是，连续不一定可导．如函数 $f(x)=|x|$ 在点 $x_0=0$ 处连续，却并不可导．而函数 $f(x)=x^2$ 在点 $x=0$ 既可导又连续．

二、求导举例

例 3 求下列函数的导数．

(1) $f(x)=C(C$ 为常数)，$x\in\mathbf{R}$；(2) $f(x)=\sin x$，$x\in\mathbf{R}$；

(3) $f(x)=\cos x$，$x\in\mathbf{R}.$

解 (1) 对任意的 $x\in\mathbf{R}$，给予改变量 Δx，引起函数相应的改变量为

$$\Delta y=f(x+\Delta x)-f(x)=C-C=0,$$

因此，$f'(x)=\lim\limits_{\Delta x\to0}\dfrac{\Delta y}{\Delta x}=0.$ 即，常数的导数为零．

(2) 对任意的 $x\in\mathbf{R}$，给予改变量 Δx，则

$$\frac{\Delta y}{\Delta x}=\frac{\sin(x+\Delta x)-\sin x}{\Delta x}=\frac{2\cos\left(x+\dfrac{\Delta x}{2}\right)\sin\dfrac{\Delta x}{2}}{\Delta x}=\cos\left(x+\frac{\Delta x}{2}\right)\frac{\sin\dfrac{\Delta x}{2}}{\dfrac{\Delta x}{2}},$$

因此，$f'(x)=\lim\limits_{\Delta x\to0}\dfrac{\Delta y}{\Delta x}=\lim\limits_{\Delta x\to0}\left[\cos\left(x+\dfrac{\Delta x}{2}\right)\dfrac{\sin\dfrac{\Delta x}{2}}{\dfrac{\Delta x}{2}}\right]=\cos x.$

(3) 对任意的 $x\in\mathbf{R}$，给予改变量 Δx，则

$$\frac{\Delta y}{\Delta x}=\frac{\cos(x+\Delta x)-\cos x}{\Delta x}=\frac{-2\sin\left(x+\dfrac{\Delta x}{2}\right)\sin\dfrac{\Delta x}{2}}{\Delta x}=-\sin\left(x+\frac{\Delta x}{2}\right)\frac{\sin\dfrac{\Delta x}{2}}{\dfrac{\Delta x}{2}},$$

因此，$f'(x)=\lim\limits_{\Delta x\to0}\dfrac{\Delta y}{\Delta x}=\lim\limits_{\Delta x\to0}\left[-\sin\left(x+\dfrac{\Delta x}{2}\right)\dfrac{\sin\dfrac{\Delta x}{2}}{\dfrac{\Delta x}{2}}\right]=-\sin x.$

例 4 求下列函数的导数．

(1) $f(x)=x^{\mu}$，$\mu\in\mathbf{R}$；(2) $f(x)=a^x(a>0$，$a\neq1)$，$x\in\mathbf{R}$；

(3) $f(x)=\log_a x(a>0$，$a\neq1)$，$x\in(0,+\infty).$

解 (1) 对于函数 $f(x)=x^{\mu}$ 定义域内的任意一点 x 给予改变量 Δx，则

$$\frac{\Delta y}{\Delta x}=\frac{(x+\Delta x)^{\mu}-x^{\mu}}{\Delta x}=\frac{x^{\mu}\left(\left(1+\dfrac{\Delta x}{x}\right)^{\mu}-1\right)}{\Delta x}=x^{\mu-1}\cdot\frac{\left(1+\dfrac{\Delta x}{x}\right)^{\mu}-1}{\dfrac{\Delta x}{x}}.$$

利用第一章第四节例 3，得 $f'(x)=\lim\limits_{\Delta x\to0}\dfrac{\Delta y}{\Delta x}=\lim\limits_{\Delta x\to0}\left[x^{\mu-1}\cdot\dfrac{\left(1+\dfrac{\Delta x}{x}\right)^{\mu}-1}{\dfrac{\Delta x}{x}}\right]=\mu x^{\mu-1}.$

(2) 对任意的 $x\in\mathbf{R}$，给予改变量 Δx，则

$$\frac{\Delta y}{\Delta x} = \frac{a^{x+\Delta x} - a^x}{\Delta x} = a^x \cdot \frac{a^{\Delta x} - 1}{\Delta x}.$$

令 $a^{\Delta x} - 1 = h$，则当 $\Delta x \to 0$ 时，$h \to 0$，且 $\Delta x = \log_a(h+1)$，利用第一章第四节例 3，得

$$f'(x) = \lim_{\Delta x \to 0} \frac{\Delta y}{\Delta x} = \lim_{\Delta x \to 0}\left(a^x \cdot \frac{a^{\Delta x} - 1}{\Delta x}\right) = a^x \lim_{h \to 0}\frac{h}{\log_a(h+1)} = a^x \ln a.$$

（3）对任意的 $x \in (0, +\infty)$，给予改变量 Δx，则

$$\frac{\Delta y}{\Delta x} = \frac{\log_a(x+\Delta x) - \log_a x}{\Delta x} = \frac{1}{x} \cdot \frac{\log_a\left(\dfrac{\Delta x}{x} + 1\right)}{\dfrac{\Delta x}{x}}.$$

利用第一章第四节例 3，得 $f'(x) = \lim_{\Delta x \to 0} \dfrac{\Delta y}{\Delta x} = \dfrac{1}{x} \lim_{\Delta x \to 0} \dfrac{\log_a\left(\dfrac{\Delta x}{x} + 1\right)}{\dfrac{\Delta x}{x}} = \dfrac{1}{x \ln a}.$

特别地，若 $f(x) = \ln x$，则 $f'(x) = \dfrac{1}{x}$.

例 5 讨论函数

$$f(x) = \begin{cases} x\sin\dfrac{1}{x}, & x \neq 0, \\ 0, & x = 0 \end{cases}$$

在点 $x_0 = 0$ 处的连续性与可导性.

解 一方面，$\lim_{x \to 0} f(x) = \lim_{x \to 0} x\sin\dfrac{1}{x} = 0 = f(0)$，所以，函数 $f(x)$ 在点 $x_0 = 0$ 处连续. 另一方面，考虑到 $\dfrac{\Delta y}{\Delta x} = \dfrac{f(x) - f(0)}{x - 0} = \sin\dfrac{1}{x}$，而当 $x \to 0$ 时，$\sin\dfrac{1}{x}$ 的极限不存在，因此，函数 $f(x)$ 在点 $x_0 = 0$ 处不可导.

例 6 讨论函数 $f(x) = \sqrt[3]{x}$ 在点 $x = 0$ 处的连续性与可导性.

解 因为，函数 $f(x) = \sqrt[3]{x}$ 的定义域为 $\mathbf{R}$，且是一个基本初等函数，而 $x = 0 \in \mathbf{R}$，所以，函数 $f(x) = \sqrt[3]{x}$ 在点 $x = 0$ 处连续. 又因为

$$\lim_{\Delta x \to 0} \frac{\Delta y}{\Delta x} = \lim_{x \to 0} \frac{f(x) - f(0)}{x - 0} = \lim_{x \to 0} \frac{\sqrt[3]{x} - 0}{x - 0} = \lim_{x \to 0} \frac{1}{\sqrt[3]{x^2}} = +\infty,$$

因此，函数 $f(x) = \sqrt[3]{x}$ 在点 $x_0 = 0$ 处不可导.

函数 $f(x) = \sqrt[3]{x}$ 在点 $x_0 = 0$ 处是否有切线，这个问题留给读者思考.

例 7 求曲线 $f(x) = e^x$ 在点 $(0, 1)$ 处的切线方程和法线方程.

解 由例 4 得，$f'(0) = e^0 = 1$，即曲线在点 $(0, 1)$ 处切线的斜率 $k = 1$，则所求切线方程和法线方程分别为

$$y = x + 1 \quad \text{与} \quad y = -x + 1.$$

习 题 2-1

1. 利用导数的定义求下列函数的导数，并指出函数在指定点处的导数值.

(1) $f(x)=4-x^2$, $f'(-3)$, $f'(0)$;　　　　　(2) $g(t)=\dfrac{1}{t^2}$, $g'(-1)$, $g'(2)$;

(3) $\dfrac{\mathrm{d}s}{\mathrm{d}t}\Big|_{t=1}$, 如果 $s=t^3-t^2$;　　　　(4) $f(x)=x+\dfrac{9}{x}$, $x=-3$.

2. 应用例 4 的结论, 求下列函数的导数.

(1) $y=x^3$;　　　(2) $y=\sqrt[5]{x^3}$;　　　(3) $y=5^x$;　　　(4) $y=\left(\dfrac{1}{11}\right)^x$;

(5) $y=\lg x$;　　　(6) $y=\log_5 x$;　　　(7) $y=x^3\sqrt[5]{x^3}$;　　　(8) $y=\dfrac{3^x}{4^x}$;

(9) $y=\dfrac{\sqrt[3]{x}}{x\sqrt{x}}$;　　　(10) $y=5^x\cdot 3^x$.

3. 求曲线 $y=x^3-4x+1$ 在点 $(2,1)$ 处的切线方程, 以及当曲线斜率为 8 的点处的切线方程和法线方程.

4. 讨论函数

$$f(x)=\begin{cases} x^2\sin\dfrac{1}{x}, & x\neq 0, \\ 0, & x=0 \end{cases}$$

在点 $x_0=0$ 处的连续性与可导性.

5. 证明函数 $y=|x|$ 在点 $x_0=0$ 处连续但不可导.

6. 已知 $f'(3)=2$, 求 $\lim\limits_{h\to 0}\dfrac{f(3-h)-f(3)}{2h}$.

第二节　函数求导法则与基本初等函数求导公式

从上一节的讨论知, 用定义求一个初等函数的导数并非易事, 但是我们知道一个初等函数是由基本初等函数经过有限次四则运算和复合运算而得到的函数. 因此, 我们首先建立函数的求导法则, 即导数的四则运算法则、复合函数求导法则及反函数求导法则等, 再给出基本初等函数的求导公式, 那么利用函数的求导法则及基本初等函数的求导公式即可方便地求出初等函数的导数.

一、函数求导法则

定理 1　已知函数 $u(x)$、$v(x)$ 在点 x 处可导, 则

(1) $[u(x)\pm v(x)]'=u'(x)\pm v'(x)$, 简记为 $(u\pm v)'=u'\pm v'$.

(2) $[u(x)v(x)]'=u'(x)v(x)+u(x)v'(x)$, 简记为 $(uv)'=u'v+uv'$.

(3) $\left(\dfrac{u(x)}{v(x)}\right)'=\dfrac{u'(x)v(x)-u(x)v'(x)}{v^2(x)}\ (v(x)\neq 0)$, 简记为 $\left(\dfrac{u}{v}\right)'=\dfrac{u'v-uv'}{v^2}$.

证明　(1) 仅就和的情形给出证明, 为表达方便, 记 $y=u(x)+v(x)$, 对于点 x 给予改变量 Δx, 则

$$\lim_{\Delta x \to} \frac{\Delta y}{\Delta x} = \lim_{\Delta x \to 0} \frac{[u(x+\Delta x)+v(x+\Delta x)]-[u(x)+v(x)]}{\Delta x}$$

$$= \lim_{\Delta x \to 0} \frac{[u(x+\Delta x)-u(x)]+[v(x+\Delta x)-v(x)]}{\Delta x}$$

$$= \lim_{\Delta x \to 0} \frac{u(x+\Delta x)-u(x)}{\Delta x} + \lim_{\Delta x \to 0} \frac{v(x+\Delta x)-v(x)}{\Delta x}$$

$$= u'(x)+v'(x).$$

同理可证，$[u(x)-v(x)]' = u'(x)-v'(x)$.

(2) 记 $y=u(x)v(x)$，对于点 x 给予改变量 Δx，则

$$\lim_{\Delta x \to} \frac{\Delta y}{\Delta x} = \lim_{\Delta x \to 0} \frac{u(x+\Delta x)v(x+\Delta x)-u(x)v(x)}{\Delta x}$$

$$= \lim_{\Delta x \to 0} \frac{u(x+\Delta x)v(x+\Delta x)-u(x)v(x+\Delta x)+u(x)v(x+\Delta x)-u(x)v(x)}{\Delta x}$$

$$= \lim_{\Delta x \to 0} \left[\frac{u(x+\Delta x)-u(x)}{\Delta x}v(x+\Delta x) \right] + u(x)\lim_{\Delta x \to 0} \frac{v(x+\Delta x)-v(x)}{\Delta x}$$

$$= u'(x)v(x)+u(x)v'(x).$$

注意，因可导必连续，即 $\lim\limits_{\Delta x \to 0} v(x+\Delta x)=v(x)$，所以

$$[u(x)v(x)]' = u'(x)v(x)+u(x)v'(x).$$

由(2)及前节例 3(1)易得 $(Cu(x))' = Cu'(x)$(其中 C 为常数).

(3) 因为 $u(x)=v(x)\dfrac{u(x)}{v(x)}(v(x)\neq 0)$，由(2)得

$$u'(x) = \left(v(x)\frac{u(x)}{v(x)} \right)' = v'(x)\frac{u(x)}{v(x)}+v(x)\left(\frac{u(x)}{v(x)} \right)',$$

所以 $\left(\dfrac{u(x)}{v(x)} \right)' = \dfrac{u'(x)v(x)-u(x)v'(x)}{v^2(x)}(v(x)\neq 0)$.

由定理 1 易知：$(\tan x)' = \sec^2 x$，$(\cot x)' = -\csc^2 x$，$(\sec x)' = \sec x\tan x$，$(\csc x)' = -\csc x\cot x$.

定理 2 如果函数 $u=\varphi(x)$ 在点 x 处可导，函数 $y=f(u)$ 在其对应点 $u=\varphi(x)$ 处可导，则复合函数 $y=f(\varphi(x))$ 在点 x 处也可导，且

$$[f(\varphi(x))]' = f'(u)\varphi'(x) \text{ 或 } \frac{\mathrm{d}y}{\mathrm{d}x} = \frac{\mathrm{d}y}{\mathrm{d}u} \cdot \frac{\mathrm{d}u}{\mathrm{d}x} \text{ 或 } y'_x = y'_u u'_x.$$

证明 对于点 x 给予改变量 $\Delta x \neq 0$，引起函数的改变量

$$\Delta u = \varphi(x+\Delta x)-\varphi(x) \text{ 及 } \Delta y = f(u+\Delta u)-f(u),$$

由已知得，$\lim\limits_{\Delta u \to 0} \dfrac{\Delta y}{\Delta u} = f'(u)$，即

$$\frac{\Delta y}{\Delta u} = f'(u)+\alpha, \tag{1}$$

其中 $\lim\limits_{\Delta u \to 0} \alpha = 0$. 当 $\Delta u \neq 0$，用 Δu 乘(1)式两边得

$$\Delta y = f'(u) \cdot \Delta u + \alpha \cdot \Delta u. \tag{2}$$

当 $\Delta u = 0$ 时，规定 $\alpha = \dfrac{\Delta y}{\Delta u}-f'(u)=0$，这样，无论 Δu 是否为零，(2)式均成立.

将(2)式两端同除 Δx，得

$$\frac{\Delta y}{\Delta x}=f'(u)\frac{\Delta u}{\Delta x}+\alpha\frac{\Delta u}{\Delta x}.$$

由函数在某一点可导必连续可得，当 $\Delta x\rightarrow 0$ 时，$\Delta u\rightarrow 0$，从而

$$\lim_{\Delta x\rightarrow 0}\alpha=\lim_{\Delta u\rightarrow 0}\alpha=0,$$

所以 $\lim\limits_{\Delta x\rightarrow 0}\dfrac{\Delta y}{\Delta x}=\lim\limits_{\Delta x\rightarrow 0}\left(f'(u)\dfrac{\Delta u}{\Delta x}+\alpha\dfrac{\Delta u}{\Delta x}\right)=f'(u)\varphi'(x)$，即复合函数 $y=f(\varphi(x))$ 在点 x 处也可导，且

$$[f(\varphi(x))]'=f'(u)\varphi'(x)\ \text{或}\ \frac{\mathrm{d}y}{\mathrm{d}x}=\frac{\mathrm{d}y}{\mathrm{d}u}\cdot\frac{\mathrm{d}u}{\mathrm{d}x}.$$

注意，关于复合函数的求导法则可推广到中间变量为有限多个的情形，以两个中间变量为例，若由 $y=f(u)$、$u=\varphi(v)$ 及 $v=\psi(x)$，可以得到可导的复合函数 $y=f[\varphi(\psi(x))]$，则

$$\frac{\mathrm{d}y}{\mathrm{d}x}=\frac{\mathrm{d}y}{\mathrm{d}u}\cdot\frac{\mathrm{d}u}{\mathrm{d}v}\cdot\frac{\mathrm{d}v}{\mathrm{d}x}.$$

定理 3 **若函数 $x=\varphi(y)$ 在区间 I_y 单调可导，且 $\varphi'(y)\neq 0$，则它的反函数 $y=f(x)$ 在对应区间 $I_x=\{x\,|\,x=\varphi(y),\ y\in I_y\}$ 内也可导，且 $f'(x)=\dfrac{1}{\varphi'(y)}$.**

证明 任取一点 $x\in I_x$，给予改变量 $\Delta x\neq 0$，由 $y=f(x)$ 引起函数 y 相应的改变量 $\Delta y=f(x+\Delta x)-f(x)$，因为，函数 $x=\varphi(y)$ 在区间 I_y 内单调，所以，反函数 $y=f(x)$ 在对应区间 I_x 内也单调，即 $\Delta y=f(x+\Delta x)-f(x)\neq 0$，则

$$\frac{\Delta y}{\Delta x}=\frac{1}{\dfrac{\Delta x}{\Delta y}}.$$

注意到，函数 $x=\varphi(y)$ 在区间 I_y 内连续，则反函数 $y=f(x)$ 在对应区间 I_x 内也连续，所以，当 $\Delta x\rightarrow 0$ 时，$\Delta y\rightarrow 0$，因此

$$\lim_{\Delta x\rightarrow 0}\frac{\Delta y}{\Delta x}=\lim_{\Delta y\rightarrow 0}\frac{1}{\dfrac{\Delta x}{\Delta y}}=\frac{1}{\varphi'(y)}.$$

即反函数 $y=f(x)$ 在区间 I_x 内可导，且 $f'(x)=\dfrac{1}{\varphi'(y)}$.

例 1 求反正弦函数 $y=\arcsin x$ 的导数.

解 因为，$y=\arcsin x$ 的反函数 $x=\sin y$ 在区间 $\left(-\dfrac{\pi}{2},\ \dfrac{\pi}{2}\right)$ 内单调，且 $(\sin y)'=\cos y\neq 0$，所以

$$\frac{\mathrm{d}y}{\mathrm{d}x}=\frac{1}{\dfrac{\mathrm{d}x}{\mathrm{d}y}}=\frac{1}{\cos y}=\frac{1}{\sqrt{1-\sin^2 y}}=\frac{1}{\sqrt{1-x^2}},$$

即 $(\arcsin x)'=\dfrac{1}{\sqrt{1-x^2}}$.

同理可得，$(\arccos x)'=-\dfrac{1}{\sqrt{1-x^2}}$；$(\arctan x)'=\dfrac{1}{1+x^2}$；$(\text{arccot}\,x)'=-\dfrac{1}{1+x^2}$.

例 2 求下列函数的导数.

(1) $y = \ln\sin x$；

(2) $y = \cos^3(2x+3)$；

(3) $y = \ln(x - \sqrt{2+x^2})$；

(4) $y = \ln|x|$.

解 (1) 令 $y = \ln u$，$u = \sin x$，则

$$\frac{dy}{dx} = \frac{dy}{du} \cdot \frac{du}{dx} = \frac{1}{u} \cdot \cos x = \frac{\cos x}{\sin x} = \cot x.$$

(2) 令 $y = u^3$，$u = \cos v$，$v = 2x+3$，则

$$\frac{dy}{dx} = \frac{dy}{du} \cdot \frac{du}{dv} \cdot \frac{dv}{dx} = 3u^2 \cdot (-\sin v) \cdot 2 = -6\sin(2x+3)\cos^2(2x+3).$$

(3) 熟悉复合函数的求导公式后，计算时可不必写出中间变量. 求导过程可为

$$y' = \frac{1}{x-\sqrt{2+x^2}}\left(1 - \frac{1}{2\sqrt{2+x^2}} \cdot 2x\right) = -\frac{1}{\sqrt{2+x^2}}.$$

(4) 因为 $y = \ln|x|$，当 $x > 0$ 时，$y = \ln x$，此时，$y' = \frac{1}{x}$；而当 $x < 0$ 时，$y = \ln(-x)$，此时，$y' = \frac{1}{(-x)} \cdot (-x)' = \frac{1}{x}$. 因此，$(\ln|x|)' = \frac{1}{x}$.

二、基本初等函数求导公式

在上面的讨论中，我们已经学习了基本初等函数的导数及函数的求导法则，它们是求出初等函数导数的基础，希望读者熟记. 为方便查阅和记忆，现将基本初等函数求导公式罗列如下.

(1) $(C)' = 0$（C 为常数）；

(2) $(x^\mu)' = \mu x^{\mu-1}$；

(3) $(a^x)' = a^x \ln a$（$a > 0$，且 $a \neq 1$）；

(4) $(e^x)' = e^x$；

(5) $(\log_a x)' = \frac{1}{x\ln a}$（$a > 0$，且 $a \neq 1$）；

(6) $(\ln x)' = \frac{1}{x}$；

(7) $(\sin x)' = \cos x$；

(8) $(\cos x)' = -\sin x$；

(9) $(\tan x)' = \sec^2 x$；

(10) $(\cot x)' = -\csc^2 x$；

(11) $(\sec x)' = \sec x \tan x$；

(12) $(\csc x)' = -\csc x \cot x$；

(13) $(\arcsin x)' = \frac{1}{\sqrt{1-x^2}}$；

(14) $(\arccos x)' = -\frac{1}{\sqrt{1-x^2}}$；

(15) $(\arctan x)' = \frac{1}{1+x^2}$；

(16) $(\text{arccot} x)' = -\frac{1}{1+x^2}$.

习 题 2-2

1. 求下列函数的导数.

(1) $y = -5x + 3\cos x$；

(2) $y = \frac{2}{x} - 5\sin x$；

(3) $y = 5x^4 + 3e^x - 2\ln x$；

(4) $y = x^2 e^x - \ln 3$；

(5) $y=\sec x+4\sqrt{x}-9$；　　　　　　(6) $y=x^2\tan x-\dfrac{1}{x^2}$；

(7) $y=\dfrac{\ln x}{x}+3\cos x$；　　　　　　(8) $y=(\sin x+\cos x)\csc x$；

(9) $y=\dfrac{\cos x}{1-\sin x}$；　　　　　　(10) $y=\dfrac{4}{\sin x}+\dfrac{1}{\cot x}$；

(11) $y=\dfrac{\cos x}{x}+\dfrac{x}{\cos x}$；　　　　(12) $y=x^2\sin x+2x\cos x-2\sin x$.

2. 求下列函数在给定点处的导数.

(1) $y=2\sin x-3\cos x$，求 $y'\big|_{x=\frac{\pi}{4}}$ 和 $y'\big|_{x=\frac{\pi}{3}}$；　(2) $f(x)=\dfrac{3}{1+x}+x^2$，求 $f'(0)$ 和 $f'(2)$.

3. 求下列函数的导数.

(1) $y=a^{5x}$；　　　　　　　　(2) $y=\cos 6x$；

(3) $y=(\ln x)^3$；　　　　　　　(4) $y=(x^2+2x+3)^{\frac{3}{2}}$；

(5) $y=\sin(5x+4)$；　　　　　　(6) $y=\sqrt{x^2+1}$；

(7) $y=\ln(\ln x)$；　　　　　　(8) $y=\ln(x^3+\sqrt{x})$；

(9) $y=\mathrm{e}^{5x}-\mathrm{e}^{-2}$；　　　　　(10) $y=\ln\dfrac{x-1}{x+1}$；

(11) $y=\cos^3 x\sin 3x$；　　　　(12) $y=\mathrm{e}^x\sin 5x$；

(13) $y=(2x+1)^3(3x-2)^4$；　　(14) $y=\mathrm{e}^{-x}\arctan\sqrt{x}$；

(15) $y=(\arccos x)^3$；　　　　(16) $y=x\arcsin x-\sqrt{1-x^2}$；

(17) $y=\sec^2(\ln x)$；　　　　(18) $y=\mathrm{e}^{\sin\frac{1}{x}}+(\operatorname{arccot} x)^2$；

(19) $y=\tan^3(x^2+2)$；　　　　(20) $y=\ln\dfrac{x+\sqrt{1-x^2}}{x}$.

4. 设函数 $f(x)$ 和 $g(x)$ 可导，且 $f^2(x)+g^2(x)\neq 0$，试求 $y=\sqrt{f^2(x)+g^2(x)}$ 的导数.

5. 设函数 $f(x)$ 可导，求 $y=f(x^2)$ 的导数.

第三节　高阶导数、隐函数的导数及由参数
方程所确定的函数的导数

一、高阶导数

在前面的学习中我们知道，函数 $y=f(x)$ 在区间 I 上的导数 $y'=f'(x)$ 仍然是关于 x 的一个函数，即导函数.

如果 $y'=f'(x)$ 可导，则称它的导数为已知函数 $y=f(x)$ 的二阶导数，记作

$$y'',\ f''(x),\ \frac{\mathrm{d}^2 y}{\mathrm{d}x^2},\ \frac{\mathrm{d}^2 f(x)}{\mathrm{d}x^2}.$$

如果 $y''=f''(x)$ 可导，则称它的导数为已知函数 $y=f(x)$ 的三阶导数，记作

$$y''', \quad f'''(x), \quad \frac{\mathrm{d}^3 y}{\mathrm{d}x^3}, \quad \frac{\mathrm{d}^3 f(x)}{\mathrm{d}x^3}.$$

如果 $y'''=f'''(x)$ 可导，则称它的导数为已知函数 $y=f(x)$ 的四阶导数，记作

$$y^{(4)}, \quad f^{(4)}(x), \quad \frac{\mathrm{d}^4 y}{\mathrm{d}x^4}, \quad \frac{\mathrm{d}^4 f(x)}{\mathrm{d}x^4}.$$

以此类推，如果 $y^{(n-1)}=f^{(n-1)}(x)$ 可导，则称它的导数为已知函数 $y=f(x)$ 的 n 阶导数，记作

$$y^{(n)}, \quad f^{(n)}(x), \quad \frac{\mathrm{d}^n y}{\mathrm{d}x^n}, \quad \frac{\mathrm{d}^n f(x)}{\mathrm{d}x^n}.$$

一般地，我们将一个函数的二阶及二阶以上的导数统称为高阶导数.

从上面的讨论不难发现，高阶导数是逐阶定义的，要求函数的 n 阶导数，必须先求它的 $n-1$ 阶导数. 对某些常用的初等函数，我们可以给出它的高阶导数的一般表达式.

例 1 已知函数 $y=x^3+2x^2+4x-5$，求 $y^{(4)}$.

解 因为 $y'=3x^2+4x+4$；$y''=6x+4$；$y'''=6$，所以 $y^{(4)}=0$.

例 2 求下列函数的 n 阶导数.

(1) $y=\mathrm{e}^x$；(2) $y=\ln x$；(3) $y=\sin x$.

解 (1) 因为 $y'=\mathrm{e}^x$；$y''=\mathrm{e}^x$；$y'''=\mathrm{e}^x$；…，所以 $y^{(n)}=\mathrm{e}^x$.

(2) 因为 $y'=\dfrac{1}{x}=x^{-1}$；$y''=(-1)x^{-2}$；$y'''=(-1)(-2)x^{-3}$；

$$y^{(4)}=(-1)(-2)(-3)x^{-4}；\cdots,$$

所以 $y^{(n)}=\dfrac{(-1)^{n-1}(n-1)!}{x^n}$.

(3) 因为

$$y'=\cos x=\sin\left(\frac{\pi}{2}+x\right)$$

$$y''=\cos\left(\frac{\pi}{2}+x\right)=\sin\left(\frac{2\pi}{2}+x\right),$$

$$y'''=\cos\left(\frac{2\pi}{2}+x\right)=\sin\left(\frac{3\pi}{2}+x\right),$$

$$y^{(4)}=\cos\left(\frac{3\pi}{2}+x\right)=\sin\left(\frac{4\pi}{2}+x\right),$$

$$\cdots\cdots$$

所以 $y^{(n)}=\sin\left(\dfrac{n\pi}{2}+x\right)$. 同理可得 $(\cos x)^{(n)}=\cos\left(\dfrac{n\pi}{2}+x\right)$.

例 3 已知函数 $y=\mathrm{e}^x\sin x$，求 y'''.

解 因为

$$y'=\mathrm{e}^x\sin x+\mathrm{e}^x\cos x；$$

$$y''=\mathrm{e}^x\sin x+2\mathrm{e}^x\cos x-\mathrm{e}^x\sin x,$$

所以 $y'''=\mathrm{e}^x\sin x+3\mathrm{e}^x\cos x-3\mathrm{e}^x\sin x-\mathrm{e}^x\cos x.$

一般地，若 $y=u(x)v(x)$，则此函数的一、二、三阶导数为

$$y'=u'v+uv',$$

$$y''=u''v+2u'v'+uv'',$$

$$y'''=u'''v+3u''v'+3u'v''+uv''',$$

从上述三式等号的右端，很容易猜想到两个函数乘积的 n 阶导数的一般表达式为

$$y^{(n)} = \sum_{k=0}^{n} C_n^k u^{(n-k)} v^{(k)}, \quad 其中\ u^{(0)} = u, \ v^{(0)} = v.$$

用数学归纳法不难证明这个猜想是正确的.

例 4　已知某运动物体的运动方程为 $s = A\sin\omega t (A、\omega$ 均为常数)，求物体运动的加速度.

解　所谓加速度，指的是单位时间内速度的变化率，即运动物体的加速度为 $v'(t)$，而 $v(t) = s'(t)$，所以，运动物体加速度为 $s''(t)$.

已知 $s = A\sin\omega t$，则 $s'' = -A\omega^2 \sin\omega t$ 即为所求物体运动的加速度.

二、隐函数的导数及由参数方程所确定的函数的导数

1. 隐函数的导数

如果函数 $y = f(x)$ 自变量 x 与因变量 y 的对应关系由方程 $F(x, y) = 0$ 确定，即对区间 D 中任意的 x，通过方程 $F(x, y) = 0$ 确定唯一的 $y = f(x)$ 与之对应，使 $F(x, f(x)) \equiv 0$，则称 $y = f(x)$ 是由方程 $F(x, y) = 0$ 确定的**隐函数**. 如方程 $2x - 3y - 5 = 0$ 确定的隐函数为 $y = \frac{1}{3}(2x - 5)$；而方程 $x^2 + y^2 - 1 = 0$ 确定了两个隐函数，即 $y = \sqrt{1 - x^2}$ 与 $y = -\sqrt{1 - x^2}$.

与隐函数相对应，通常将形如 $y = f(x)$ 的函数称为**显函数**. 从方程中将隐函数解出，将隐函数化为显函数，通常称其为隐函数显化.

隐函数显化有时候并不是一件容易的事，甚至是不可能的. 那么，已知方程 $F(x, y) = 0$ 确定了可导的隐函数 $y = f(x)$，不显化此隐函数，如何求其导数 y'，就是我们关心的问题. 事实上，我们只需将 y 视为 x 的函数，方程 $F(x, y) = 0$ 两端分别对 x 求导，即可从求导后的恒等式中解出 y'.

例 5　已知方程 $y^5 + 2y - x + 2x^3 = 0$ 确定隐函数 $y = f(x)$，求 y'.

解　方程两端对 x 求导得，$5y^4 y' + 2y' - 1 + 6x^2 = 0$，即所求隐函数的导数为

$$y' = \frac{1 - 6x^2}{5y^4 + 2}.$$

例 6　已知方程 $\ln\sqrt{x^2 + y^2} = \arctan\frac{y}{x}$ 确定隐函数 $y = f(x)$，求 y'.

解　方程两端对 x 求导得

$$\frac{1}{\sqrt{x^2 + y^2}} \cdot \frac{1}{2\sqrt{x^2 + y^2}} \cdot (2x + 2y \cdot y') = \frac{1}{1 + \frac{y^2}{x^2}} \cdot \frac{y'x - y}{x^2},$$

即，$x + yy' = y'x - y$，则所求隐函数导数为 $y' = \frac{x + y}{x - y}$.

例 7　试证双曲线 $\frac{x^2}{a^2} - \frac{y^2}{b^2} = 1$ 上一点 $(x_0, y_0)(y_0 \neq 0)$ 处的切线方程为

$$\frac{x_0 x}{a^2} - \frac{y_0 y}{b^2} = 1.$$

证明　首先明确，方程 $\frac{x^2}{a^2} - \frac{y^2}{b^2} = 1$ 确定隐函数 $y = f(x)$，而所求切线方程的斜率为 $k =$

$f'(x_0)$. 方程 $\dfrac{x^2}{a^2}-\dfrac{y^2}{b^2}=1$ 两端对 x 求导得

$$\frac{2x}{a^2}-\frac{2yy'}{b^2}=0, \quad 即 \ y'=f'(x)=\frac{b^2x}{a^2y},$$

则过双曲线上点 $(x_0，y_0)(y_0\neq 0)$ 处切线的斜率 $k=f'(x_0)=\dfrac{b^2x_0}{a^2y_0}$. 即所求切线方程为

$$\frac{x_0x}{a^2}-\frac{y_0y}{b^2}=\frac{x_0^2}{a^2}-\frac{y_0^2}{b^2}.$$

注意到，点 $(x_0，y_0)$ 在双曲线上，即 $\dfrac{x_0^2}{a^2}-\dfrac{y_0^2}{b^2}=1$，因此，所求切线方程可化简为

$$\frac{x_0x}{a^2}-\frac{y_0y}{b^2}=1.$$

例 8 求下列函数的导数.

(1) $y=x^{\cos x}(x>0)$；(2) $y=\sqrt{\dfrac{(x-1)(x-2)}{(x-4)(x-5)}}$.

解 (1) 将函数 $y=x^{\cos x}$ 两边取对数得一个方程，$\ln y=\cos x\ln x$，显然，此方程确定的隐函数即为 $y=x^{\cos x}$. 方程 $\ln y=\cos x\ln x$ 两端对 x 求导得

$$\frac{1}{y}y'=-\sin x\ln x+\frac{\cos x}{x},$$

则所求函数 $y=x^{\cos x}$ 的导数为 $y'=x^{\cos x}\left(\dfrac{\cos x}{x}-\sin x\ln x\right)$.

(2) 同(1)一样，将函数 $y=\sqrt{\dfrac{(x-1)(x-2)}{(x-4)(x-5)}}$ 两边取对数得一个方程，

$$\ln y=\frac{1}{2}\big[\ln(x-1)+\ln(x-2)-\ln(x-4)-\ln(x-5)\big],$$

此方程两端对 x 求导得

$$\frac{1}{y}y'=\frac{1}{2}\left(\frac{1}{x-1}+\frac{1}{x-2}-\frac{1}{x-4}-\frac{1}{x-5}\right),$$

则所求导数为 $y'=\dfrac{1}{2}\sqrt{\dfrac{(x-1)(x-2)}{(x-4)(x-5)}}\left(\dfrac{1}{x-1}+\dfrac{1}{x-2}-\dfrac{1}{x-4}-\dfrac{1}{x-5}\right)$.

例 8 中的两题有这样的特点，(1) 题中所给函数不能直接求导；(2) 中的函数若直接求导，其运算较繁. 这时我们将显函数"隐化"，用隐函数求导的方法，即可容易地求出所给函数的导数.

2. 由参数方程所确定的函数的导数

我们在初等数学中已学过，平面曲线不但可以用二元方程 $F(x，y)=0$ 来表示，还可以用参数方程来表示. 例如圆心在原点，半径为 r 的圆，其表示方程为 $x^2+y^2=r^2$，这个方程所确定的上半圆的函数是 $y=\sqrt{r^2-x^2}$，而下半圆的函数为 $y=-\sqrt{r^2-x^2}$，如果用参数方程表示此圆，即为

$$\begin{cases}x=r\cos t,\\ y=r\sin t,\end{cases} 其中 \ t \ 为参数，且 \ 0\leqslant t\leqslant 2\pi.$$

一般地，若参数方程

$$\begin{cases} x = \varphi(t), \\ y = \psi(t), \end{cases} \alpha \leqslant t \leqslant \beta \tag{1}$$

确定可导函数 $y = f(x)$，如何在不消参数的前提下求此函数的导数是我们关心的问题. 首先考虑从参数方程中消去参数 t 求得函数 $y = f(x)$ 的过程.

从 $x = \varphi(t)$ 中求得 $t = \varphi^{-1}(x)$，将其代入 $y = \psi(t)$ 得，$y = \psi(\varphi^{-1}(x))$，此函数即为所求函数 $y = f(x)$. 不难发现，$y = f(x)$ 是一个复合函数，t 是其中间变量. 所以，应用复合函数的求导法则可得

$$\frac{\mathrm{d}y}{\mathrm{d}x} = \frac{\mathrm{d}y}{\mathrm{d}t} \cdot \frac{\mathrm{d}t}{\mathrm{d}x},$$

若函数 $x = \varphi(t)$ 可导，且 $\varphi'(t) \neq 0 (\alpha \leqslant t \leqslant \beta)$，再应用反函数的求导法则，则参数方程(1)所确定的函数 $y = f(x)$ 的导数为

$$\frac{\mathrm{d}y}{\mathrm{d}x} = \frac{\mathrm{d}y}{\mathrm{d}t} \cdot \frac{\mathrm{d}t}{\mathrm{d}x} = \frac{\psi'(t)}{\varphi'(t)},$$

这就是参数方程的求导公式. 由于函数 $y = f(x)$ 的导数 $y' = f'(x)$ 是由下列参数方程所确定

$$\begin{cases} y' = \dfrac{\psi'(t)}{\varphi'(t)}, \\ x = \varphi(t), \end{cases} \alpha \leqslant t \leqslant \beta, \tag{2}$$

因此，利用参数方程(2)，重复上面的求导过程，即可求得函数 $y = f(x)$ 的二阶导数为

$$\frac{\mathrm{d}^2 y}{\mathrm{d}x^2} = \frac{\psi''(t)\varphi'(t) - \psi'(t)\varphi''(t)}{[\varphi'(t)]^3}.$$

如何求函数 $y = f(x)$ 三阶以上的导数，此问题留给读者思考.

例 9 已知 $\begin{cases} x = \mathrm{e}^t \sin t, \\ y = \mathrm{e}^t \cos t, \end{cases}$ 求 $\dfrac{\mathrm{d}y}{\mathrm{d}x}\Big|_{t = \frac{\pi}{3}}$.

解 因为 $\dfrac{\mathrm{d}x}{\mathrm{d}t} = \mathrm{e}^t \sin t + \mathrm{e}^t \cos t$，$\dfrac{\mathrm{d}y}{\mathrm{d}t} = \mathrm{e}^t \cos t - \mathrm{e}^t \sin t$，所以

$$\frac{\mathrm{d}y}{\mathrm{d}x} = \frac{\cos t - \sin t}{\sin t + \cos t}, \quad \frac{\mathrm{d}y}{\mathrm{d}x}\Big|_{t = \frac{\pi}{3}} = \sqrt{3} - 2.$$

例 10 椭圆的参数方程为

$$\begin{cases} x = a\cos t, \\ y = b\sin t, \end{cases}$$

求此椭圆在 $t = \dfrac{\pi}{4}$ 处的切线方程及 $\dfrac{\mathrm{d}^2 y}{\mathrm{d}x^2}$.

解 因为 $x\left(\dfrac{\pi}{4}\right) = \dfrac{\sqrt{2}}{2}a$，$y\left(\dfrac{\pi}{4}\right) = \dfrac{\sqrt{2}}{2}b$，$\dfrac{\mathrm{d}y}{\mathrm{d}x} = -\dfrac{b\cos t}{a\sin t}$，则椭圆在点 $\left(\dfrac{\sqrt{2}}{2}a, \dfrac{\sqrt{2}}{2}b\right)$ 处切线的斜率为 $k = -\dfrac{b}{a}$，即所求切线方程为 $bx + ay - ab\sqrt{2} = 0$. 而

$$\frac{\mathrm{d}^2 y}{\mathrm{d}x^2} = \frac{\mathrm{d}}{\mathrm{d}x}\left(\frac{\mathrm{d}y}{\mathrm{d}x}\right) = \frac{\mathrm{d}}{\mathrm{d}t}\left(\frac{\mathrm{d}y}{\mathrm{d}x}\right)\frac{\mathrm{d}t}{\mathrm{d}x} = \left(-\frac{b\cos t}{a\sin t}\right)' \frac{1}{(-a\sin x)}$$

$$= -\frac{b}{a^2}\csc^3 t.$$

习 题 2 - 3

1. 求下列函数的二阶导数.

(1) $y=x^2+3^x$;   (2) $y=e^{2x+1}$;   (3) $y=x\sin x$;   (4) $y=e^x\cos x$;

(5) $y=\cot x$;   (6) $y=\ln(1+x^2)$.

2. 设 $f(x)=(x+1)^5$，求 $f'''(2)$.

3. 求下列函数所指定的阶的导数.

(1) $y=e^x\sin x$，求 $y^{(4)}$；(2) $y=x^2\sin 2x$，求 $y^{(20)}$.

4. 求函数 $y=x\ln x$ 的 n 阶导数的一般表达式.

5. 求由下列方程所确定的隐函数的导数 $\dfrac{dy}{dx}$.

(1) $x^2y+xy^2=4$;   (2) $x+\sin y=xy$;   (3) $x=\tan y$;   (4) $xy=1-xe^y$.

6. 求由下列方程所确定的隐函数的二阶导数 $\dfrac{d^2y}{dx^2}$.

(1) $y^2=x^2+2x$;   (2) $yx+y^2=1$.

7. 求下列函数的导数.

(1) $y=\left(\dfrac{x}{1+x}\right)^x$;   (2) $y=(\tan 2x)^{\cot\frac{x}{2}}$;   (3) $y=\sqrt{\dfrac{x-5}{\sqrt[5]{x^2+2}}}$.

8. 求圆 $x^2+y^2=r^2$ 在点 $M(x_0,\ y_0)$ 处的切线方程.

9. 求下列曲线在已给点处的切线方程和法线方程.

(1) $\begin{cases} x=\sin t, \\ y=\cos 2t, \end{cases} t=\dfrac{\pi}{4}$;   (2) $\begin{cases} x=2e^t, \\ y=e^{-t}, \end{cases} t=0$.

10. 求下列参数方程所确定的函数的二阶导数 $\dfrac{d^2y}{dx^2}$.

(1) $\begin{cases} x=\dfrac{t^2}{2}, \\ y=1-t; \end{cases}$ (2) $\begin{cases} x=3e^{-t}, \\ y=2e^t; \end{cases}$

(3) $\begin{cases} x=\sqrt{1-t}, \\ y=\sqrt{1+t}; \end{cases}$ (4) $\begin{cases} x=f'(t), \\ y=tf'(t)-f(t), \end{cases}$ 设 $f''(t)$ 存在且不为零.

第四节   微分及其在近似计算中的应用

一、微分概念

在本章第一节中我们讨论了导数的概念，导数是函数 $y=f(x)$ 在切点处的瞬间变化率，即 $\dfrac{\Delta y}{\Delta x}$ 的极限（当 $\Delta x\to 0$）. 在实际问题中，我们常常还关心另外一类与导数关系密切的问题，

即 Δx 很小时，函数改变量 Δy 与 Δx 的关系.

从前面的学习中已知，若函数 $y=f(x)$ 在点 $x=x_0$ 处可导，则 $f'(x_0)=\lim\limits_{\Delta x \to 0}\dfrac{\Delta y}{\Delta x}$，即

$$\Delta y=f'(x_0) \cdot \Delta x+o(\Delta x). \tag{1}$$

由(1)式给出的 Δy 与 Δx 的关系中，可以发现这样一个事实：Δy 由两部分构成，一部分是关于 Δx 的线性函数，即 $f'(x_0) \cdot \Delta x$；而另一部分是关于 Δx 的高阶无穷小，即 $o(\Delta x)$，显然，当 $f'(x_0) \neq 0$ 且 $|\Delta x|$ 很小时，第一部分 $f'(x_0) \cdot \Delta x$ 对 Δy 的贡献相对较大，是主要部分，通常又将其称为 Δy 的线性主部. 从下面一个简单的实际问题中可以直观地说明这一事实.

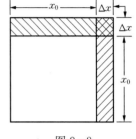

图 2-2

一块正方形的金属薄片受温度变化的影响，其边长由 x_0 变到 $x_0+\Delta x$(图 2-2)，求此金属薄片的面积的改变量 ΔS. 事实上，正方形的面积 S 是边长 x 的函数，即 $S=x^2$，则

$$\Delta S=(x_0+\Delta x)^2-x_0^2=2x_0\Delta x+(\Delta x)^2. \tag{2}$$

图 2-2 直观地表示出(2)式的两个部分，其中 $2x_0\Delta x$ 为 ΔS 的线性主部，当 Δx 很小时，$(\Delta x)^2$ 部分更加微小，面积的改变量 ΔS 就可用 $2x_0\Delta x$ 近似替代.

从上述讨论中自然提出这样的问题：函数 $y=f(x)$ 在什么条件下，对于 Δx 引起的 Δy 有形如(1)式的分解形式，若有这样的分解形式，其线性主部又具有什么样的性质. 为此，我们给出下面微分的概念.

定义 1 设函数 $y=f(x)$ 在点 x_0 的某邻域内有定义，对自变量给予改变量 Δx，若引起的函数的改变量 Δy 可分解为

$$\Delta y=A\Delta x+o(\Delta x),$$

其中 A 是不依赖于 Δx 的常数，则称函数 $y=f(x)$ 在点 x_0 处可微，称 $A\Delta x$ 为函数 $y=f(x)$ 在点 x_0 处的微分，记作 $\mathrm{d}y$ 或 $\mathrm{d}f(x)$，即

$$\mathrm{d}y=\mathrm{d}f(x)=A\Delta x.$$

在此定义中必须注意两个要点：一是微分 $\mathrm{d}y$ 是 Δx 的线性函数；二是 $\mathrm{d}y$ 与改变量 Δy 之差是关于 Δx 的高阶无穷小，即

$$\frac{o(\Delta x)}{\Delta x}=\frac{\Delta y-\mathrm{d}y}{\Delta x} \to 0 (当 \Delta x \to 0).$$

下述定理揭示了导数与微分的关系.

定理 1 函数 $y=f(x)$ 在点 x_0 处可微的充要条件是函数在这一点可导，且 $A=f'(x_0)$.

证明 必要性. 若函数 $y=f(x)$ 在点 x_0 处可微，则对 x_0 给予改变量 Δx，即有

$$\Delta y=A\Delta x+o(\Delta x),$$

A 是不依赖于 Δx 的常数. 所以 $\dfrac{\Delta y}{\Delta x}=A+\dfrac{o(\Delta x)}{\Delta x}$，即

$$\lim_{\Delta x \to 0}\frac{\Delta y}{\Delta x}=A+\lim_{\Delta x \to 0}\frac{o(\Delta x)}{\Delta x}=A,$$

此式表明，$y=f(x)$ 在点 x_0 处可导，且 $A=f'(x_0)$.

充分性. 若函数 $y=f(x)$ 在点 x_0 处可导，则

$$\lim_{\Delta x \to 0} \frac{\Delta y}{\Delta x} = f'(x_0),$$

即 $\Delta y = f'(x_0) \cdot \Delta x + o(\Delta x)$，此式表明，$\Delta y$ 可分解为关于 Δx 的线性主部 $f'(x_0) \cdot \Delta x$ 与关于 Δx 的高阶无穷小 $o(\Delta x)$ 之和，所以，函数 $y = f(x)$ 在点 x_0 处可微.

此定理指出，函数在一点处的可微性与可导性是等价的，且函数的微分可表示为 $\mathrm{d}y = f'(x_0) \cdot \Delta x$. 特别地，对于函数 $y = x$，其微分为

$$\mathrm{d}y = \mathrm{d}x = (x)' \Delta x = \Delta x.$$

因此，我们规定：$\mathrm{d}x = \Delta x$，即自变量的微分等于自变量的改变量. 所以，通常使用的微分表达式为

$$\mathrm{d}y = f'(x_0)\mathrm{d}x.$$

由此式显然有，$\dfrac{\mathrm{d}y}{\mathrm{d}x} = f'(x_0)$，因此，导数又称为**微商**.

例 1 求函数 $y = x^3$ 当 $x = 2$，$\Delta x = 0.01$ 时的微分 $\mathrm{d}y$ 及相应的 Δy.

解 由微分定义得，函数 $y = x^3$ 的微分为 $\mathrm{d}y = 3x^2 \mathrm{d}x$，当 $x = 2$，$\Delta x = 0.01$ 时，其微分 $\mathrm{d}y$ 与 Δy 分别为

$$\mathrm{d}y = 3 \cdot 2^2 \cdot 0.01 = 0.12; \quad \Delta y = f(x + \Delta x) - f(x) = (2 + 0.01)^3 - 2^3 = 0.120601.$$

此例表明，当 $|\Delta x|$ 很小时，完全可以用 $\mathrm{d}y$ 近似代替 Δy，即 $\mathrm{d}y \approx \Delta y$.

例 2 已知函数 $y = f(x)$ 在点 x_0 处可导，则此函数曲线过点 (x_0, y_0) 的切线方程为 $y = g(x)$，对 x_0 给予改变量 Δx，求对于函数 $y = g(x)$ 引起的函数改变量 Δy.

解 由导数的几何意义知，函数 $y = f(x)$ 在点 (x_0, y_0) 处的切线方程为

$$y = g(x) = f'(x_0)(x - x_0) + y_0.$$

对 x_0 给予改变量 Δx，则在函数 $y = g(x)$ 上引起的函数改变量为

$$\begin{aligned}\Delta y &= g(x_0 + \Delta x) - g(x_0) = f'(x_0)\Delta x + y_0 - y_0 \\ &= f'(x_0)\Delta x = f'(x_0)\mathrm{d}x.\end{aligned}$$

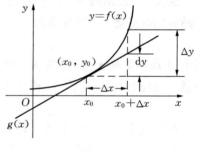

图 2-3

此例给出了函数微分的几何意义：函数的微分等于函数在相应点处切线的改变量. 如图 2-3 所示.

二、基本初等函数的微分公式及函数微分运算法则

由函数微分的定义知，要求函数的微分，只需求出函数的导数再乘于自变量的微分即可. 因此，由基本初等函数的求导公式可直接推出基本初等函数的微分公式，由导数的运算法则可推出函数微分的运算法则.

1. 基本初等函数的微分公式

(1) $\mathrm{d}(C) = 0$（C 为常数）；　　　　(2) $\mathrm{d}(x^\mu) = \mu x^{\mu-1}\mathrm{d}x$；

(3) $\mathrm{d}(a^x) = a^x \ln a \, \mathrm{d}x$（$a > 0$，且 $a \neq 1$）；　(4) $\mathrm{d}(e^x) = e^x \mathrm{d}x$；

(5) $\mathrm{d}(\log_a x) = \dfrac{1}{x \ln a}\mathrm{d}x$（$a > 0$，且 $a \neq 1$）；　(6) $\mathrm{d}(\ln x) = \dfrac{1}{x}\mathrm{d}x$；

(7) $d(\sin x)=\cos x dx$；

(8) $d(\cos x)=-\sin x dx$；

(9) $d(\tan x)=\sec^2 x dx$；

(10) $d(\cot x)=-\csc^2 x dx$；

(11) $d(\sec x)=\sec x\tan x dx$；

(12) $d(\csc x)=-\csc x\cot x dx$；

(13) $d(\arcsin x)=\dfrac{1}{\sqrt{1-x^2}}dx$；

(14) $d(\arccos x)=-\dfrac{1}{\sqrt{1-x^2}}dx$；

(15) $d(\arctan x)=\dfrac{1}{1+x^2}dx$；

(16) $d(\text{arccot}x)=-\dfrac{1}{1+x^2}dx$.

2. 函数四则运算的微分法则

设 $u=u(x)$，$v=v(x)$ 均是可导函数，则

(1) $d(u\pm v)=du\pm dv$；

(2) $d(uv)=vdu+udv$；

(3) $d\left(\dfrac{u}{v}\right)=\dfrac{vdu-udv}{v^2}(v\neq 0)$.

3. 复合函数的微分法则

设函数 $y=f(u)$、$u=\varphi(x)$ 构成复合函数 $y=f(\varphi(x))$，则
$$dy=\left[f(\varphi(x))\right]'dx=f'(u)\varphi'(x)dx=f'(u)du.$$

从上式中可看出，由于 $\varphi'(x)dx=du$，因此，无论函数 $y=f(u)$ 中的 u 是中间变量或是自变量，其微分均为 $dy=f'(u)du$，这一性质称为**一阶微分形式不变性**.

例3 求下列函数的微分.

(1) $y=\dfrac{1}{4}x^4+\tan 5x+9$；(2) $y=\sin(3x-1)$.

解 (1) $dy=y'dx=(x^3+5\sec^2 5x)dx$.

(2) $dy=\cos(3x-1)d(3x-1)=3\cos(3x-1)dx$.

三、微分在近似计算中的应用

已知函数 $y=f(x)$ 在点 x_0 处可微，对 x_0 给予改变量 Δx，则
$$\Delta y=f(x_0+\Delta x)-f(x_0).$$

显然，Δy 是 Δx 的函数，如何求 Δy 的近似值，这是在实践中常常遇到的问题. 由微分定义得
$$\Delta y=dy+o(\Delta x).$$

当 $|\Delta x|$ 很小时，且 $f'(x_0)\neq 0$，$\Delta y\approx dy$，即
$$\Delta y=f(x_0+\Delta x)-f(x_0)\approx f'(x_0)\Delta x,$$

或 $$f(x_0+\Delta x)\approx f'(x_0)\Delta x+f(x_0). \qquad (3)$$

特别地，当 $x_0=0$，$|\Delta x|=|x|$ 很小时，上式改为
$$f(x)\approx f'(0)x+f(0). \qquad (4)$$

(3)式、(4)式即是我们常用的近似计算公式.

例4 证明：当 $|x|$ 很小时，$\sin x\approx x$.

证明 令 $f(x)=\sin x$，因 $f'(x)=\cos x$，所以 $\sin x\approx x\cos 0+\sin 0=x$，即
$$\sin x\approx x.$$

同理可得(当 $|x|$ 很小时)：$\tan x\approx x$；$\ln(x+1)\approx x$；$e^x\approx 1+x$；$\sqrt[n]{1\pm x}\approx 1\pm\dfrac{x}{n}$ 等.

习 题 2-4

1. 已知 $y=(x-1)^2$，计算在 $x=2$ 处当 Δx 分别等于 1，0.1，0.01 时的 Δy 及 $\mathrm{d}y$.

2. 求下列函数的微分.

(1) $y=\dfrac{1}{x}+3\sqrt{x}$；

(2) $y=x\cos3x$；

(3) $y=\dfrac{x}{\sqrt{1+x^2}}$；

(4) $y=[\ln(1-x)]^2$；

(5) $y=\mathrm{e}^{\cos x}$；

(6) $y=x^2\mathrm{e}^{2x}$；

(7) $y=\mathrm{e}^{-x}\sin(2-x)$；

(8) $y=\arcsin\sqrt{1-x^2}$；

(9) $y=\tan^2(1+2x^2)$；

(10) $y=\arctan\dfrac{1-x^2}{1+x^2}$.

3. 将适当的函数填入括号内，使等式成立.

(1) $\mathrm{d}(\quad)=4x\mathrm{d}x$；

(2) $\mathrm{d}(\quad)=\sin x\mathrm{d}x$；

(3) $\mathrm{d}(\quad)=-\dfrac{1}{1+x^2}\mathrm{d}x$；

(4) $\mathrm{d}(\quad)=\dfrac{1}{\sqrt{1-x^2}}\mathrm{d}x$；

(5) $\mathrm{d}(\quad)=\mathrm{e}^{-2x}\mathrm{d}x$；

(6) $\mathrm{d}(\quad)=\dfrac{1}{\sqrt{x}}\mathrm{d}x$；

(7) $\mathrm{d}(\quad)=\mathrm{e}^{x^2}\mathrm{d}x^2$；

(8) $\mathrm{d}(\quad)=(\sec^2 x^2)\mathrm{d}x^2$.

4. 当 $|x|$ 很小时，证明下列近似公式.

(1) $\tan x\approx x$；

(2) $\ln(1+x)\approx x$；

(3) $\mathrm{e}^x\approx 1+x$；

(4) $\sqrt[n]{1\pm x}\approx 1\pm\dfrac{x}{n}$.

总 习 题 二

1. 填空题.

(1) 设 $f(x)$ 在 $x=x_0$ 处可导，即 $f'(x_0)$ 存在，则

$$\lim_{\Delta x\to 0}\frac{f(x_0+\Delta x)-f(x_0)}{\Delta x}=\underline{\qquad}；\quad \lim_{\Delta x\to 0}\frac{f(x_0-\Delta x)-f(x_0)}{\Delta x}=\underline{\qquad}.$$

(2) 若 $y=f(x)$ 是可微函数，则当 $\Delta x\to 0$ 时，$\Delta y-\mathrm{d}y$ 是关于 Δx 的 $\underline{\qquad}$ 无穷小.

(3) $\mathrm{d}\underline{\qquad}=\mathrm{e}^{-2x}\mathrm{d}x$；$\mathrm{d}\underline{\qquad}=\sin\omega x\mathrm{d}x$.

(4) 设 $f(x)=x(x-1)(x-2)\cdots(x-n)$，则 $f^{(n+1)}(x)=\underline{\qquad}$.

2. 在下列每题的四个选项中，选出一个正确的结论.

(1) 若函数 $y=f(x)$ 在点 x_0 处的导数 $f'(x_0)=0$，则曲线 $y=f(x)$ 在点 $(x_0,f(x_0))$ 处的法线（　　）.

　　(A)与 x 轴平行

(B)与 x 轴垂直

　　(C)与 y 轴垂直

(D)与 x 轴既不平行也不垂直

(2) 若函数 $f(x)$ 在点 x_0 不连续，则 $f(x)$ 在 x_0（　　）.

　　(A)必不可导　　　　(B)必定可导　　　(C)不一定可导　　　(D)必无定义

(3) 函数 $y=x|x|$ 在 $x=0$ 处的导数是（　　）.

　　(A)$2x$　　　　　　(B)$-2x$　　　　　(C)0　　　　　　(D)不存在

(4) 如果 $f(x)=\begin{cases} x^2, & x\leqslant 1,\\ ax+b, & x>1 \end{cases}$ 处处可导，那么（　　）.

(A)$a=2$，$b=1$ (B)$a=-2$，$b=-1$

(C)$a=-2$，$b=1$ (D)$a=2$，$b=-1$

3. 求曲线 $f(x)=\ln x$ 上一点，使过该点的切线平行于直线 $x-2y+1=0$.

4. 求下列函数的导数.

(1) $y=(4-5x)^9$；

(2) $y=\left(1-\dfrac{x}{3}\right)^{-2}$；

(3) $y=\left(\dfrac{x^2}{4}+x-\dfrac{1}{x}\right)^3$；

(4) $y=\sec(\tan x)$；

(5) $y=\cot\left(\pi-\dfrac{1}{x}\right)$；

(6) $y=\sqrt{2x-x^2}$；

(7) $y=(\csc x+\cot x)^{-1}$；

(8) $y=21(3x-2)^7+\left(4-\dfrac{1}{2x^2}\right)^{-1}$；

(9) $y=\arctan(\mathrm{e}^x)$；

(10) $y=\ln(\mathrm{e}^x\sin 5x)$.

5. 求下列函数的二阶导数.

(1) $y=\cos x\cdot\ln x$；　(2) $y=\dfrac{x}{\sqrt{1-x^2}}$.

6. 求下列函数的 n 阶导数.

(1) $y=x^n+a_1x^{n-1}+a_2x^{n-2}+\cdots+a_{n-1}x+a_n$；　(2) $y=\cos x$；

(3) $y=\sin^2 x$；　(4) $y=\dfrac{1-x}{1+x}$.

7. 已知函数 $y=y(x)$ 由方程 $xy=\mathrm{e}^{x+y}$ 所确定，求 y''.

8. 设 $f(x)=\begin{cases} \dfrac{1-\cos x}{\sqrt{x}}, & x>0,\\[2mm] x^2g(x), & x\leqslant 0, \end{cases}$ 其中 $g(x)$ 是有界函数，证明：$f(x)$ 在 $x=0$ 可导.

9. 设 $f(x)$ 可导，$F(x)=f(x)(1+|\sin x|)$，证明：$F(x)$ 在 $x=0$ 处可导的充要条件是 $f(0)=0$.

10. 已知 $f(x)$ 是周期为 5 的连续函数，它在 $x=0$ 的某个邻域内满足关系式

$$f(1+\sin x)-3f(1-\sin x)=8x+\alpha(x),$$

其中 $\alpha(x)$ 是当 $x\to 0$ 时比 x 高阶的无穷小，且 $f(x)$ 在 $x=1$ 处可导. 求曲线 $y=f(x)$ 在点 $(6,f(6))$ 的切线方程.

11. 设曲线 $f(x)=x^n$ 在点 $(1,1)$ 处的曲线与 x 轴的交点为 $(\xi_n,0)$，求 $\lim\limits_{n\to\infty}f(\xi_n)$.

12. 设 $f(x)=\begin{cases} x\arctan\dfrac{1}{x^2}, & x\neq 0,\\[2mm] 0, & x=0, \end{cases}$ 讨论 $f'(x)$ 在 $x=0$ 处的连续性.

13. 设 $y=y(t)$ 由 $\begin{cases} x=\arctan t,\\ 2y-ty^2+\mathrm{e}^t=5 \end{cases}$ 所确定，求 $\dfrac{\mathrm{d}y}{\mathrm{d}x}$.

14. 设函数 $y=y(x)$ 由方程 $\ln(x^2+y)=x^3y+\sin x$ 确定，求 $\dfrac{\mathrm{d}y}{\mathrm{d}x}\Big|_{x=0}$.

第三章　微分中值定理及导数的应用

在前一章中，我们介绍了导数的概念和导数的计算方法，本章我们将以微分中值定理为理论基础介绍导数的应用：应用洛必达（洛必达：Marquis de L'Hospital. 法国数学家，1661—1704）法则求极限未定式的值，函数单调性和凹凸性的判别，函数极值的求法，以及定性地描绘函数图形的基本方法.

第一节　微分中值定理

在介绍微分中值定理之前，我们先给出一个重要的辅助定理——费尔马定理（费尔马：Fermat. P. 法国数学家，1601—1665）.

一、费尔马定理

定义 1　设函数 $f(x)$ 在点 x_0 的某邻域 $U(x_0, \delta)$ 内有定义，如果对任意的 $x \in \mathring{U}(x_0, \delta)$，有

$$f(x_0) > f(x)（或 f(x_0) < f(x)），$$

则称 $f(x_0)$ 为函数 $f(x)$ 的一个极大（小）值，称点 x_0 为极大（小）值点. 函数的极大值与极小值统称为极值，而极大值点和极小值点统称为极值点.

定理 1（费尔马定理）　如果函数 $f(x)$ 在点 x_0 处取得极值，且 $f'(x_0)$ 存在，则 $f'(x_0) = 0$.

证明　不妨设 $f(x_0)$ 为函数 $f(x)$ 的极大值，则存在 x_0 的某邻域 $U(x_0, \delta)$，使得对任意的 $x \in U(x_0, \delta)$，有 $f(x_0) > f(x)$，又 $f'(x_0) = f'_+(x_0) = f'_-(x_0)$.

当 $x \in (x_0, x_0 + \delta)$，$x - x_0 > 0$，则 $\dfrac{f(x) - f(x_0)}{x - x_0} < 0$，由极限的不等式性质有

$$f'(x_0) = f'_+(x_0) = \lim_{x \to x_0} \frac{f(x) - f(x_0)}{x - x_0} \leqslant 0.$$

同理，当 $x \in (x_0 - \delta, x_0)$，有

$$f'(x_0) = f'_-(x_0) = \lim_{x \to x_0} \frac{f(x) - f(x_0)}{x - x_0} \geqslant 0,$$

从而 $0 \leqslant f'(x_0) \leqslant 0$，所以 $f'(x_0) = 0$.

费尔马定理指出：$f'(x_0) = 0$ 是可微函数 $f(x)$ 在点 x_0 取得极值的必要条件.

二、微分中值定理

微分中值定理在微积分理论中具有重要的作用，是分析解决许多问题的有力工具，它有

许多不同的形式. 下面我们主要介绍罗尔定理、拉格朗日定理及柯西定理, 其中拉格朗日定理是微分学中重要的中值定理(罗尔：Rolle, M. 法国数学家, 1652—1719；拉格朗日：Lagrange, J. L. 法国数学家, 1736—1813；柯西：Cauchy, A. L. 法国数学家, 1789—1857).

定理 2(罗尔定理) **若函数 $f(x)$ 在闭区间$[a, b]$上连续, 在开区间(a, b)内可导, 并且 $f(a)=f(b)$, 则在(a, b)内至少存在一点 $\xi(a<\xi<b)$, 使得 $f'(\xi)=0$.**

我们先来看罗尔定理的几何意义, 然后再证定理. 设连续光滑曲线 $y=f(x)$在点 A、B 处的纵坐标相等. 那么, 在弧$\overset{\frown}{AB}$上至少存在一点 $C(\xi, f(\xi))$, 曲线在 C 点的切线平行于 x 轴, 如图 3-1, 由图中可看出, 在曲线的最高点或最低点处, 切线平行于 x 轴.

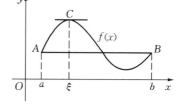

图 3-1

证明 由于 $f(x)$在$[a, b]$上连续, 所以 $f(x)$在$[a, b]$上必取得最大值 M 和最小值 m.

如果 $M=m$, 则 $f(x)$在$[a, b]$上恒等于常数 M. 因此, 在整个开区间(a, b)内恒有 $f'(x)=0$. 故可在(a, b)内任取一点作为 ξ, 都有 $f'(\xi)=0$.

如果 $m<M$, 因 $f(a)=f(b)$, 故 M 与 m 中至少有一个不等于端点的函数值 $f(a)$, 不妨设 $M\neq f(a)$, 也即在(a, b)内至少有一点 ξ, 使得 $f(\xi)=M$. 由于 $f(\xi)=M$ 是最大值, 函数 $f(x)$在点 ξ 可导, 根据费尔马定理有 $f'(\xi)=0$.

定理 3(拉格朗日中值定理) **若函数 $f(x)$在$[a, b]$上连续, 在(a, b)内可导, 则在(a, b)内至少存在一点 ξ, 使得 $f'(\xi)=\dfrac{f(b)-f(a)}{b-a}$.**

证明 作辅助函数 $F(x)=f(x)-\left[f(a)+\dfrac{f(b)-f(a)}{b-a}(x-a)\right]$, 由连续函数性质及导数运算法则知, $F(x)$在$[a, b]$上连续, 在(a, b)内可导, 并且 $F(a)=F(b)=0$, $F(x)$在$[a, b]$上满足罗尔定理条件, 故在(a, b)内至少存在一点 ξ, 使

$$F'(\xi)=f'(\xi)-\frac{f(b)-f(a)}{b-a}=0, \quad 即 \quad f'(\xi)=\frac{f(b)-f(a)}{b-a}.$$

公式 $f(b)-f(a)=f'(\xi)(b-a)$ 称为拉格朗日公式或微分中值公式. 也常写为

$$f(x+\Delta x)-f(x)=f'(x+\theta\Delta x)\cdot\Delta x(0<\theta<1).$$

拉格朗日中值定理几何意义：如果函数 $f(x)$在$[a, b]$上的图形是连续光滑曲线弧$\overset{\frown}{AB}$, 则在弧$\overset{\frown}{AB}$上至少有一点 C, 曲线在 C 点的切线平行于弦 AB(图 3-2).

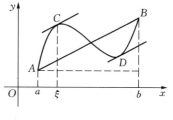

图 3-2

由拉格朗日中值定理可以得出下面两个重要推论.

推论 1 **若在(a, b)内, $f'(x)\equiv 0$, 则在(a, b)内 $f(x)$为一常数.**

证明 从(a, b)内任取两点 x_1, x_2, 且 $x_1<x_2$, 在$[x_1, x_2]$上应用拉格朗日中值定理

$$f(x_2)-f(x_1)=f'(\xi)(x_2-x_1)(x_1<\xi<x_2).$$

由于 $f'(\xi)=0$, 所以 $f(x_1)=f(x_2)$, 而 x_1, x_2 是任取的两点, 故 $f(x)$在(a, b)内为一常数.

推论 2 **若在(a, b)内 $f'(x)=g'(x)$, 则在(a, b)内 $f(x)=g(x)+c(c$ 为常数$)$.**

此推论留给读者自己证明.

定理 4(柯西中值定理) 若函数 $f(x)$ 与 $g(x)$ 在 $[a, b]$ 上连续，在 (a, b) 内可导，且在 (a, b) 内的任何一点处 $g'(x)$ 都不等于 0，则在 (a, b) 内至少存在一点 ξ，使得

$$\frac{f(b)-f(a)}{g(b)-g(a)}=\frac{f'(\xi)}{g'(\xi)}.$$

证明 首先 $g(b)$ 与 $g(a)$ 必不相等．否则，若 $g(a)=g(b)$，由罗尔定理，$g'(x)$ 在 (a, b) 内有零点，与条件矛盾．作辅助函数

$$F(x)=f(x)-f(a)-\frac{f(b)-f(a)}{g(b)-g(a)}[g(x)-g(a)],$$

易验证，$F(x)$ 满足罗尔定理条件，由罗尔定理，可知在 (a, b) 内至少存在一点 ξ，使得

$$F'(\xi)=f'(\xi)-\frac{f(b)-f(a)}{g(b)-g(a)}g'(\xi)=0, \quad 即 \frac{f(b)-f(a)}{g(b)-g(a)}=\frac{f'(\xi)}{g'(\xi)}.$$

分析前面三个定理可知：罗尔定理是拉格朗日中值定理的特殊情况，而拉格朗日中值定理又是柯西定理的特殊情况．

例 1 验证函数 $f(x)=x^2-2x-3$ 在区间 $[-1, 3]$ 上满足罗尔定理条件，并求出定理中的 ξ.

解 由于 $f(x)=x^2-2x-3$ 是多项式函数，显然它在 $[-1, 3]$ 上连续，在 $(-1, 3)$ 内可导，又 $f(-1)=f(3)=0$，从而 $f(x)$ 满足罗尔定理的三个条件．

由于 $f'(x)=2x-2=2(x-1)$，令 $f'(x)=0$，解得 $x_0=1$，$1\in(-1, 3)$，取 $\xi=1$ 就有 $f'(\xi)=0$.

例 2 不求导数，判断函数 $f(x)=(x-1)(x-2)(x-3)$ 的导数有几个实根，以及其所在范围．

解 显然 $f(x)$ 在 $[1, 2]$，$[2, 3]$ 上连续，在 $(1, 2)$，$(2, 3)$ 内可导，并且 $f(1)=f(2)=f(3)=0$，所以在 $[1, 2]$，$[2, 3]$ 上满足罗尔定理条件．因此在 $(1, 2)$ 内至少有一点 ξ_1，使 $f'(\xi_1)=0$，ξ_1 是 $f'(x)=0$ 的一个实根；在 $(2, 3)$ 内至少有一点 ξ_2，使 $f'(\xi_2)=0$，ξ_2 也是 $f'(x)=0$ 的一个实根．

由于 $f'(x)$ 为二次多项式，只能有两个实根，分别在区间 $(1, 2)$ 及 $(2, 3)$ 内．

例 3 已知 $f(x)$ 在 $[0, 1]$ 上连续，在 $(0, 1)$ 内可导，且 $f(0)=1$，$f(1)=0$，证明在 $(0, 1)$ 内至少存在一点 ξ，使 $f(\xi)=-\xi f'(\xi)$.

证明 令 $F(x)=xf(x)$，显然 $F(x)$ 在 $[0, 1]$ 上连续，在 $(0, 1)$ 内可导，并且 $F(0)=F(1)=0$，满足罗尔定理条件．由罗尔定理在 $(0, 1)$ 内至少存在一点 ξ，使得 $F'(\xi)=0$，因为 $F'(x)=f(x)+xf'(x)$，也即：$f(\xi)+\xi f'(\xi)=0$，故 $f(\xi)=-\xi f'(\xi)$.

例 4 证明：当 $x>0$ 时，$\frac{x}{1+x}<\ln(1+x)<x$.

证明 设 $f(x)=\ln(1+x)$，任取 $x>0$，显然 $f(x)$ 在区间 $[0, x]$ 上满足拉格朗日中值定理条件，因此有

$$f(x)-f(0)=f'(\zeta)(x-0), \quad 0<\xi<x.$$

由于 $f(0)=0$，$f'(x)=\frac{1}{1+x}$，则 $f(x)=f'(\xi)x=\frac{x}{1+\xi}$，而 $0<\xi<x$，即 $\frac{x}{1+x}<\frac{x}{1+\xi}<x$，所以 $\frac{x}{1+x}<\ln(1+x)<x$.

例 5　证明恒等式：$\arctan x = \arcsin \dfrac{x}{\sqrt{1+x^2}}$，$x \in (-\infty, +\infty)$.

证明　设 $f(x) = \arctan x - \arcsin \dfrac{x}{\sqrt{1+x^2}}$，因为 $f'(x) = \dfrac{1}{1+x^2} - \dfrac{1}{1+x^2} = 0$，所以在区间 $(-\infty, +\infty)$ 上，$f(x) = c$（c 是一常数），又 $f(0) = 0$，即 $c = 0$，从而有

$$\arctan x = \arcsin \dfrac{x}{\sqrt{1+x^2}}.$$

例 6　如果函数 $f(x)$ 在区间 $[0, 1]$ 上连续，在 $(0, 1)$ 内可导，则存在 $\xi \in (0, 1)$ 使得：$f'(\xi) = 2\xi[f(1) - f(0)]$.

证明 1　作辅助函数：$\varphi(x) = x^2[f(1) - f(0)] - f(x)$，显然 $\varphi(1) = \varphi(0)$，$\varphi(x)$ 在 $[0, 1]$ 上应用罗尔定理，则存在 $\xi \in (0, 1)$，使得 $\varphi'(\xi) = 0$，即 $2\xi[f(1) - f(0)] - f'(\xi) = 0$，从而得：$f'(\xi) = 2\xi[f(1) - f(0)]$.

证明 2　设 $g(x) = x^2$，$f(x)$ 和 $g(x)$ 在区间 $[0, 1]$ 上连续，在 $(0, 1)$ 内可导，且在 $(0, 1)$ 内，$g'(x) = 2x \neq 0$，由柯西定理，存在 $\xi \in (0, 1)$，使得 $\dfrac{f(1) - f(0)}{1^2 - 0^2} = \dfrac{f'(\xi)}{2\xi}$，所以，$f'(\xi) = 2\xi[f(1) - f(0)]$.

三、泰勒公式

泰勒公式也属于微分中值定理的不同形式（泰勒：Taylor, B. 英国数学家，1685—1737）. 泰勒公式指出，我们可以用一个只包含加、减、乘三种运算的简单初等函数（即多项式函数）近似地表达某个已知函数，且可以达到任意精确的程度，这对理论研究和实际计算都是很有意义的.

定理 5（泰勒定理）　设函数 $f(x)$ 在含有 x_0 的某个开区间 (a, b) 内具有直到 $(n+1)$ 阶的导数，则当 x 在 (a, b) 内时，$f(x)$ 可以表示为 $(x - x_0)$ 的一个 n 次多项式与一个余项 $R_n(x)$ 之和：

$$f(x) = f(x_0) + f'(x_0)(x - x_0) + \frac{f''(x_0)}{2!}(x - x_0)^2 + \cdots + \frac{f^{(n)}(x_0)}{n!}(x - x_0)^n + R_n(x),$$

其中 $R_n(x) = \dfrac{f^{(n+1)}(\xi)}{(n+1)!}(x - x_0)^{n+1}$，$\xi$ 是介于 x_0 和 x 之间的某一个值.

证明　不妨设 $x_0 < x$，对此取变量 $t \in [x_0, x]$ 作辅助函数

$$\varphi(t) = f(x) - \left[f(t) + f'(t)(x - t) + \frac{f''(t)}{2!}(x - t)^2 + \cdots + \frac{f^{(n)}(t)}{n!}(x - t)^n \right],$$

$$\psi(t) = (x - t)^{n+1}.$$

显然 $\varphi(t)$ 和 $\psi(t)$ 在 $[x_0, x]$ 上连续，在 (x_0, x) 内可导，且 $\varphi(x) = 0$，

$$\varphi(x_0) = f(x) - \left[f(x_0) + f'(x_0)(x - x_0) + \frac{f''(x_0)}{2!}(x - x_0)^2 + \cdots + \frac{f^{(n)}(x_0)}{n!}(x - x_0)^n \right],$$

$$\varphi'(t) = -f'(t) - [f''(t)(x - t) - f'(t)] - \left[\frac{f'''(t)}{2!}(x - t)^2 - f''(t)(x - t) \right] - \cdots -$$

$$\left[\frac{f^{(n+1)}(t)}{n!}(x-t)^n-\frac{f^{(n)}(t)}{(n-1)!}(x-t)^{n-1}\right]$$

$$=-\frac{f^{(n+1)}(t)}{n!}(x-t)^n.$$

$\psi(x)=0$，$\psi(x_0)=(x-x_0)^{n+1}$，$\psi'(t)=-(n+1)(x-t)^n$，又因为在$(x_0，x)$中 $\psi'(t)\neq0$，所以 $\varphi(t)$ 和 $\psi(t)$ 在$[x_0，x]$上满足柯西中值定理的条件，从而存在 $\xi\in(x_0，x)$ 使得

$$\frac{\varphi(x)-\varphi(x_0)}{\psi(x)-\psi(x_0)}=\frac{\varphi'(\xi)}{\psi'(\xi)},$$

由此得

$$f(x)=f(x_0)+f'(x_0)(x-x_0)+\frac{f''(x_0)}{2!}(x-x_0)^2+\cdots+$$

$$\frac{f^{(n)}(x_0)}{n!}(x-x_0)^n+\frac{f^{(n+1)}(\xi)}{(n+1)!}(x-x_0)^{n+1}.$$

我们称泰勒定理所给出的公式为函数 $f(x)$ 在 x_0 的 n 阶泰勒公式，当 $n=0$ 时泰勒公式就是拉格朗日中值公式．在泰勒公式中当 $x\to x_0$ 时，$R_n(x)=o[(x-x_0)^n]$，这表明，当用 n 次多项式

$$f(x_0)+f'(x_0)(x-x_0)+\frac{f''(x_0)}{2!}(x-x_0)^2+\cdots+\frac{f^{(n)}(x_0)}{n!}(x-x_0)^n$$

近似替代 $f(x)$ 时，其误差将随着 n 的增加而很快减少．

例 7 求 $f(x)=\mathrm{e}^x$ 在 $x_0=0$ 处的 n 阶泰勒公式．

解 因为 $f(x)=\mathrm{e}^x$，$f^{(k)}(x)=\mathrm{e}^x(k=1，2，\cdots，n)$，所以

$$f(0)=f'(0)=f''(0)=\cdots=f^{(n)}(0)=\mathrm{e}^0=1,$$

故 $\mathrm{e}^x=1+x+\frac{x^2}{2!}+\cdots+\frac{x^n}{n!}+\frac{\mathrm{e}^{\theta x}}{(n+1)!}x^{n+1}\ (0<\theta<1)$.

例 8 求 $f(x)=\sin x$ 在 $x_0=0$ 处的 n 泰勒公式公式．

解 因为 $f^{(k)}(x)=\sin\left(x+\frac{k}{2}\pi\right)(k=1，2，3，\cdots，n+1)$，所以

$$f(0)=0，\ f'(0)=1，\ f''(0)=0，\ f'''(0)=-1，\ f^{(4)}(0)=0，\cdots.$$

令 $n=2m$，则 $\sin x=x-\frac{x^3}{3!}+\frac{x^5}{5!}-\cdots+(-1)^{m-1}\frac{x^{2m-1}}{(2m-1)!}+R_{2m}(x)$，其中 $R_{2m}(x)=$

$\dfrac{\sin\left[\theta x+(2m+1)\dfrac{\pi}{2}\right]}{(2m+1)!}x^{2m+1}\ (0<\theta<1)$.

同理可得 $\cos x=1-\frac{x^2}{2!}+\frac{x^4}{4!}-\cdots+(-1)^n\frac{x^{2n}}{(2n)!}+o(x^{2n+1})\ (x\to0)$.

例 9 证明 $\ln(1+x)=x-\frac{x^2}{2}+\frac{x^3}{3}-\cdots+(-1)^{n-1}\frac{x^n}{n}+o(x^n)\ (x\to0)$.

证明 因为 $f(x)=\ln(1+x)$，$f^{(k)}(x)=(-1)^{k-1}[(k-1)!](1+x)^{-k}$，所以

$$f(0)=0，\ f^{(k)}(0)=(-1)^{k-1}(k-1)!，\ k=1，2，\cdots，n,$$

故 $\ln(1+x)=x-\frac{x^2}{2}+\frac{x^3}{3}-\cdots+(-1)^{n-1}\frac{x^n}{n}+o(x^n)$.

习 题 3-1

1. 验证 $f(x)=x\sqrt{3-x}$ 在 $[0,3]$ 上满足罗尔定理的条件，并求出定理中的 ξ.

2. 函数 $f(x)=\dfrac{1}{3}x^3-x$ 在区间 $[-\sqrt{3},\sqrt{3}]$ 上是否满足拉格朗日中值定理条件，若满足，求出定理中的 ξ.

3. 函数 $f(x)=x^2$ 与 $g(x)=x^3-1$ 在 $[1,2]$ 上是否满足柯西定理条件，若满足，求出定理中的 ξ.

4. 设 $a_0+\dfrac{a_1}{2}+\cdots+\dfrac{a_n}{n+1}=0$，试证在 $(0，1)$ 内至少存在一点 ξ，使 $a_0+a_1\xi+\cdots+a_n\xi^n=0$.

5. 证明下列不等式：

(1) $|\sin a-\sin b|\leqslant|a-b|$；(2) 当 $x\geqslant1$ 时，$\mathrm{e}^x\geqslant\mathrm{e}x$；

(3) 当 $0<a<b$ 时，$\dfrac{b-a}{1+b^2}<\arctan b-\arctan a<\dfrac{b-a}{1+a^2}$.

6. 按 $(x-4)$ 的乘幂展开多项式 $x^4-5x^3+x^2-3x+4$.

7. 求函数 $y=\sqrt{x}$ 在 $x_0=4$ 的三阶泰勒展开式.

8. 利用泰勒公式求极限 $\lim\limits_{x\to0}\dfrac{\cos x-\mathrm{e}^{-\frac{x^2}{2}}}{x^4}$.

9. 设函数 $f(x)$ 在闭区间 $[0,1]$ 上可微，对于 $[0,1]$ 上的每一个 x，函数 $f(x)$ 的值都在开区间 $(0，1)$ 内，且 $f'(x)\neq1$，证明：在 $(0，1)$ 内有且仅有一个 ξ，使得 $f(\xi)=\xi$.

10. 设不恒为常数的函数 $f(x)$ 在闭区间 $[a,b]$ 上连续，在开区间 $(a，b)$ 内可导，且 $f(a)=f(b)$，证明：在 $(a，b)$ 内至少存在一点 ξ，使得 $f'(\xi)>0$.

11. 设 $f(x)$ 在区间 $[a,b]$ 上具有二阶导数，且 $f(a)=f(b)=0$，$f'(a)f'(b)>0$，证明：存在 ξ，$\eta\in(a，b)$，使得 $f(\xi)=0$ 及 $f''(\eta)=0$.

第二节　洛必达法则

如果当 $x\to0$（或 $x\to\infty$）时，两个函数 $f(x)$ 与 $g(x)$ 都趋于零或都趋于无穷大，那么极限 $\lim\limits_{\substack{x\to a\\(x\to\infty)}}\dfrac{f(x)}{g(x)}$ 可能存在，也可能不存在．通常把这种类型的极限称为未定式，并分别简记为 $\dfrac{0}{0}$ 或 $\dfrac{\infty}{\infty}$. 下面给出求这类极限的方法——洛必达法则.

一、"$\dfrac{0}{0}$" 型未定式

定理 1（洛必达法则 1） **若函数 $f(x)$、$g(x)$ 满足：**

(1) $\lim\limits_{x\to a}f(x)=\lim\limits_{x\to a}g(x)=0$；

（2）在点 a 的去心邻域 $\mathring{U}(a,\delta)$ 内可导，$g'(x)\neq0$；

（3）$\lim\limits_{x\to a}\dfrac{f'(x)}{g'(x)}=A$（或 ∞），其中 A 为常数，

则
$$\lim\limits_{x\to a}\frac{f(x)}{g(x)}=\lim\limits_{x\to a}\frac{f'(x)}{g'(x)}=A（或\infty）.$$

证明从略．在定理 1 中若将 $x\to a$ 换成 $x\to a^+$，$x\to a^-$ 或 $x\to\infty$ 时，结论仍然成立．定理 1 说明，当 $\lim\limits_{x\to a}\dfrac{f'(x)}{g'(x)}$ 存在时，$\lim\limits_{x\to a}\dfrac{f(x)}{g(x)}$ 也存在，并且等于 $\lim\limits_{x\to a}\dfrac{f'(x)}{g'(x)}$；当 $\lim\limits_{x\to a}\dfrac{f'(x)}{g'(x)}$ 为无穷大时，$\lim\limits_{x\to a}\dfrac{f(x)}{g(x)}$ 也为无穷大．另外，在使用洛必达法则时，如果 $\lim\limits_{x\to a}\dfrac{f'(x)}{g'(x)}$ 仍为 "$\dfrac{0}{0}$" 型，且满足定理中的条件，则可以继续使用洛必达法则，即
$$\lim\limits_{x\to a}\frac{f(x)}{g(x)}=\lim\limits_{x\to a}\frac{f'(x)}{g'(x)}=\lim\limits_{x\to a}\frac{f''(x)}{g''(x)}.$$

例 1 求下列极限．

（1）$\lim\limits_{x\to0}\dfrac{\sin ax}{\sin bx}(b\neq0)$；（2）$\lim\limits_{x\to1}\dfrac{x^3-3x+2}{x^3-x^2-x+1}$；（3）$\lim\limits_{x\to+\infty}\dfrac{\pi-2\arctan x}{\ln\left(1+\dfrac{1}{x}\right)}$；

（4）$\lim\limits_{x\to0}\dfrac{a^x-b^x}{x}$（$a>0$，$b>0$，且 a，b 为常数）．

解 （1）$\lim\limits_{x\to0}\dfrac{\sin ax}{\sin bx}=\lim\limits_{x\to0}\dfrac{a\cos ax}{b\cos bx}=\dfrac{a}{b}$．

（2）$\lim\limits_{x\to1}\dfrac{x^3-3x+2}{x^3-x^2-x+1}=\lim\limits_{x\to1}\dfrac{3x^2-3}{3x^2-2x-1}=\lim\limits_{x\to1}\dfrac{6x}{6x-2}=\dfrac{3}{2}$．

注意上式中的 $\lim\limits_{x\to1}\dfrac{6x}{6x-2}$ 已不是未定式，不能对它应用洛必达法则．

（3）$\lim\limits_{x\to+\infty}\dfrac{\pi-2\arctan x}{\ln\left(1+\dfrac{1}{x}\right)}=\lim\limits_{x\to+\infty}\dfrac{-\dfrac{2}{1+x^2}}{-\dfrac{1}{x^2+x}}=\lim\limits_{x\to+\infty}\dfrac{2x^2+2x}{x^2+1}=2$．

（4）$\lim\limits_{x\to0}\dfrac{a^x-b^x}{x}=\lim\limits_{x\to0}\dfrac{a^x\ln a-b^x\ln b}{1}=\ln a-\ln b=\ln\dfrac{a}{b}$．

二、"$\dfrac{\infty}{\infty}$" 型未定式

定理 2（洛必达法则 2） 若函数 $f(x)$、$g(x)$ 满足：

（1）$\lim\limits_{x\to a}f(x)=\infty$，$\lim\limits_{x\to a}g(x)=\infty$；

（2）在点 a 的去心邻域 $\mathring{U}(a,\delta)$ 内可导，且 $g'(x)\neq0$；

（3）$\lim\limits_{x\to a}\dfrac{f'(x)}{g'(x)}=A$（或 ∞），其中 A 为常数，

则
$$\lim\limits_{x\to a}\frac{f(x)}{g(x)}=\lim\limits_{x\to a}\frac{f'(x)}{g'(x)}=A（或\infty）.$$

证明从略. 定理 2 中若将 $x \to a$ 换成 $x \to a^+$，$x \to a^-$ 或 $x \to \infty$ 时，结论仍然成立. 并且若满足条件，洛必达法则可以连续使用.

例 2　求下列极限.

(1) $\lim\limits_{x \to \frac{\pi}{2}} \dfrac{\tan x}{\tan 3x}$；(2) $\lim\limits_{x \to \frac{\pi}{2}^-} \dfrac{\ln\left(\dfrac{\pi}{2} - x\right)}{\tan x}$；(3) $\lim\limits_{x \to +\infty} \dfrac{x^n}{\mathrm{e}^{\lambda x}}$（$n$ 为正整数，$\lambda > 0$）.

解　(1) $\lim\limits_{x \to \frac{\pi}{2}} \dfrac{\tan x}{\tan 3x} = \lim\limits_{x \to \frac{\pi}{2}} \dfrac{\sec^2 x}{3\sec^2 3x} = \lim\limits_{x \to \frac{\pi}{2}} \dfrac{\cos^2 3x}{3\cos^2 x} = \lim\limits_{x \to \frac{\pi}{2}} \dfrac{2\cos 3x(-3\sin 3x)}{6\cos x(-\sin x)}$

$$= \lim\limits_{x \to \frac{\pi}{2}} \dfrac{\sin 6x}{\sin 2x} = \lim\limits_{x \to \frac{\pi}{2}} \dfrac{6\cos 6x}{2\cos 2x} = 3.$$

(2) $\lim\limits_{x \to \frac{\pi}{2}^-} \dfrac{\ln\left(\dfrac{\pi}{2} - x\right)}{\tan x} = \lim\limits_{x \to \frac{\pi}{2}^-} \dfrac{\dfrac{1}{x - \dfrac{\pi}{2}}}{\sec^2 x} = \lim\limits_{x \to \frac{\pi}{2}^-} \dfrac{\cos^2 x}{x - \dfrac{\pi}{2}} = \lim\limits_{x \to \frac{\pi}{2}^-} \dfrac{2\cos x(-\sin x)}{1} = 0.$

(3) $\lim\limits_{x \to +\infty} \dfrac{x^n}{\mathrm{e}^{\lambda x}} = \lim\limits_{x \to +\infty} \dfrac{nx^{n-1}}{\lambda \mathrm{e}^{\lambda x}} = \lim\limits_{x \to +\infty} \dfrac{n(n-1)x^{n-2}}{\lambda^2 \mathrm{e}^{\lambda x}} = \cdots = \lim\limits_{x \to +\infty} \dfrac{n!}{\lambda^n \mathrm{e}^{\lambda x}} = 0.$

三、其他类型未定式

未定式除 $\dfrac{0}{0}$ 和 $\dfrac{\infty}{\infty}$ 型外，还有 $0 \cdot \infty$，$\infty - \infty$，0^0，1^∞，∞^0 等类型的未定式，对这些类型的未定式，通过变形总可以化为 $\dfrac{0}{0}$ 和 $\dfrac{\infty}{\infty}$ 型的未定式，再用洛必达法则求其极限.

例 3　求下列极限.

(1) $\lim\limits_{x \to +\infty} x\mathrm{e}^{-x}$；(2) $\lim\limits_{x \to 0}\left(\dfrac{1}{\sin x} - \dfrac{1}{x}\right)$；(3) $\lim\limits_{x \to 0^+} x^{\sin x}$；(4) $\lim\limits_{x \to 0}(1-x)^{\frac{1}{x}}$；

(5) $\lim\limits_{x \to +\infty} (\ln x)^{\frac{1}{x}}$.

解　(1) $\lim\limits_{x \to +\infty} x\mathrm{e}^{-x} = \lim\limits_{x \to +\infty} \dfrac{x}{\mathrm{e}^x} = \lim\limits_{x \to +\infty} \dfrac{1}{\mathrm{e}^x} = 0.$

(2) $\lim\limits_{x \to 0}\left(\dfrac{1}{\sin x} - \dfrac{1}{x}\right) = \lim\limits_{x \to 0} \dfrac{x - \sin x}{x\sin x} = \lim\limits_{x \to 0} \dfrac{1 - \cos x}{\sin x + x\cos x}$

$$= \lim\limits_{x \to 0} \dfrac{\sin x}{2\cos x - x\sin x} = 0.$$

(3) 因为 $\lim\limits_{x \to 0^+} x^{\sin x} = \lim\limits_{x \to 0^+} \mathrm{e}^{\sin x \ln x} = \mathrm{e}^{\lim\limits_{x \to 0^+} \sin x \ln x}$，而

$$\lim\limits_{x \to 0^+} \sin x \ln x = \lim\limits_{x \to 0^+} \dfrac{\ln x}{\csc x} = \lim\limits_{x \to 0^+} \dfrac{\dfrac{1}{x}}{-\csc x \cdot \cot x} = -\lim\limits_{x \to 0^+} \dfrac{\sin^2 x}{x\cos x}$$

$$= -\lim\limits_{x \to 0^+} \dfrac{\sin x}{x} \cdot \lim\limits_{x \to 0^+} \tan x = 0,$$

所以 $\lim\limits_{x \to 0^+} x^{\sin x} = \mathrm{e}^0 = 1.$

(4) 因为 $\lim\limits_{x \to 0}(1-x)^{\frac{1}{x}} = \lim\limits_{x \to 0} \mathrm{e}^{\frac{\ln(1-x)}{x}} = \mathrm{e}^{\lim\limits_{x \to 0} \frac{\ln(1-x)}{x}}$，而

$$\lim_{x\to 0}\frac{\ln(1-x)}{x}=\lim_{x\to 0}\frac{-\dfrac{1}{1-x}}{1}=\lim_{x\to 0}\frac{1}{x-1}=-1,$$

所以 $\lim\limits_{x\to 0}(1-x)^{\frac{1}{x}}=\mathrm{e}^{-1}$.

(5) 因为 $\lim\limits_{x\to+\infty}(\ln x)^{\frac{1}{x}}=\lim\limits_{x\to+\infty}\mathrm{e}^{\frac{1}{x}\ln(\ln x)}=\mathrm{e}^{\lim\limits_{x\to+\infty}\frac{\ln(\ln x)}{x}}$，而

$$\lim_{x\to+\infty}\frac{\ln(\ln x)}{x}=\lim_{x\to+\infty}\frac{1}{x\ln x}=0,$$

所以 $\lim\limits_{x\to+\infty}(\ln x)^{\frac{1}{x}}=\mathrm{e}^0=1$.

使用洛必达法则求极限应注意下面两点：

(1) 只有当未定式为 $\dfrac{0}{0}$ 和 $\dfrac{\infty}{\infty}$ 型时，洛必达法则才可以直接使用. 对于其他类型的未定式必须先化为 $\dfrac{0}{0}$ 或 $\dfrac{\infty}{\infty}$ 型，然后再应用洛必达法则.

(2) 当 $\lim\dfrac{f'(x)}{g'(x)}$ 不存在（无穷大情况除外）时，并不能断定 $\lim\dfrac{f(x)}{g(x)}$ 也不存在，此时洛必达法则不适用，可考虑用其他方法求 $\lim\dfrac{f(x)}{g(x)}$.

例 4 求 $\lim\limits_{x\to\infty}\dfrac{x+\sin x}{x}$.

解 显然它为 $\dfrac{\infty}{\infty}$ 型未定式，此时极限 $\lim\limits_{x\to\infty}\dfrac{(x+\sin x)'}{x'}$ 不存在，因此洛必达法则不适用. 但是 $\lim\limits_{x\to\infty}\dfrac{x+\sin x}{x}=\lim\limits_{x\to\infty}\left(1+\dfrac{\sin x}{x}\right)=1$.

习 题 3-2

1. 利用洛必达法则求极限.

(1) $\lim\limits_{x\to 2}\dfrac{\ln(x^2-3)}{x^2-3x+2}$;

(2) $\lim\limits_{x\to+\infty}\dfrac{\dfrac{\pi}{2}-\arctan x}{\dfrac{1}{x}}$;

(3) $\lim\limits_{x\to 0^+}\dfrac{\ln x}{\ln\sin x}$;

(4) $\lim\limits_{x\to+\infty}\dfrac{x^2+\ln x}{x\ln x}$;

(5) $\lim\limits_{x\to 0}\dfrac{x-\sin x}{x^3}$;

(6) $\lim\limits_{x\to+\infty}\dfrac{3\ln x}{\sqrt{x+3}+\sqrt{x}}$;

(7) $\lim\limits_{x\to 0}(1-\cos x)\cdot\cot x$;

(8) $\lim\limits_{x\to 1}\left(\dfrac{x}{x-1}-\dfrac{1}{\ln x}\right)$;

(9) $\lim\limits_{x\to 1}x^{\frac{1}{1-x}}$;

(10) $\lim\limits_{x\to 0^+}x^x$;

(11) $\lim\limits_{x\to\frac{\pi}{2}^-}(\tan x)^{2x-\pi}$.

2. 试说明下列函数不能用洛必达法则求极限.

(1) $\lim\limits_{x\to 0}\dfrac{x^2\sin\dfrac{1}{x}}{\sin x}$；

(2) $\lim\limits_{x\to+\infty}\dfrac{e^x+e^{-x}}{e^x-e^{-x}}$.

3. 证明：$\lim\limits_{n\to\infty}\sqrt[n]{n}=1$.

第三节　函数的极值与最大(小)值

微分中值定理为我们利用导数研究函数的性态提供了有力的工具．下面将在此基础上进一步研究函数的单调性、函数曲线的凹凸性及函数作图．

一、函数的单调性

定理 1　如果函数 $f(x)$ 在区间 (a,b) 内可导，则函数 $f(x)$ 在区间 (a,b) 内单调增加(或单调减少)的充要条件是：$f'(x)\geqslant 0$(或 $f'(x)\leqslant 0$)，$x\in(a,b)$.

证明　(1) 必要性　已知可微函数 $f(x)$ 在区间 (a,b) 内单调增加，则对 (a,b) 内任意一点 x，给予改变量 Δx，且 $\Delta x+x\in(a,b)$，不论 $\Delta x>0$ 或 $\Delta x<0$，均有

$$\frac{f(\Delta x+x)-f(x)}{\Delta x}\geqslant 0,$$

当 $\Delta x\to 0$ 时，由极限不等式性质可得：$f'(x)\geqslant 0$，$x\in(a,b)$.

(2) 充分性　已知 $f'(x)\geqslant 0$，$x\in(a,b)$. 在区间 (a,b) 内任取两点 x_1 与 x_2，且 $x_1<x_2$，在闭区间 $[x_1,x_2]$ 上应用拉格朗日中值定理，有

$$f(x_2)-f(x_1)=f'(\xi)(x_2-x_1),\quad \xi\in(x_1,x_2),$$

因为，$f'(\xi)\geqslant 0$ 及 $x_2-x_1>0$，所以得：$f(x_2)-f(x_1)\geqslant 0$ 或 $f(x_1)\leqslant f(x_2)$，函数 $f(x)$ 在区间 (a,b) 内单调增加．

同理可证单调减少的情形．

定理 2　如果函数 $f(x)$ 在区间 (a,b) 内可导，则函数 $f(x)$ 在区间 (a,b) 内严格单调增加(或严格单调减少)的充要条件是：$f'(x)\geqslant 0$(或 $f'(x)\leqslant 0$)，$x\in(a,b)$，**且在 (a,b) 内的任何子区间上 $f'(x)$ 不恒等于零**．

证明　(1) 必要性　已知函数 $f(x)$ 在区间 (a,b) 内严格单调增加．由定理 1，对任意 $x\in(a,b)$，有 $f'(x)\geqslant 0$，下面用反证法证明在 (a,b) 内的任何子区间上 $f'(x)$ 不恒等于零.

假设存在一个子区间 $[a_1,b_1]\subset(a,b)$，使得 $f'(x)$ 在 $[a_1,b_1]$ 上恒等于零，则由拉格朗日中值定理的推论 1 知，函数 $f(x)$ 在 $[a_1,b_1]$ 上必为常数，这与函数 $f(x)$ 在 (a,b) 内严格单调增加相矛盾．必要性得证．

(2) 充分性　已知 $f'(x)\geqslant 0$，$x\in(a,b)$，且在 (a,b) 内的任何子区间上 $f'(x)$ 不恒等于零．由定理 1 知，函数 $f(x)$ 在 (a,b) 是单调增加的，即对任意 $x_1,x_2\in(a,b)$，且 $x_1<x_2$，有 $f(x_1)\leqslant f(x_2)$. 若 $f(x_1)=f(x_2)$，则对任意的 $x\in[x_1,x_2]$，有 $f(x_1)=f(x)=f(x_2)$，即函数 $f(x)$ 在区间 $[x_1,x_2]$ 上是常数，于是，函数 $f(x)$ 的导数 $f'(x)$ 在 $[x_1,x_2]$ 上恒等于零，这和已知条件相矛盾．充分性得证．

同理可证严格单调减少的情形.

定理 3 设函数 $f(x)$ 在 $[a, b]$ 连续，在 (a, b) 内可导，则

(1) 若在 (a, b) 内 $f'(x) > 0$，则函数 $f(x)$ 在 $[a, b]$ 上严格单调增加；

(2) 若在 (a, b) 内 $f'(x) < 0$，则函数 $f(x)$ 在 $[a, b]$ 上严格单调减少.

证明 先证定理中的结论(1). 在区间 $[a, b]$ 内任取两点 x_1, x_2，并且 $x_1 < x_2$，应用拉格朗日中值定理有，

$$f(x_2) - f(x_1) = f'(\xi)(x_2 - x_1)(x_1 < \xi < x_2).$$

由于在 (a, b) 内 $f'(x) > 0$，则 $f'(\xi) > 0$，又因为 $x_2 - x_1 > 0$，所以

$$f(x_2) - f(x_1) > 0, \quad 即 \ f(x_2) > f(x_1),$$

故 $f(x)$ 在 $[a, b]$ 上单调增加.

同理可证定理中的结论(2). 定理 3 的逆命题不一定成立，如函数 $f(x) = x^3$ 在 $(-\infty, +\infty)$ 内严格单调增加，但 $f(0) = 0$.

例 1 讨论函数 $f(x) = 3x - x^3$ 的单调性.

解 显然 $f(x) = 3x - x^3$ 的定义域为 $(-\infty, +\infty)$，而

$$f'(x) = 3 - 3x^2 = 3(1 + x)(1 - x).$$

因为在 $(-\infty, -1)$，$(1, +\infty)$ 内 $f'(x) < 0$；所以 $f(x)$ 在 $(-\infty, -1]$，$[1, +\infty)$ 上严格单调减少；在 $(-1, 1)$ 内 $f'(x) > 0$，所以 $f(x)$ 在 $[-1, 1]$ 上严格单调增加.

例 2 讨论函数 $y = \sqrt[3]{x^2}$ 的单调性.

解 该函数定义域为 $(-\infty, +\infty)$，当 $x \neq 0$ 时，$y' = \dfrac{2}{3\sqrt[3]{x}}$，当 $x = 0$ 时，函数的导数不存在.

在 $(-\infty, 0)$ 内，$y' < 0$，因此函数 $y = \sqrt[3]{x^2}$ 在 $(-\infty, 0]$ 上严格单调减少；在 $(0, +\infty)$ 内，$y' > 0$，因此函数 $y = \sqrt[3]{x^2}$ 在 $[0, +\infty)$ 上严格单调增加.

由上面的两个例子可看出，只要用 $f'(x) = 0$ 的根及 $f'(x)$ 不存在的点来划分 $f(x)$ 的定义区间，从而将该定义区间分成若干子区间，然后再根据 $f'(x)$ 在各子区间上的正负号，便可判断函数在各区间的单调性.

例 3 证明：当 $x > 1$ 时，$e^x > ex$.

证明 设 $f(x) = e^x - ex$，则 $f(x)$ 在 $[1, +\infty)$ 内连续，因为 $f(1) = 0$，且在 $(1, +\infty)$ 内，$f'(x) = e^x - e > 0$，所以 $f(x)$ 在 $[1, +\infty)$ 内严格单调增加，故当 $x > 1$ 时，$f(x) > f(1) = 0$，即 $e^x - ex > 0$. 所以，当 $x > 1$ 时，$e^x > ex$.

例 4 证明：方程 $x^n + x^{n-1} + \cdots + x^2 + x = 1$ 在 $(0, 1)$ 内必有唯一实根，其中 n 为大于 1 的正整数.

证明 令 $f(x) = x^n + x^{n-1} + \cdots + x^2 + x - 1$，则 $f(x)$ 在 $[0, 1]$ 上连续，且 $f(0) = -1$，$f(1) = n - 1$，由零点存在定理知，在 $(0, 1)$ 内至少有一点 $\xi(0 < \xi < 1)$，使 $f(\xi) = 0$，又因为 $f'(x) = nx^{n-1} + (n-1)x^{n-2} + \cdots + 2x + 1$，显然，在 $(0, 1)$ 内，$f'(x) > 0$. 故 $f(x)$ 在 $(0, 1)$ 内严格单调增加，从而方程在 $(0, 1)$ 内有唯一实根.

二、函数的极值

在第一节我们给出了极值的概念，极值是一个局部性的概念，相对于极值点附近的所有点的

函数值来说，它是最大值或最小值．但是它不一定就是函数在整个定义区间上的最大值和最小值，如图3-3所示．

费尔马定理指出，可微函数 $f(x)$ 在点 x_0 处取得极值的必要条件是 $f'(x_0)=0$．这一事实表明，求可微函数的极值点应从满足方程 $f'(x)=0$ 的点中去找．另外，由于 $f'(x_0)=0$ 表明函数 $f(x)$ 在点 x_0 的变化率等于零，所以我们将满足方程 $f'(x)=0$ 的点称为 $f(x)$ 的驻点（或稳定点）．驻点可能是极值点，也可能不是极值点．

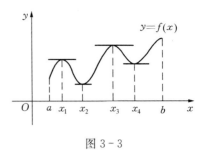

图 3 - 3

例如，$x=0$ 是函数 $y=x^2$ 的驻点，也是极值点．再如，$x=0$ 是函数 $y=x^3$ 的驻点，但它不是函数的极值点．应注意，函数导数不存在的点也可能是函数的极值点．例如，函数 $y=|x|$ 在点 $x=0$ 不可导，但是点 $x=0$ 却是函数 $y=|x|$ 的极小值点．也就是说，函数的极值点只有两类点：驻点和不可导点，为了确定驻点和不可导点中的哪些是极值点，下面给出函数取得极值的充分条件．

定理 4（极值存在的第一充分条件）　设函数 $f(x)$ 在点 x_0 处连续，在 $\mathring{U}(x_0, \delta)$ 内可导，

（1）若 $x\in(x_0-\delta, x_0)$ 时，$f'(x)>0$，$x\in(x_0, x_0+\delta)$ 时，$f'(x)<0$，则函数 $f(x)$ 在 x_0 处取得极大值 $f(x_0)$；

（2）若 $x\in(x_0-\delta, x_0)$ 时，$f'(x)<0$，$x\in(x_0, x_0+\delta)$ 时，$f'(x)>0$，则函数 $f(x)$ 在 x_0 处取得极小值 $f(x_0)$；

（3）若 $x\in(x_0-\delta, x_0)$ 和 $x\in(x_0, x_0+\delta)$ 时 $f'(x)$ 同号，则函数 $f(x)$ 在 x_0 处无极值．

证明　（1）当 $x\in(x_0-\delta, x_0)$ 时，$f'(x)>0$，则 $f(x)$ 在 $[x_0-\delta, x]$ 上单调增加，所以当 $x\in(x_0-\delta, x_0)$ 时，有 $f(x)<f(x_0)$；当 $x\in(x_0, x_0+\delta)$ 时，$f'(x)<0$，则 $f(x)$ 在 $[x_0, x_0+\delta]$ 上单调减少．所以当 $x\in(x_0, x_0+\delta)$ 时，$f(x)<f(x_0)$．从而当 $x\in(x_0-\delta, x_0)\bigcup(x_0, x_0+\delta)$ 时，总有 $f(x)<f(x_0)$，所以 $f(x_0)$ 是 $f(x)$ 的极大值．

同理可证（2）．

（3）因为在 $\mathring{U}(x_0, \delta)$ 内 $f'(x)$ 同号，所以函数 $f(x)$ 在 $(x-\delta, x_0+\delta)$ 内单调增加或单调减少．从而函数 $f(x)$ 在 x_0 处无极值．

例 5　求函数 $f(x)=\dfrac{1}{3}x^3-x^2-3x-3$ 的极值．

解　函数 $f(x)$ 的定义域为 $(-\infty, +\infty)$，$f'(x)=x^2-2x-3=(x-3)(x+1)$，令 $f'(x)=0$，得驻点 $x_1=-1$，$x_2=3$，考察驻点两侧 $f'(x)$ 的符号，现列表如下：

x	$(-\infty, -1)$	-1	$(-1, 3)$	3	$(3, +\infty)$
$f'(x)$	$+$	0	$-$	0	$+$
$f(x)$	↗	极大值 $-\dfrac{4}{3}$	↘	极小值 -12	↗

由上表可知，所求函数极大值为 $f(-1)=-\dfrac{4}{3}$，极小值为 $f(3)=-12$．

例 6　求函数 $f(x)=x-\dfrac{3}{2}x^{\frac{2}{3}}$ 的极值及单调区间．

解 函数的定义域为$(-\infty, +\infty)$，$f'(x)=1-x^{-\frac{1}{3}}$，令 $f'(x)=0$，得 $x=1$；当 $x=0$ 时，$f(x)$不可导．下面列表讨论点 $x=0$，$x=1$ 的两侧 $f'(x)$的符号．

x	$(-\infty, 0)$	0	$(0, 1)$	1	$(1, +\infty)$
$f'(x)$	+	不存在	−	0	+
$f(x)$	↗	极大值 0	↘	极小值 $-\dfrac{1}{2}$	↗

由表知 $f(x)$在$(-\infty, 0)$，$(1, +\infty)$内单调增加；在$[0, 1]$上单调减少，在 $x=0$ 处取得极大值 0，在 $x=1$ 处取得极小值$-\dfrac{1}{2}$．

当函数在驻点处二阶导数存在时，有如下的判定定理．

定理 5（极值存在第二充分条件） 设 $f'(x_0)=0$，$f''(x_0)$存在且 $f''(x_0)\neq 0$，则

(1) 如果 $f''(x_0)>0$，则 $f(x_0)$为 $f(x)$的极小值；

(2) 如果 $f''(x_0)<0$，则 $f(x_0)$为 $f(x)$的极大值．

证明 (1) 由导数的定义及 $f'(x_0)=0$ 和 $f''(x_0)>0$，得

$$f''(x_0)=\lim_{x\to x_0}\frac{f'(x)-f'(x_0)}{x-x_0}=\lim_{x\to x_0}\frac{f'(x)}{x-x_0}>0.$$

由极限性质知，存在 $\mathring{U}(x_0, \delta)$，使得当 $x\in\mathring{U}(x_0, \delta)$时有 $\dfrac{f'(x)}{x-x_0}>0$，所以当 $x\in(x_0-\delta, x_0)$时有 $f'(x)<0$，当 $x\in(x_0, x_0+\delta)$时有 $f'(x)>0$，由定理 2 知 $f(x_0)$为极小值．类似可证(2)．

例 7 求函数 $f(x)=x^3-3x$ 的极值．

解 $f'(x)=3x^2-3=3(x-1)(x+1)$，由 $f'(x)=0$，得驻点 $x_1=1$，$x_2=-1$，$f''(x)=6x$，将驻点代入，$f''(-1)=-6<0$，所以 $f(-1)=2$ 为极大值，$f''(1)=6>0$，所以 $f(1)=-2$ 为极小值．

注意当 $f'(x_0)=f''(x_0)=0$ 时，不能用定理 3 判别 $f(x_0)$是否为极值，此时需用定理 2 来判别．

三、函数的最大值和最小值

在生产实践和科学实验中，经常遇到求某一个量的最大值和最小值问题．我们知道，当函数 $f(x)$在闭区间$[a, b]$上连续，则 $f(x)$在$[a, b]$上必有最大值和最小值，并且函数的最大值和最小值只可能在极值点、不可导点和区间的端点处取得．因此可求出函数 $f(x)$在区间端点的函数值以及在驻点和不可导点的函数值，其中最大的就是函数在$[a, b]$上的最大值，最小的就是函数在$[a, b]$上的最小值．

例 8 求函数 $f(x)=2x^3+3x^2-12x+14$ 在$[-3, 4]$上的最大值与最小值．

解 $f'(x)=6x^2+6x-12=6(x+2)(x-1)$，令 $f'(x)=0$，得 $x_1=-2$，$x_2=1$，由于 $f(-3)=23$，$f(-2)=34$，$f(1)=7$，$f(4)=142$，比较得到 $f(4)=142$ 为函数的最大值，$f(1)=7$ 为函数的最小值．

在求实际问题中的最大值或最小值时，如果 $f(x)$ 在定义区间内部只有一个驻点 x_0，则 $f(x_0)$ 必为所求的最大值或最小值.

例 9 要做一个容积为 V 的圆柱形罐头筒，怎样设计才能使所用材料最省？

解 显然，要使材料最省，就是要使罐头筒的总表面积最小.

设罐头筒的底半径为 r，高为 h，如图 3-4 所示，则它的侧面积为 $2\pi rh$，底面积为 πr^2，因此总表面积为

$$S = 2\pi r^2 + 2\pi rh.$$

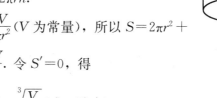

图 3-4

由于有固定体积 $V = \pi r^2 h$，所以 $h = \dfrac{V}{\pi r^2}$（V 为常量），所以 $S = 2\pi r^2 + \dfrac{2V}{r}$ 其中 $r \in (0, +\infty)$，$S' = 4\pi r - \dfrac{2V}{r^2}$. 令 $S' = 0$，得

$$r = \sqrt[3]{\frac{V}{2\pi}}（唯一驻点），$$

因此 S 在点 $r = \sqrt[3]{\dfrac{V}{2\pi}}$ 处取得最小值. 此时，$h = 2\sqrt[3]{\dfrac{V}{2\pi}} = 2r$，于是，当罐头筒的高和底面圆直径相等时，所用材料最省.

习 题 3-3

1. 下面命题正确吗？为什么？

(1) 若函数 $f(x)$ 在 (a, b) 内单调增加，则在 (a, b) 内恒有 $f'(x) > 0$.

(2) 如果 $f'(x_0) = 0$，则 x_0 必为 $f(x)$ 的极值点.

(3) 极大值总比极小值大.

(4) 若在 (a, b) 内有 $f'(x) > g'(x)$，则在 (a, b) 内就有 $f(x) > g(x)$.

(5) 设 $x_0 \in (a, b)$，若 x_0 既不是 $f(x)$ 驻点，也不是 $f(x)$ 的不可导点，则 x_0 一定不是 $f(x)$ 的极值点.

2. 求函数的单调区间.

(1) $f(x) = 2x^3 - 6x^2 - 18x - 7$；(2) $f(x) = 2x^2 - \ln x$；(3) $y = x - 2\sin x (0 \leqslant x \leqslant 2\pi)$.

3. 证明下列不等式.

(1) 当 $0 < x < \dfrac{\pi}{2}$ 时，$\sin x + \tan x > 2x$；

(2) 当 $x > 0$ 时，$x - \ln x \geqslant 1$.

4. 证明方程 $\sin x = x$ 只有一个实根.

5. 求下列函数的极值.

(1) $y = 2x^2 - x^4$；(2) $y = x - \ln(1 + x)$；(3) $y = 2 - (x - 1)^{\frac{2}{3}}$；(4) $y = 2e^x + e^{-x}$.

6. 试证明：如果函数 $y = ax^3 + bx^2 + cx + d$ 满足条件 $b^2 - 3ac < 0$，那么这个函数没有极值.

7. 求下列函数在给定区间上的最大值和最小值.

(1) $y = \dfrac{1}{3}x^3 - 2x^2 + 5$，$[-2, 2]$；(2) $y = x - 2\sqrt{x}$，$[0, 4]$；

(3) $y=x^2 e^{-x^2}$, $(-\infty, +\infty)$.

8. 用边长为 48cm 的正方形铁皮做一个无盖的铁盒，在铁皮的四角各截去相同的小正方形，然后把四周折起，焊成铁盒．问在四角截去多大的正方形，才能使所做的铁盒容积最大？

9. 从一块半径为 R 的圆铁片上挖去一个扇形做成一个漏斗．问留下的扇形的中心角 φ 取多大时，做成的漏斗的容积最大？

10. 某企业的生产成本函数是 $y=f(x)=9000+40x+0.001x^2$，其中 x 表示产品件数，求该企业生产多少件产品时，平均成本最小？

第四节　函数图形的描绘

一、曲线的凹凸性

定义 1　如果在某区间内，曲线 $y=f(x)$ 上每一点处的切线都在曲线的上方，则称曲线 $y=f(x)$ 在该区间内是凸的；如果在某区间内，曲线 $y=f(x)$ 上每一点处的切线都在曲线的下方，则称曲线 $y=f(x)$ 在此区间内是凹的．曲线 $y=f(x)$ 凹与凸之间的分界点称为曲线 $y=f(x)$ 的拐点．

由图 3-5 可看出，当曲线的斜率 $f'(x)$ 增大时，曲线 $y=f(x)$ 是凹的（图 3-5(1)）；当曲线的斜率 $f'(x)$ 减少时，曲线 $y=f(x)$ 是凸的（图 3-5(2)）．这表明曲线 $y=f(x)$ 的凹凸可由 $f''(x)$ 的符号来确定．

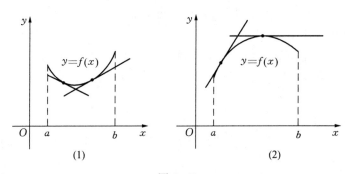

图 3-5

定理 1　如果函数 $y=f(x)$ 在区间 (a, b) 内可导，则曲线 $y=f(x)$ 在 (a, b) 内凹（或凸）的充要条件是：导函数 $f'(x)$ 在区间 (a, b) 内单调增加（或单调减少）．

证明　(1) 必要性　已知曲线 $y=f(x)$ 在 (a, b) 内是凹的，即对任意的 $x_0 \in (a, b)$，曲线 $y=f(x)$ 位于切线 $y=f'(x_0)(x-x_0)+f(x_0)$ 之上，故对任意的 $x \in (a, b)$，有

$$f(x)-[f'(x_0)(x-x_0)+f(x_0)] \geqslant 0 \text{ 或 } f(x)-f(x_0) \geqslant f'(x_0)(x-x_0),$$

任取 $x_1, x_2 \in (a, b)$，且 $x_1 < x_2$，由上述不等式得

$$f(x_1)-f(x_2) \geqslant f'(x_2)(x_1-x_2), \quad f(x_2)-f(x_1) \geqslant f'(x_1)(x_2-x_1),$$

将这两个不等式相加得：$[f'(x_2)-f'(x_1)](x_1-x_2) \leqslant 0$，因为 $x_1 < x_2$，所以有

$$f'(x_1) \leqslant f'(x_2),$$

故导函数 $f'(x)$ 在区间 (a, b) 内单调增加.

(2) 充分性 已知导函数 $f'(x)$ 在区间 (a, b) 内单调增加. 下面证明: 对任意的 x, $x_0 \in (a, b)$, 有 $f(x) - f(x_0) - f'(x_0)(x - x_0) \geqslant 0$.

在以 x_0 和 x 为端点的闭区间上应用拉格朗日中值定理, 得

$$f(x) - f(x_0) = f'(\xi)(x - x_0),$$

其中 ξ 介于 x 与 x_0 之间. 所以, $(x - x_0)$ 与 $(\xi - x_0)$ 同号, 已知 $f'(x)$ 单调增加, 则 $[f'(\xi) - f'(x_0)]$ 与 $(x - x_0)$ 的符号相反, 于是

$$f(x) - f(x_0) - f'(x_0)(x - x_0) = f'(\xi)(x - x_0) - f'(x_0)(x - x_0)$$
$$= [f'(\xi) - f'(x_0)](x - x_0) \geqslant 0,$$

即函数 $y = f(x)$ 在 (a, b) 内是凹的.

同理可证曲线凸的情形.

推论 1 如果函数 $y = f(x)$ 在 (a, b) 内存在二阶导数, 则曲线 $y = f(x)$ 曲线 $y = f(x)$ 在 (a, b) 内凹 (或凸) 的充要条件是: 对任意 $x \in (a, b)$ 有 $f''(x) \geqslant 0$ (或 $f''(x) \leqslant 0$).

推论 2 设 $f(x)$ 在 $[a, b]$ 上连续, 在 (a, b) 内具有二阶导数, 那么

(1) 若在 (a, b) 内 $f''(x) > 0$, 则 $f(x)$ 在 $[a, b]$ 上图形是凹的;

(2) 若在 (a, b) 内 $f''(x) < 0$, 则 $f(x)$ 在 $[a, b]$ 上图形是凸的.

定理 2 如果函数 $f(x)$ 在 $(x_0 - \delta, x_0 + \delta)$ 内二阶可导, 且点 $(x_0, f(x_0))$ 是曲线 $f(x)$ 的**拐点**, 则 $f''(x_0) = 0$.

此定理的证明是容易的, 留给读者思考. 定理 2 指出, 在函数存在二阶导数的前提下, $f''(x_0) = 0$ 是点 $(x_0, f(x_0))$ 为曲线 $f(x)$ 拐点的必要条件, 但并不充分, 如 $y = x^4$ 在 $x = 0$ 处有 $f''(0) = 0$, 但点 $(0, 0)$ 并不是函数 $y = x^4$ 的拐点. 即求曲线拐点的方法是: 先求出 $f''(x) = 0$ 的点及 $f''(x)$ 不存在的点, 然后再看这些点的左右两侧 $f''(x)$ 的符号, 若异号为拐点, 若同号不是拐点.

例 1 判断曲线 $y = \ln x$ 的凸凹性.

解 因为 $y' = \dfrac{1}{x}$, $y'' = -\dfrac{1}{x^2}$, 由于在函数的定义域 $(0, +\infty)$ 内, $y'' < 0$, 故曲线 $y = \ln x$ 是凸的.

例 2 求曲线 $y = x^3$ 的凸凹区间.

解 因为 $y' = 3x^2$, $y'' = 6x$, 当 $x < 0$ 时, $y'' < 0$, 所以曲线 $y = x^3$ 在 $(-\infty, 0]$ 内是凸的; 当 $x > 0$ 时, $y'' > 0$, 所以曲线 $y = x^3$ 在 $[0, +\infty)$ 内是凹的.

例 3 求曲线 $y = 3x^4 - 4x^3 + 1$ 的凸凹区间及拐点.

解 $y' = 12x^3 - 12x^2$, $y'' = 36x^2 - 24x = 36x\left(x - \dfrac{2}{3}\right)$, 令 $y'' = 0$, 得 $x_1 = 0$, $x_2 = \dfrac{2}{3}$, 列表如下.

x	$(-\infty, 0)$	0	$\left(0, \dfrac{2}{3}\right)$	$\dfrac{2}{3}$	$\left(\dfrac{2}{3}, +\infty\right)$
y''	$+$	0	$-$	0	$+$
y	凹	拐点	凸	拐点	凹

由表可得：曲线在 $\left[0, \dfrac{2}{3}\right]$ 上是凸的，在 $(-\infty, 0)$，$\left(\dfrac{2}{3}, +\infty\right)$ 内是凹的，点 $(0, 1)$，点 $\left(\dfrac{2}{3}, \dfrac{11}{27}\right)$ 为曲线的两个拐点.

例 4 求函数 $f(x)=(x-2)\sqrt[3]{x^2}$ 的凸凹区间及拐点.

解 $f'(x)=\dfrac{5}{3}x^{\frac{2}{3}}-\dfrac{4}{3}x^{-\frac{1}{3}}$，$f''(x)=\dfrac{2(5x+2)}{9x\sqrt[3]{x}}$，令 $f''(x)=0$ 得 $x_1=-\dfrac{2}{5}$，而 $x_2=0$ 为 $f''(x)$ 不存在的点. 用 $x_1=-\dfrac{2}{5}$，$x_2=0$ 为分点将定义域分成三个部分区间，列表如下.

x	$\left(-\infty, -\dfrac{2}{5}\right)$	$-\dfrac{2}{5}$	$\left(-\dfrac{2}{5}, 0\right)$	0	$(0, +\infty)$
$f''(x)$	$-$	0	$+$	不存在	$+$
$f(x)$	凸	拐点	凹	不是拐点	凹

由表可知，曲线 $f(x)$ 的凸区间是 $\left(-\infty, -\dfrac{2}{5}\right)$，凹区间为 $\left(-\dfrac{2}{5}, 0\right)$ 和 $(0, +\infty)$，点 $\left(-\dfrac{2}{5}, -\dfrac{12}{5}\sqrt[3]{\dfrac{4}{25}}\right)$ 是拐点.

二、曲线的渐近线

定义 2 设 P 是曲线 $y=f(x)$ 上的动点，如果当点 P 沿曲线远离原点时，点 P 与某一直线 l 的距离无限地趋于零，则称直线 l 为曲线 $y=f(x)$ 的渐近线（图 3-6）.

如函数 $y=\dfrac{1}{x}$，当 $x\to\infty$ 时，以 $y=0$ 为水平渐近线，当 $x\to 0$ 时，以 $x=0$ 为垂直渐近线. 函数 $y=\tan x$，当 $x\to\dfrac{\pi}{2}-0$ 时，以 $x=\dfrac{\pi}{2}$ 为垂直渐近线. 函数 $y=\arctan x$，当 $x\to-\infty$ 时，以 $y=-\dfrac{\pi}{2}$ 为水平渐近线等.

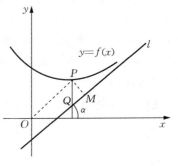

图 3-6

一般地，对函数 $y=f(x)$ 来说，如果有
$$\lim_{x\to\infty}f(x)=c\ (\lim_{x\to-\infty}f(x)=c \text{ 或 } \lim_{x\to+\infty}f(x)=c，\text{其中 } c \text{ 为常数})，$$
则直线 $y=c$ 就是函数 $y=f(x)$ 的水平渐近线. 如果有
$$\lim_{x\to a}f(x)=\infty\ (\lim_{x\to a-0}f(x)=\infty \text{ 或 } \lim_{x\to a+0}f(x)=\infty)，$$
则直线 $x=a$ 就是函数 $y=f(x)$ 的垂直渐近线. 除此之外，如图 3-6 所示，还有斜渐近线，下面给出斜渐近线的求法.

设函数 $y=f(x)$ 有斜渐近线 $y=ax+b\ (a\ne 0)$，如图 3-6 所示，曲线上的动点 $P(x, f(x))$ 到渐近线的距离为
$$|PM|=|PQ\cos\alpha|=|f(x)-(ax+b)|\cdot\dfrac{1}{\sqrt{1+a^2}}，$$

根据渐近线的定义，当 $x \to \infty$(此图只能 $x \to +\infty$)时，$|PM| \to 0$，即有

$$\lim_{x \to \infty}[f(x)-(ax+b)]=0,$$

从而

$$\lim_{x \to \infty}[f(x)-(ax+b)]=\lim_{x \to \infty}x\left[\frac{f(x)}{x}-a-\frac{b}{x}\right]=\lim_{x \to \infty}\frac{\dfrac{f(x)}{x}-a-\dfrac{b}{x}}{\dfrac{1}{x}}=0,$$

这说明在 $x \to \infty$ 的过程中，$\left[\dfrac{f(x)}{x}-a-\dfrac{b}{x}\right]$ 是 $\dfrac{1}{x}$ 的高阶无穷小，从而得到求函数 $y=f(x)$ 有斜渐近线 $y=ax+b$ 的公式

$$\lim_{x \to \infty}\frac{f(x)}{x}=a, \quad \lim_{x \to \infty}[f(x)-ax]=b.$$

例 5 求曲线 $y=\mathrm{e}^{-x^2}$ 的水平渐近线.

解 因为 $\lim\limits_{x \to \infty}\mathrm{e}^{-x^2}=0$，所以直线 $y=0$ 为曲线的水平渐近线.

例 6 求曲线 $y=\dfrac{1}{x-1}$ 的垂直渐近线.

解 因为 $\lim\limits_{x \to 1}\dfrac{1}{x-1}=\infty$，所以 $x=1$ 为曲线的一条垂直渐近线.

例 7 求曲线 $y=\dfrac{x^2}{x+1}$ 的渐近线.

解 因为 $\lim\limits_{x \to -1}\dfrac{x^2}{x+1}=\infty$，所以 $x=-1$ 为曲线的垂直渐近线. 由于

$$a=\lim_{x \to \infty}\frac{f(x)}{x}=\lim_{x \to \infty}\frac{x}{x+1}=1; \quad b=\lim_{x \to \infty}[f(x)-ax]=\lim_{x \to \infty}\left(\frac{x^2}{x+1}-x\right)=\lim_{x \to \infty}\frac{-x}{x+1}=-1,$$

所以直线 $y=x-1$ 为曲线的斜渐近线.

三、函数图形的描绘

前面对函数的单调性、极值、凹凸性、拐点和渐近线等曲线性态作了讨论和研究，使我们对函数曲线有了较为准确和全面的掌握，利用这些知识可以更准确地描绘函数图形. 一般地，可以按照下面步骤描绘出函数的图形.

第一步：确定函数 $y=f(x)$ 的定义域、奇偶性、周期性等.

第二步：求出 $f'(x)=0$ 和 $f''(x)=0$ 的全部实根和 $f'(x)$、$f''(x)$ 不存在的点，以这些点为分点把定义域划分成几个部分区间.

第三步：确定这些部分区间内 $f'(x)$ 和 $f''(x)$ 的符号，并由此确定函数图形的单调性与凸凹性、极值点和拐点.

第四步：求出函数的渐近线以及和 x 轴、y 轴的交点.

第五步：描出取得极值的点、拐点及与 x 轴和 y 轴的交点. 然后综合上述就可以连点作出图形.

例 8 作出函数 $y=\dfrac{1}{3}x^3-x$ 的图形.

解 函数的定义域为$(-\infty, +\infty)$，函数为奇函数，图形关于原点对称．$y'=x^2-1=(x-1)(x+1)$，由$y'=0$，得$x_1=-1$，$x_2=1$，$y''=2x$，由$y''=0$得$x_3=0$．以-1，0，1为分点列表如下．

x	$(-\infty, -1)$	-1	$(-1, 0)$	0	$(0, 1)$	1	$(1, +\infty)$
y'	$+$	0	$-$	-1	$-$	0	$+$
y''	$-$	-2	$-$	0	$+$	2	$+$
y	凸 ↗	极大值 $\dfrac{2}{3}$	凸 ↘	拐点$(0, 0)$	凹 ↘	极小值 $-\dfrac{2}{3}$	凹 ↗

曲线无渐近线，与x轴的交点$(-\sqrt{3}, 0)$，$(0, 0)$，$(\sqrt{3}, 0)$，与y轴的交点$(0, 0)$．根据表，连点描图，如图$3-7$所示．

例9 作出函数$y=e^{-x^2}$的图形．

解 定义域$(-\infty, +\infty)$，它是偶函数，关于轴y对称．$y'=-2xe^{-x^2}$，由$y'=0$得$x=0$，$y''=2e^{-x^2}\cdot(2x^2-1)$，由$y''=0$得$x=\pm\dfrac{\sqrt{2}}{2}$，列表如下．

x	$\left(-\infty, -\dfrac{\sqrt{2}}{2}\right)$	$-\dfrac{\sqrt{2}}{2}$	$\left(-\dfrac{\sqrt{2}}{2}, 0\right)$	0	$\left(0, \dfrac{\sqrt{2}}{2}\right)$	$\dfrac{\sqrt{2}}{2}$	$\left(\dfrac{\sqrt{2}}{2}, +\infty\right)$
y'	$+$	$+$	$+$	0	$-$	$-$	$-$
y''	$+$	0	$-$	$-$	$-$	0	$+$
y	凹 ↗	拐点 $\left(-\dfrac{\sqrt{2}}{2}, e^{-\frac{1}{2}}\right)$	凸 ↗	极大值 1	凸 ↘	拐点 $\left(\dfrac{\sqrt{2}}{2}, e^{-\frac{1}{2}}\right)$	凹 ↘

因为$\lim\limits_{x\to\infty}e^{-x^2}=0$，故$y=0$（即$x$轴）为水平渐近线．根据表，连点描图，如图$3-8$所示．

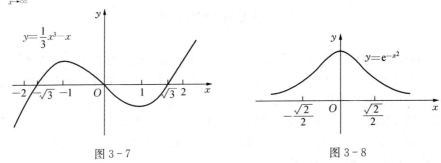

图$3-7$　　　　　　　　图$3-8$

习 题 3-4

1．求函数的凹凸区间和拐点．

(1) $y=x^3-3x^2+1$；(2) $y=\ln(1+x^2)$；(3) $y=\sqrt[3]{x}$．

2．当a和b为何值时，点$(1, 3)$是曲线$y=ax^3+bx^2$的拐点？

3. 求下列曲线的渐近线.

(1) $y=e^{\frac{1}{x}}$; (2) $y=\dfrac{1}{x-1}$; (3) $y=\dfrac{4(x+1)}{x^2}-2$; (4) $y=x-\dfrac{x}{1+x}$.

4. 作出下列函数的图形.

(1) $y=2x^3-3x^2$; (2) $y=\dfrac{x^2}{x+1}$; (3) $y=\dfrac{1-2x}{x^2}+1$.

总 习 题 三

1. 填空题.

(1) 如果函数 $f(x)$ 在区间 I 上的导数_____，那么 $f(x)$ 在区间 I 上是一个常数.

(2) 洛必达法则除了可用于求"$\dfrac{0}{0}$"及"$\dfrac{\infty}{\infty}$"两种类型的未定式的极限外，也可通过变换解决_____，_____，_____，_____，_____等型的未定式的求极限的问题.

(3) 若函数 $y=f(x)$ 在 $x=x_0$ 可导，则 $f'(x_0)=0$ 是函数 $y=f(x)$ 在点 x_0 处取得极值的_____条件.(填"必要""充分""充要")

(4) 若函数 $y=f(x)$ 在 (a,b) 有二阶导数，则曲线 $f(x)$ 在 (a,b) 内取凹的充要条件是_____.

2. 在下列每题的四个选项中，选出一个正确的结论.

(1) 一元函数微分学的三个中值定理的结论都有一个共同点，即(   ).

    (A)它们都给出了 ξ 点的求法

    (B)它们都肯定了 ξ 点一定存在，且给出了求 ξ 的方法

    (C)它们都先肯定了 ξ 点一定存在，而且如果满足定理条件，就都可以用定理给出的公式计算 ξ 的值

    (D)它们只肯定了 ξ 的存在，却没有说出 ξ 的值是什么，也没有给出求 ξ 的方法

(2) 如果 a,b 是方程 $f(x)=0$ 的两个根，$f(x)$ 在 $[a,b]$ 上连续，在 (a,b) 内可导，那么方程 $f'(x)=0$ 在 (a,b) 内(   ).

    (A)只有一个根   (B)至少有一个根

    (C)没有根   (D)以上答案都不对

(3) 若 $f(x)$ 在 $[a,b]$ 上连续，在 (a,b) 内可导，且 $x\in(a,b)$ 时，$f'(x)>0$，又 $f(a)<0$，则(   ).

    (A)$f(x)$ 在 $[a,b]$ 上单调增加，且 $f(b)>0$

    (B)$f(x)$ 在 $[a,b]$ 上单调增加，且 $f(b)<0$

    (C)$f(x)$ 在 $[a,b]$ 上单调减少，且 $f(b)<0$

    (D)$f(x)$ 在 $[a,b]$ 上单调增加，但 $f(b)$ 的正负号无法确定

(4) 若在 (a,b) 内，函数 $f(x)$ 的一阶导数 $f'(x)>0$，二阶导数 $f''(x)<0$，则函数 $f(x)$ 在此区间内(   ).

    (A)单调减少，曲线是凹的   (B)单调减少，曲线是凸的

    (C)单调增加，曲线是凹的   (D)单调增加，曲线是凸的

3. 求下列极限.

(1) $\lim\limits_{x\to0}\dfrac{e^x-e^{-x}}{\sin x}$；(2) $\lim\limits_{x\to0}\dfrac{\tan x-x}{x^2\sin x}$；(3) $\lim\limits_{x\to+\infty}\dfrac{x^a}{e^x}$（其中 $a>0$）；(4) $\lim\limits_{x\to0^+}\left(\ln\dfrac{1}{x}\right)^x$.

4. 求函数 $f(x)=xe^x$ 在 $x_0=0$ 处的 n 阶泰勒公式.

5. 某房地产公司有 100 套公寓要出租，当租金定为每月 1800 元时，公寓会全部租出去. 当租金每月增加 100 元时，就有一套公寓租不出去，而租出去的房子每月需花费 200 元的整修维护费. 试问房租定为多少可获得最大收入？

6. 证明：若 $x>0$，则 $\sin x>x-\dfrac{1}{6}x^3$.

7. 试问当 a 为何值时，函数 $f(x)=a\sin x+\dfrac{1}{3}\sin 3x$ 在 $x=\dfrac{\pi}{3}$ 处取得极值？它是极大值还是极小值？

8. 设 $f(x)$ 在闭区间 $[0,c]$ 上连续，其导数 $f'(x)$ 在开区间 $(0,c)$ 内存在且单调减少，$f(0)=0$. 试应用拉格朗日中值定理证明不等式

$$f(a+b)\leqslant f(a)+f(b),$$

其中常数 a，b 满足条件 $0\leqslant a\leqslant b\leqslant a+b\leqslant c$.

9. 设函数 $f(x)$ 在闭区间 $[-1,1]$ 上具有三阶连续导数，且 $f(-1)=0$，$f(1)=1$，$f'(0)=0$. 证明：在开区间 $(-1,1)$ 内至少存在一点 ξ，使得 $f'''(\xi)=3$.

10. 设函数

$$f(x)=\begin{cases}\dfrac{\ln[\cos(x-1)]}{1-\sin\dfrac{\pi}{2}x}，& x\neq1，\\ 1，& x=1，\end{cases}$$

讨论 $f(x)$ 在 $x=1$ 处的连续性.

11. 设 $x>0$，常数 $a>e$，证明 $(a+x)^a<a^{a+x}$.

12. 给定曲线 $y=\dfrac{1}{x^2}$，试求：（1）曲线在横坐标为 x_0 的点处的切线方程；（2）曲线的切线被两坐标轴所截线段的最短长度.

第四章　不定积分

在接下来的两章内容中，我们将讨论不定积分和定积分，它们统称为一元函数的积分学．寻求已知函数的导数，这是微分学解决的问题．然而，在很多实际问题求解中，是要寻求一个函数，使其导数为已知函数，这种运算恰是微分运算的逆运算，即所谓的积分运算．

本章首先给出原函数与不定积分的概念，接着讨论不定积分的性质，求不定积分的两个基本方法——换元积分法与分部积分法．

第一节　原函数与不定积分

一、原函数与不定积分的概念

定义 1　已知函数 $f(x)$ 在区间 I 上有定义，如果存在一个函数 $F(x)$，对任意 $x \in I$，有 $F'(x) = f(x)$，则称 $F(x)$ 为 $f(x)$ 在区间 I 上的一个原函数．

如 $(\sin x)' = \cos x$，$(x^3)' = 3x^2$，即在区间 $(-\infty, +\infty)$ 上，$\sin x$ 是 $\cos x$ 的一个原函数；x^3 是 $3x^2$ 的一个原函数．由于常数的导数为零，所以 $\sin x + c$ 和 $x^3 + c$ 也分别是 $\cos x$ 与 $3x^2$ 的原函数（其中 c 为任意常数），且有无穷多个．一般地，若 $F(x)$ 是 $f(x)$ 的一个原函数，那么 $F(x) + c(c$ 为任意常数）也是 $f(x)$ 的原函数．可以证明，连续函数一定存在原函数．

下面定理指出：如果一个函数存在原函数，则必有无穷多个，且它们之间只相差一个常数．

定理 1　如果 $F'(x) = f(x)$，则 $f(x)$ 的所有原函数均可表示成形如
$$F(x) + c(c \text{ 为任意常数})$$
的函数．

证明　设 $G(x)$ 为 $f(x)$ 的任意一个原函数，下证 $G(x) = F(x) + c$ 即可．

事实上，因为 $[G(x) - F(x)]' = f(x) - f(x) = 0$，且 $G(x)$ 是任意的，所以有
$$G(x) = F(x) + c(c \text{ 为任意常数}).$$

以上讨论表明，欲求已知函数的所有原函数，只需求出其中一个原函数，再加上任意的常数即可．

定义 2　函数 $f(x)$ 在区间 I 上的全体原函数被称为 $f(x)$ 的不定积分，记作
$$\int f(x) \mathrm{d}x,$$
其中 $\int$ 称为积分号，$f(x)$ 称为被积函数，$f(x)\mathrm{d}x$ 称为被积表达式，x 称为积分变量．

显然，如果 $F(x)$ 为 $f(x)$ 的一个原函数，则 $\int f(x)\mathrm{d}x = F(x) + c$．　如，

$$\int \cos x \mathrm{d}x = \sin x + c; \int 3x^2 \mathrm{d}x = x^3 + c; \int a^x \mathrm{d}x = \frac{a^x}{\ln a} + c; \int \mathrm{e}^x \mathrm{d}x = \mathrm{e}^x + c.$$

由不定积分的定义直接得到如下结果：

$$\mathrm{d}\left(\int f(x)\mathrm{d}x\right) = f(x)\mathrm{d}x \ \text{或} \left(\int f(x)\mathrm{d}x\right)' = f(x);$$

$$\int F'(x)\mathrm{d}x = F(x) + c \ \text{或} \int \mathrm{d}F(x) = F(x) + c.$$

这表明，积分运算与微分运算互为逆运算.

不定积分有明显的几何意义，如果 $F(x)$ 为 $f(x)$ 的一个原函数，常称曲线 $F(x)$ 为 $f(x)$ 的积分曲线，于是 $f(x)$ 的不定积分

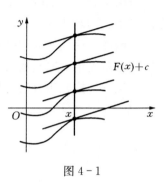

$$\int f(x)\mathrm{d}x = F(x) + c,$$

在几何表示：$f(x)$ 的某一条积分曲线 $F(x)$ 沿 y 方向平移所得到的所有积分曲线 $F(x)+c$ 组成的曲线族，而 $(F(x)+c)' = f(x)$ 表明，曲线族 $F(x)+c$ 的任意一条曲线在 x 处的斜率都等于 $f(x)$（图 4-1）.

图 4-1

二、基本积分公式与不定积分的运算性质

我们知道，利用导数的定义可以求出已知函数的导数，但我们却不能从不定积分的定义出发求出已知函数的不定积分，通常，求某一函数的不定积分较求它的导数要困难得多. 然而，积分是微分的逆运算，利用基本初等函数的导数公式，容易建立如下基本积分公式，利用这些基本公式，将求很多函数的积分划归为求一些基本初等函数的积分. 因此，对下列基本公式要求读者熟记.

(1) $\int 0 \mathrm{d}x = c$;

(2) $\int k \mathrm{d}x = kx + c$ 及 $\int 1 \mathrm{d}x = \int \mathrm{d}x = x + c$;

(3) $\int x^\alpha \mathrm{d}x = \frac{x^{\alpha+1}}{\alpha+1} + c \ (\alpha \neq -1, \ x > 0)$;

(4) $\int \frac{1}{x} \mathrm{d}x = \ln|x| + c$;

(5) $\int a^x \mathrm{d}x = \frac{a^x}{\ln a} + c (a > 0, 且\ a \neq 1)$;

(6) $\int \mathrm{e}^x \mathrm{d}x = \mathrm{e}^x + c$;

(7) $\int \sin x \mathrm{d}x = -\cos x + c$;

(8) $\int \cos x \mathrm{d}x = \sin x + c$;

(9) $\int \frac{1}{\cos^2 x} \mathrm{d}x = \tan x + c$;

(10) $\int \dfrac{1}{\sin^2 x}\mathrm{d}x = -\cot x + c$；

(11) $\int \dfrac{1}{\sqrt{1-x^2}}\mathrm{d}x = \arcsin x + c$；

(12) $\int \dfrac{-1}{\sqrt{1-x^2}}\mathrm{d}x = \arccos x + c$；

(13) $\int \dfrac{1}{1+x^2}\mathrm{d}x = \arctan x + c$；

(14) $\int \dfrac{-1}{1+x^2}\mathrm{d}x = \operatorname{arccot} x + c$；

(15) $\int \tan x\,\mathrm{d}x = -\ln|\cos x| + c$；

(16) $\int \cot x\,\mathrm{d}x = \ln|\sin x| + c$；

(17) $\int \sec x\,\mathrm{d}x = \ln|\sec x + \tan x| + c$；

(18) $\int \csc x\,\mathrm{d}x = \ln|\csc x - \cot x| + c$；

(19) $\int \dfrac{1}{x^2+a^2}\mathrm{d}x = \dfrac{1}{a}\arctan\dfrac{x}{a} + c\,(a \neq 0)$；

(20) $\int \dfrac{1}{x^2-a^2}\mathrm{d}x = \dfrac{1}{2a}\ln\left|\dfrac{x-a}{x+a}\right| + c\,(a \neq 0)$；

(21) $\int \dfrac{1}{\sqrt{a^2-x^2}}\mathrm{d}x = \arcsin\dfrac{x}{a} + c\,(a > 0)$；

(22) $\int \dfrac{1}{\sqrt{x^2 \pm a^2}}\mathrm{d}x = \ln|x + \sqrt{x^2 \pm a^2}| + c\,(a > 0)$.

说明：注意公式(4)，因为

$$\int \frac{1}{x}\mathrm{d}x = \begin{cases} \ln x + c, & x > 0, \\ \ln(-x) + c, & x < 0, \end{cases}$$

所以 $\int \dfrac{1}{x}\mathrm{d}x = \ln|x| + c$. 公式(15)～(22)将在下一节中讨论．

下面给出不定积分的运算性质．

性质 1　如果函数 $f(x)$ 在区间 I 上存在原函数，k 是不为零的常数，则函数 $kf(x)$ 在区间 I 上也存在原函数，且有

$$\int kf(x)\mathrm{d}x = k\int f(x)\mathrm{d}x.$$

证明　由已知及导数运算法则有

$$\left(k\int f(x)\mathrm{d}x\right)' = k\left(\int f(x)\mathrm{d}x\right)' = kf(x),$$

即 $k\int f(x)\mathrm{d}x$ 为函数 $kf(x)$ 的原函数，且有 $\int kf(x)\mathrm{d}x = k\int f(x)\mathrm{d}x.$

性质 1 表明：常数因子可以移到积分号外．

性质 2　如果函数 $f(x)$ 和函数 $g(x)$ 在区间 I 上存在原函数，则 $f(x) \pm g(x)$ 在区间 I 上

也存在原函数，且有

$$\int (f(x) \pm g(x)) \mathrm{d}x = \int f(x) \mathrm{d}x \pm \int g(x) \mathrm{d}x.$$

证明 由已知及导数运算法则有

$$\left(\int f(x)\mathrm{d}x \pm \int g(x)\mathrm{d}x\right)' = \left(\int f(x)\mathrm{d}x\right)' \pm \left(\int g(x)\mathrm{d}x\right)' = f(x) \pm g(x),$$

即 $\int f(x)\mathrm{d}x \pm \int g(x)\mathrm{d}x$ 为函数 $f(x) \pm g(x)$ 的原函数，且有

$$\int (f(x) \pm g(x)) \mathrm{d}x = \int f(x) \mathrm{d}x \pm \int g(x) \mathrm{d}x.$$

性质 2 指出：两个函数代数和的不定积分等于每个函数的不定积分的代数和．易知，性质 2 对有限个函数的代数和结论也成立．

利用上述运算性质及基本积分公式，我们可以求得一些简单函数的不定积分．

例 1 求 $\int (5^x + 2\sin x + \sqrt{x})\mathrm{d}x$.

解 $\displaystyle\int (5^x + 2\sin x + \sqrt{x})\mathrm{d}x = \int 5^x \mathrm{d}x + 2\int \sin x \mathrm{d}x + \int \sqrt{x}\,\mathrm{d}x$

$$= \frac{5^x}{\ln 5} + c_1 - 2\cos x + c_2 + \frac{2}{3}x^{\frac{3}{2}} + c_3 = \frac{5^x}{\ln 5} - 2\cos x + \frac{2}{3}x^{\frac{3}{2}} + c.$$

例 2 求 $\int \sqrt{x}\,(x^2 - 6)\mathrm{d}x$.

解 $\displaystyle\int \sqrt{x}\,(x^2 - 6)\mathrm{d}x = \int x^{\frac{5}{2}}\mathrm{d}x - 6\int x^{\frac{1}{2}}\mathrm{d}x = \frac{2}{7}x^{\frac{7}{2}} - 4x^{\frac{3}{2}} + c.$

例 3 求 $\displaystyle\int \frac{(x + \sqrt{x})(x^2 - \sqrt{x})}{\sqrt[3]{x^2}}\mathrm{d}x$.

解 $\displaystyle\int \frac{(x + \sqrt{x})(x^2 - \sqrt{x})}{\sqrt[3]{x^2}}\mathrm{d}x = \int \frac{x^3 - x^{\frac{3}{2}} + x^{\frac{5}{2}} - x}{x^{\frac{2}{3}}}\mathrm{d}x$

$$= \int x^{\frac{7}{3}}\mathrm{d}x - \int x^{\frac{5}{6}}\mathrm{d}x + \int x^{\frac{11}{6}}\mathrm{d}x - \int x^{\frac{1}{3}}\mathrm{d}x$$

$$= \frac{3}{10}x^{\frac{10}{3}} - \frac{6}{11}x^{\frac{11}{6}} + \frac{6}{17}x^{\frac{17}{6}} - \frac{3}{4}x^{\frac{4}{3}} + c.$$

例 4 求 $\displaystyle\int \left(\frac{1}{x} - \frac{1}{1 + x^2} + \frac{1}{x^2} - \frac{2}{\sqrt{1 - x^2}}\right)\mathrm{d}x$.

解 $\displaystyle\int \left(\frac{1}{x} - \frac{1}{1 + x^2} + \frac{1}{x^2} - \frac{2}{\sqrt{1 - x^2}}\right)\mathrm{d}x = \int \frac{1}{x}\mathrm{d}x - \int \frac{1}{1 + x^2}\mathrm{d}x + \int \frac{1}{x^2}\mathrm{d}x - \int \frac{2}{\sqrt{1 - x^2}}\mathrm{d}x$

$$= \ln|x| - \arctan x - \frac{1}{x} - 2\arcsin x + c.$$

例 5 求 $\displaystyle\int \frac{x^2}{1 + x^2}\mathrm{d}x$.

解 $\displaystyle\int \frac{x^2}{1 + x^2}\mathrm{d}x = \int \frac{x^2 + 1 - 1}{1 + x^2}\mathrm{d}x = \int \left(1 - \frac{1}{1 + x^2}\right)\mathrm{d}x = x - \arctan x + c.$

例 6 求 $\displaystyle\int \frac{1}{x^2(1 + x^2)}\mathrm{d}x$.

解 $\displaystyle\int \frac{1}{x^2(1+x^2)}\mathrm{d}x = \int \frac{x^2+1-x^2}{x^2(1+x^2)}\mathrm{d}x = \int\left(\frac{1}{x^2}-\frac{1}{1+x^2}\right)\mathrm{d}x$

$$= -\frac{1}{x} - \arctan x + c.$$

例 7 求 $\displaystyle\int (2^x - 3^x)^2 \mathrm{d}x$.

解 $\displaystyle\int (2^x - 3^x)^2 \mathrm{d}x = \int 4^x \mathrm{d}x - 2\int 6^x \mathrm{d}x + \int 9^x \mathrm{d}x = \frac{4^x}{\ln 4} - 2\frac{6^x}{\ln 6} + \frac{9^x}{\ln 9} + c.$

例 8 求 $\displaystyle\int \frac{\mathrm{e}^{3x}+1}{\mathrm{e}^x+1}\mathrm{d}x$.

解 $\displaystyle\int \frac{\mathrm{e}^{3x}+1}{\mathrm{e}^x+1}\mathrm{d}x = \int \frac{(\mathrm{e}^x+1)(\mathrm{e}^{2x}-\mathrm{e}^x+1)}{\mathrm{e}^x+1}\mathrm{d}x$

$$= \int (\mathrm{e}^{2x}-\mathrm{e}^x+1)\mathrm{d}x = \int (\mathrm{e}^2)^x \mathrm{d}x - \int \mathrm{e}^x \mathrm{d}x + \int \mathrm{d}x$$

$$= \frac{\mathrm{e}^{2x}}{2} - \mathrm{e}^x + x + c.$$

例 9 $\displaystyle\int \frac{\cos 2x}{\cos x - \sin x}\mathrm{d}x$.

解 $\displaystyle\int \frac{\cos 2x}{\cos x - \sin x}\mathrm{d}x = \int \frac{\cos^2 x - \sin^2 x}{\cos x - \sin x}\mathrm{d}x = \int (\cos x + \sin x)\mathrm{d}x = \sin x - \cos x + c.$

例 10 $\displaystyle\int \frac{1}{\sin^2 x \cos^2 x}\mathrm{d}x$.

解 $\displaystyle\int \frac{1}{\sin^2 x \cos^2 x}\mathrm{d}x = \int \frac{\sin^2 x + \cos^2 x}{\sin^2 x \cos^2 x}\mathrm{d}x$

$$= \int \frac{1}{\cos^2 x}\mathrm{d}x + \int \frac{1}{\sin^2 x}\mathrm{d}x = \tan x - \cot x + c.$$

例 11 $\displaystyle\int \tan^2 x \mathrm{d}x$.

解 $\displaystyle\int \tan^2 x \mathrm{d}x = \int (\sec^2 x - 1)\mathrm{d}x = \int \sec^2 x \mathrm{d}x - \int \mathrm{d}x = \tan x - x + c.$

例 12 $\displaystyle\int \sin^2 \frac{x}{2}\mathrm{d}x$.

解 $\displaystyle\int \sin^2 \frac{x}{2}\mathrm{d}x = \int \frac{1-\cos x}{2}\mathrm{d}x = \frac{1}{2}\int \mathrm{d}x - \frac{1}{2}\int \cos x \mathrm{d}x = \frac{x}{2} - \frac{\sin x}{2} + c.$

例 13 证明：如果 $\displaystyle\int f(x)\mathrm{d}x = F(x) + c$，则

$$\int f(ax+b)\mathrm{d}x = \frac{1}{a}F(ax+b) + c(a \neq 0).$$

证明 令 $u = ax + b$，因为

$$\left(\frac{1}{a}F(ax+b)+c\right)' = \frac{1}{a}F'(u)\cdot\frac{\mathrm{d}u}{\mathrm{d}x} = F'(u) = f(u) = f(ax+b),$$

所以 $\displaystyle\int f(ax+b)\mathrm{d}x = \frac{1}{a}F(ax+b) + c.$

例 14 求 $\displaystyle\int \cos ax\, \mathrm{d}x (a \neq 0)$.

解 已知 $\int \cos x \mathrm{d}x = \sin x + c$，令 $u = ax$，利用例13得

$$\int \cos ax \, \mathrm{d}x = \frac{1}{a} \sin ax + c.$$

例15 求 $\int p_n(x)\mathrm{d}x$，其中 $p_n(x)$ 是 n 次多项式函数，即

$$p_n(x) = a_n x^n + a_{n-1} x^{n-1} + \cdots + a_1 x + a_0.$$

解 $\int p_n(x)\mathrm{d}x = \int (a_n x^n + a_{n-1} x^{n-1} + \cdots + a_1 x + a_0)\mathrm{d}x$

$$= \frac{a_n}{n+1} x^{n+1} + \frac{a_{n-1}}{n} x^n + \cdots + \frac{a_1}{2} x^2 + a_0 x + c.$$

习 题 4-1

1. 求不定积分.

(1) $\int 4x \mathrm{d}x$；

(2) $\int x^5 \mathrm{d}x$；

(3) $\int (x^5 - 4x + 5)\mathrm{d}x$；

(4) $\int (-2x^{-3})\mathrm{d}x$；

(5) $\int x^{-3}\mathrm{d}x$；

(6) $\int (x^{-3} + 2x + 3)\mathrm{d}x$；

(7) $\int \left(-\frac{3}{x^4}\right)\mathrm{d}x$；

(8) $\int \frac{1}{3x^4}\mathrm{d}x$；

(9) $\int \left(x^4 - \frac{1}{x^4}\right)\mathrm{d}x$；

(10) $\int \frac{3}{2}\sqrt{x}\,\mathrm{d}x$；

(11) $\int \frac{1}{2\sqrt{x}}\mathrm{d}x$；

(12) $\int \left(\sqrt{x} + \frac{1}{\sqrt{x}}\right)\mathrm{d}x$；

(13) $\int \frac{2}{3} x^{-\frac{1}{3}}\mathrm{d}x$；

(14) $\int \frac{1}{3} x^{-\frac{2}{3}}\mathrm{d}x$；

(15) $\int \left(-\frac{1}{3} x^{-\frac{4}{3}}\right)\mathrm{d}x$；

(16) $\int 4\sin x \mathrm{d}x$；

(17) $\int \sec^2 x \mathrm{d}x$；

(18) $\int \sec x \tan x \mathrm{d}x$.

2. 通过求导检验下列各小题的不定积分等式是否正确.

(1) $\int (7x-2)^3 \mathrm{d}x = \frac{(7x-2)^4}{28} + c$；

(2) $\int (3x+5)^{-2}\mathrm{d}x = -\frac{(3x+5)^{-1}}{3} + c$；

(3) $\int \frac{1}{(x+1)^2}\mathrm{d}x = -\frac{1}{x+1} + c$；

(4) $\int x\sin x \mathrm{d}x = -x\cos x + \sin x + c$；

(5) $\int \csc^2 \left(\frac{x-1}{3}\right)\mathrm{d}x = -3\cot\left(\frac{x-1}{3}\right) + c$.

3. 求下列不定积分.

(1) $\int (\sqrt{x} - 1)(\sqrt{x^3} - 1)\mathrm{d}x$；

(2) $\int \frac{4x^4 + 4x^2 + 3}{x^2 + 1}\mathrm{d}x$；

(3) $\int e^x \left(1 - \frac{e^{-x}}{\sqrt{x}}\right)\mathrm{d}x$；

(4) $\int (2^x + 3^x)\mathrm{d}x$；

(5) $\int \left(\frac{2}{1+x^2} - \frac{3}{\sqrt{1-x^2}}\right)\mathrm{d}x$；

(6) $\int (1 + \sin x + \cos x)\mathrm{d}x$；

(7) $\int \sec x(\sec x - \tan x)\mathrm{d}x$；

(8) $\int \frac{x^2 - 1}{x^2 + 1}\mathrm{d}x$；

(9) $\displaystyle\int \frac{x^4-1}{x^2+1}\mathrm{d}x$;

(10) $\displaystyle\int \frac{1}{1-\cos 2x}\mathrm{d}x$;

(11) $\displaystyle\int \frac{1+\sin 2x}{\sin x+\cos x}\mathrm{d}x$;

(12) $\displaystyle\int \frac{\cos 2x}{\sin x+\cos x}\mathrm{d}x$;

(13) $\displaystyle\int \frac{1+\cos^2 x}{1+\cos 2x}\mathrm{d}x$;

(14) $\displaystyle\int \frac{\cos 2x}{\sin^2 x\cos^2 x}\mathrm{d}x$;

(15) $\displaystyle\int \frac{1-\cos^2 x}{1+\cos^2 x-\sin^2 x}\mathrm{d}x$;

(16) $\displaystyle\int \frac{\sqrt{1+x^2}}{\sqrt{1-x^4}}\mathrm{d}x$;

(17) $\displaystyle\int \frac{x^3+x-1}{x^2(1+x^2)}\mathrm{d}x$.

4. 试证 $y=(\mathrm{e}^x+\mathrm{e}^{-x})^2$ 和 $y=(\mathrm{e}^x-\mathrm{e}^{-x})^2$ 是同一个函数的原函数.

5. 已知曲线上任意一点的切线斜率为 x,且曲线过点 $(1,2)$,求该曲线的方程.

第二节　换元积分法与分部积分法

一、第一换元积分法

利用基本积分公式和不定积分的运算性质我们只能求出少数简单函数的不定积分. 因此, 有必要进一步讨论求不定积分的新方法. 下面介绍求不定积分的换元积分法及分部积分法, 使用这两种方法可将被积函数加以变化, 使之能应用基本积分公式求出不定积分.

定理 1(第一换元积分法)　如果函数 $F(t)$ 是函数 $f(t)$ 的原函数, 且 $t=\varphi(x)$ 可微, 则 $F(\varphi(x))$ 是 $f(\varphi(x))\varphi'(x)$ 的原函数, 且有

$$\int f(\varphi(x))\varphi'(x)\mathrm{d}x=\int f(\varphi(x))\mathrm{d}(\varphi(x))=F(\varphi(x))+c.$$

证明　已知 $F'(t)=f(t)$, 且 $t=\varphi(x)$ 可微, 所以

$$\frac{\mathrm{d}\big[F(\varphi(x))+c\big]}{\mathrm{d}x}=\frac{\mathrm{d}F}{\mathrm{d}t}\cdot\frac{\mathrm{d}t}{\mathrm{d}x}=f(t)\varphi'(x)=f(\varphi(x))\varphi'(x),$$

即 $F(\varphi(x))$ 是 $f(\varphi(x))\varphi'(x)$ 的原函数, 且有

$$\int f(\varphi(x))\varphi'(x)\mathrm{d}x=\int f(\varphi(x))\mathrm{d}(\varphi(x))=F(\varphi(x))+c.$$

第一换元积分法的使用是这样的: 求不定积分 $\displaystyle\int g(x)\mathrm{d}x$ 时, "凑"一个中间变量 $\varphi(x)$ 为积分变量, 使所求不定积分变为 $\displaystyle\int f(\varphi(x))\mathrm{d}(\varphi(x))$, 该积分是可用基本公式及运算性质求出, 这样就可求出不定积分 $\displaystyle\int g(x)\mathrm{d}x$. 具体过程表达如下:

$$\int g(x)\mathrm{d}x\xrightarrow{\text{"凑"}\varphi(x)}\int f(\varphi(x))\mathrm{d}(\varphi(x))=F(\varphi(x))+c.$$

如求不定积分 $\displaystyle\int \mathrm{e}^{3x}\mathrm{d}x$, 视 $\varphi(x)=3x$, "凑"被积表达式改变积分变量, 使用基本公式 $\displaystyle\int \mathrm{e}^x\mathrm{d}x=\mathrm{e}^x+c$ 求出不定积分, 即

$$\int e^{3x}dx = \int \frac{1}{3}e^{3x}d(3x) = \frac{1}{3}\int e^{3x}d(3x) = \frac{1}{3}e^{3x} + c.$$

例 1 求 $\int \tan x dx$.

解 $\int \tan x dx = \int \frac{\sin x}{\cos x}dx = -\int \frac{1}{\cos x}d(\cos x) = -\ln|\cos x| + c.$

同理可求 $\int \cot x dx = \ln|\sin x| + c.$

例 2 求 $\int \csc x dx$.

解 $\int \csc x dx = \int \frac{1}{\sin x}dx = \int \frac{1}{2\sin \frac{x}{2}\cos \frac{x}{2}}dx = \int \frac{1}{2\tan \frac{x}{2}\cos^2 \frac{x}{2}}dx$

$$= \int \frac{1}{\tan \frac{x}{2}}d\left(\tan \frac{x}{2}\right) = \ln\left|\tan \frac{x}{2}\right| + c$$

$$= \ln\left|\frac{1 - \cos x}{\sin x}\right| + c = \ln|\csc x - \cot x| + c.$$

例 3 求 $\int \sec x dx$.

解 $\int \sec x dx = \int \frac{1}{\cos x}dx = \int \frac{1}{\sin\left(\frac{\pi}{2} + x\right)}dx = \int \frac{1}{\sin\left(\frac{\pi}{2} + x\right)}d\left(\frac{\pi}{2} + x\right)$

$$= \ln\left|\csc\left(\frac{\pi}{2} + x\right) - \cot\left(\frac{\pi}{2} + x\right)\right| + c = \ln|\sec x + \tan x| + c.$$

例 4 求 $\int \frac{1}{x^2 + a^2}dx (a \neq 0)$.

解 $\int \frac{1}{x^2 + a^2}dx = \int \frac{1}{a^2\left(1 + \frac{x^2}{a^2}\right)}dx = \frac{1}{a}\int \frac{1}{1 + \left(\frac{x}{a}\right)^2}d\left(\frac{x}{a}\right) = \frac{1}{a}\arctan \frac{x}{a} + c.$

例 5 求 $\int \frac{1}{x^2 - a^2}dx (a \neq 0)$.

解 $\int \frac{1}{x^2 - a^2}dx = \int \frac{1}{(x-a)(x+a)}dx = \frac{1}{2a}\int \left(\frac{1}{x-a} - \frac{1}{x+a}\right)dx$

$$= \frac{1}{2a}\left(\int \frac{1}{x-a}d(x-a) - \int \frac{1}{x+a}d(x+a)\right) = \frac{1}{2a}\ln\left|\frac{x-a}{x+a}\right| + c.$$

例 6 求 $\int \frac{1}{\sqrt{a^2 - x^2}}dx (a > 0)$.

解 $\int \frac{1}{\sqrt{a^2 - x^2}}dx = \int \frac{1}{a\sqrt{1 - \left(\frac{x}{a}\right)^2}}dx = \int \frac{1}{\sqrt{1 - \left(\frac{x}{a}\right)^2}}d\left(\frac{x}{a}\right) = \arcsin \frac{x}{a} + c.$

例 7 求 $\int \frac{1}{1 + e^x}dx$.

解 $\int \frac{1}{1 + e^x}dx = \int \frac{1 + e^x - e^x}{1 + e^x}dx = \int dx - \int \frac{1}{1 + e^x}d(1 + e^x) = x - \ln(1 + e^x) + c.$

例 8 求 $\displaystyle\int \sin x \cos x \mathrm{d}x$.

解 $\displaystyle\int \sin x \cos x \mathrm{d}x = \int \sin x \mathrm{d}(\sin x) = \frac{1}{2}\sin^2 x + c$.

此题也可选择 $\cos x$ 为积分变量，即

$$\int \sin x \cos x \mathrm{d}x = -\int \cos x \mathrm{d}(\cos x) = -\frac{1}{2}\cos^2 x + c.$$

所得结果形式上不一样，但它们都表示 $\sin x \cos x$ 的原函数的全体，为什么？读者可以利用第一节定理 1 找到答案.

例 9 求 $\displaystyle\int \cos^3 x \mathrm{d}x$.

解 $\displaystyle\int \cos^3 x \mathrm{d}x = \int (1 - \sin^2 x) \mathrm{d}(\sin x) = \int \mathrm{d}(\sin x) - \int \sin^2 x \mathrm{d}(\sin x)$

$$= \sin x - \frac{1}{3}\sin^3 x + c.$$

例 10 求 $\displaystyle\int \frac{1}{(\arcsin x)^2 \sqrt{1-x^2}} \mathrm{d}x$.

解 $\displaystyle\int \frac{1}{(\arcsin x)^2 \sqrt{1-x^2}} \mathrm{d}x = \int \frac{1}{(\arcsin x)^2} \mathrm{d}(\arcsin x) = -\frac{1}{\arcsin x} + c$.

例 11 求 $\displaystyle\int \cos 4x \cos 2x \mathrm{d}x$.

解 $\displaystyle\int \cos 4x \cos 2x \mathrm{d}x = \frac{1}{2}\int (\cos 6x + \cos 2x) \mathrm{d}x = \frac{1}{12}\sin 6x + \frac{1}{4}\sin 2x + c$.

例 12 求 $\displaystyle\int \frac{x^2 - 3x}{x+1} \mathrm{d}x$.

解 应用多项式除法，将被积函数化为：$\dfrac{x^2 - 3x}{x+1} = x - 4 + \dfrac{4}{x+1}$，则

$$\int \frac{x^2 - 3x}{x+1} \mathrm{d}x = \int \left(x - 4 + \frac{4}{x+1}\right) \mathrm{d}x = \frac{x^2}{2} - 4x + \ln|x+1| + c.$$

例 13 求 $\displaystyle\int \frac{1}{x^2 - 6x + 5} \mathrm{d}x$.

解 因为 $\dfrac{1}{x^2 - 6x + 5} = \dfrac{1}{(x-1)(x-5)} = \dfrac{1}{4}\left(\dfrac{1}{x-5} - \dfrac{1}{x-1}\right)$，所以

$$\int \frac{1}{x^2 - 6x + 5} \mathrm{d}x = \frac{1}{4}\int \left(\frac{1}{x-5} - \frac{1}{x-1}\right) \mathrm{d}x = \frac{1}{4}\left(\int \frac{1}{x-5} \mathrm{d}(x-5) - \int \frac{1}{x-1} \mathrm{d}(x-1)\right)$$

$$= \frac{1}{4}\ln\left|\frac{x-5}{x+1}\right| + c.$$

例 14 求 $\displaystyle\int \frac{1}{x^2 + x + 1} \mathrm{d}x$.

解 $\displaystyle\int \frac{1}{x^2 + x + 1} \mathrm{d}x = \int \frac{1}{\left(x + \frac{1}{2}\right)^2 + \frac{3}{4}} \mathrm{d}x = \frac{2}{\sqrt{3}}\int \frac{1}{1 + \left(\frac{2x+1}{\sqrt{3}}\right)^2} \mathrm{d}\left(\frac{2x+1}{\sqrt{3}}\right)$

$$= \frac{2}{\sqrt{3}}\arctan \frac{2x+1}{\sqrt{3}} + c.$$

例 15　求 $\int \dfrac{x^2-x+1}{x^2+x+1}\mathrm{d}x$.

解　$\displaystyle\int \dfrac{x^2-x+1}{x^2+x+1}\mathrm{d}x = \int \dfrac{x^2+x+1-2x}{x^2+x+1}\mathrm{d}x = \int\left(1-\dfrac{2x}{x^2+x+1}\right)\mathrm{d}x$

$$= \int \mathrm{d}x - \int \dfrac{2x+1-1}{x^2+x+1}\mathrm{d}x$$

$$= \int \mathrm{d}x - \int \dfrac{1}{x^2+x+1}\mathrm{d}(x^2+x+1) + \int \dfrac{1}{x^2+x+1}\mathrm{d}x$$

$$= x - \ln(x^2+x+1) + \dfrac{2}{\sqrt{3}}\arctan\dfrac{2x+1}{\sqrt{3}} + c.$$

二、第二换元积分法

定理 2（第二换元积分法）　如果函数 $x=\varphi(t)$ 单调可微，且 $\varphi'(t)\neq 0$，$F(t)$ 是 $f(\varphi(t))\varphi'(t)$ 的原函数，则 $F(\varphi^{-1}(x))$ 是 $f(x)$ 的原函数，且有

$$\int f(x)\mathrm{d}x = \int f(\varphi(t))\varphi'(t)\mathrm{d}t = F(\varphi^{-1}(x)) + c.$$

证明　由已知及求导法则，有

$$F(\varphi^{-1}(x))' = \dfrac{\mathrm{d}F}{\mathrm{d}t}\cdot\dfrac{\mathrm{d}t}{\mathrm{d}x} = f(\varphi(t))\varphi'(t)\cdot\dfrac{1}{\varphi'(t)} = f(\varphi(t)) = f(x).$$

即 $F(\varphi^{-1}(x))$ 是 $f(x)$ 的原函数，且有

$$\int f(x)\mathrm{d}x = \int f(\varphi(t))\varphi'(t)\mathrm{d}t = F(\varphi^{-1}(x)) + c.$$

说明：第二换元积分法是通过 $x=\varphi(t)$ 替换了所求不定积分的积分变量，更重要的是，改变了被积函数的形式，使不定积分容易求出.

例 16　$\displaystyle\int \sqrt{a^2-x^2}\,\mathrm{d}x\,(a>0)$.

解　令 $x=a\sin t$，$t\in\left[-\dfrac{\pi}{2},\ \dfrac{\pi}{2}\right]$，则 $\mathrm{d}x=a\cos t\mathrm{d}t$，$\sqrt{a^2-x^2}=a\cos t$，所以

$$\int \sqrt{a^2-x^2}\,\mathrm{d}x = \int a^2\cos^2 t\mathrm{d}t = a^2\int\dfrac{1+\cos 2t}{2}\mathrm{d}t = \dfrac{a^2}{4}\sin 2t + \dfrac{a^2}{2}t + c$$

$$= \dfrac{x}{2}\sqrt{a^2-x^2} + \dfrac{a^2}{2}\arcsin\dfrac{x}{a} + c.$$

例 17　$\displaystyle\int \dfrac{1}{\sqrt{a^2+x^2}}\mathrm{d}x\,(a>0)$.

解　令 $x=a\tan t$，$t\in\left(-\dfrac{\pi}{2},\ \dfrac{\pi}{2}\right)$，则 $\mathrm{d}x=a\sec^2 t\mathrm{d}t$，$\sqrt{a^2+x^2}=a\sec t$，所以

$$\int \dfrac{1}{\sqrt{a^2+x^2}}\mathrm{d}x = \int \sec t\mathrm{d}t = \ln|\sec t + \tan t| + c = \ln|x + \sqrt{a^2+x^2}| + c.$$

例 18　$\displaystyle\int \dfrac{1}{\sqrt{x^2-a^2}}\mathrm{d}x\,(a>0)$.

解　令 $x=a\sec t$，$t\in\left(0,\ \dfrac{\pi}{2}\right)\cup\left(\dfrac{\pi}{2},\ \pi\right)$，则 $\mathrm{d}x=a\sec t\cdot\tan t\mathrm{d}t$，且

$$\sqrt{x^2-a^2}=\begin{cases} a\tan t, & t\in\left(0,\ \dfrac{\pi}{2}\right), \\[2mm] -a\tan t, & t\in\left(\dfrac{\pi}{2},\ \pi\right). \end{cases}$$

当 $t\in\left(0,\ \dfrac{\pi}{2}\right)$ 时，$\displaystyle\int\frac{1}{\sqrt{x^2-a^2}}\mathrm{d}x=\int\sec t\mathrm{d}t=\ln|\sec t+\tan t|+c$

$$=\ln|x+\sqrt{x^2-a^2}|+c.$$

当 $t\in\left(\dfrac{\pi}{2},\ \pi\right)$ 时，$\displaystyle\int\frac{1}{\sqrt{x^2-a^2}}\mathrm{d}x=-\int\sec t\mathrm{d}t=-\ln|\sec t+\tan t|+c$

$$=-\ln|x-\sqrt{x^2-a^2}|+c=\ln|x+\sqrt{x^2-a^2}|+c.$$

即 $\displaystyle\int\frac{1}{\sqrt{x^2-a^2}}\mathrm{d}x=\ln|x+\sqrt{x^2-a^2}|+c.$

上述三个例题均是用三角函数作为变量替换，因此称为三角代换．当被积函数中含有式子 $\sqrt{x^2-a^2}$ 或 $\sqrt{a^2\pm x^2}$ 时，使用三角代换求不定积分较为简便．当然，我们也可根据具体问题选取其他函数作为变量代换，事实上，换元积分法具有较大的灵活性．

例 19　求 $\displaystyle\int\frac{x}{\sqrt{x-2}}\mathrm{d}x.$

解　令 $\sqrt{x-2}=t$，$t>0$，则 $x=t^2+2$，$\mathrm{d}x=2t\mathrm{d}t$，所以

$$\int\frac{x}{\sqrt{x-2}}\mathrm{d}x=\int\frac{t^2+2}{t}\cdot 2t\mathrm{d}t=2\int t^2\mathrm{d}t+4\int\mathrm{d}t=\frac{2}{3}t^3+4t+c$$

$$=\frac{2}{3}(x-2)^{\frac{3}{2}}+4\sqrt{x-2}+c.$$

例 20　$\displaystyle\int\frac{1}{x^2\sqrt{1+x^2}}\mathrm{d}x.$

解　令 $x=\dfrac{1}{t}$，$t\in(-\infty,\ 0)\bigcup(0,\ +\infty)$，$\mathrm{d}x=-\dfrac{1}{t^2}\mathrm{d}t$，则当 $t\in(0,\ +\infty)$ 时，

$$\int\frac{1}{x^2\sqrt{1+x^2}}\mathrm{d}x=-\int\frac{t}{\sqrt{t^2+1}}\mathrm{d}t=-\frac{1}{2}\int(t^2+1)^{-\frac{1}{2}}\mathrm{d}(t^2+1)$$

$$=-\sqrt{t^2+1}+c=-\frac{\sqrt{1+x^2}}{x}+c.$$

当 $t\in(-\infty,\ 0)$ 时，结果一样．

三、分部积分法

我们知道，如果函数 $u(x)$，$v(x)$ 具有连续的导数，由两函数积的微分公式有：

$$\mathrm{d}(uv)=v\mathrm{d}u+u\mathrm{d}v,\ 即\ u\mathrm{d}v=\mathrm{d}(uv)-v\mathrm{d}u,$$

两边积分得 $$\int u\mathrm{d}v=uv-\int v\mathrm{d}u.$$

此公式被称**分部积分公式**．

使用分部积分公式求不定积分，$u(x)$ 与 $v(x)$ 的不同选择，是有效应用此公式的关键．

如求不定积分 $\int x\sin x\mathrm{d}x$，应用分部积分公式，$u(x)$ 与 $v(x)$ 有如下三种选择形式.

(1) 令 $u(x)=x\sin x$，$v(x)=x$，则

$$\int x\sin x\mathrm{d}x = x^2\sin x - \int x\mathrm{d}(x\sin x).$$

(2) 因为 $\int x\sin x\mathrm{d}x = \int \sin x\mathrm{d}\left(\dfrac{x^2}{2}\right)$，令 $u(x)=\sin x$，$v(x)=\dfrac{x^2}{2}$，则

$$\int x\sin x\mathrm{d}x = \int \sin x\mathrm{d}\left(\frac{x^2}{2}\right) = \frac{x^2}{2}\sin x - \int \frac{x^2}{2}\mathrm{d}(\sin x).$$

(3) 因为 $\int x\sin x\mathrm{d}x = \int x\mathrm{d}(-\cos x)$，令 $u(x)=x$，$v(x)=-\cos x$，则

$$\int x\sin x\mathrm{d}x = \int x\mathrm{d}(-\cos x) = -x\cos x + \int \cos x\mathrm{d}x = -x\cos x + \sin x + c.$$

显然，只有选择(3)才能快捷地求出不定积分 $\int x\sin x\mathrm{d}x$.

例 21 $\int x\mathrm{e}^x\mathrm{d}x$.

解 $\int x\mathrm{e}^x\mathrm{d}x = \int x\mathrm{d}(\mathrm{e}^x) = x\mathrm{e}^x - \int \mathrm{e}^x\mathrm{d}x = x\mathrm{e}^x - \mathrm{e}^x + c.$

例 22 $\int \ln(x+1)\mathrm{d}x$.

解 $\int \ln(x+1)\mathrm{d}x = x\ln(x+1) - \int x\mathrm{d}(\ln(x+1))$

$$= x\ln(x+1) - \int \frac{x}{x+1}\mathrm{d}x = x\ln(x+1) - \int \left(1 - \frac{1}{x+1}\right)\mathrm{d}x$$

$$= x\ln(x+1) - x + \ln(x+1) + c.$$

例 23 $\int x^2\cos x\mathrm{d}x$.

解 $\int x^2\cos x\mathrm{d}x = \int x^2\mathrm{d}(\sin x) = x^2\sin x - 2\int x\sin x\mathrm{d}x = x^2\sin x + 2\int x\mathrm{d}(\cos x)$

$$= x^2\sin x + 2x\cos x - 2\int \cos x\mathrm{d}x = x^2\sin x + 2x\cos x - 2\sin x + c.$$

例 24 $\int \sec^3 x\mathrm{d}x$.

解 因为 $\int \sec^3 x\mathrm{d}x = \int \sec x\mathrm{d}(\tan x) = \sec x\tan x - \int \tan^2 x\sec x\mathrm{d}x$

$$= \sec x\tan x - \int \sec^3 x\mathrm{d}x + \int \sec x\mathrm{d}x,$$

所以 $\int \sec^3 x\mathrm{d}x = \dfrac{1}{2}\sec x\tan x + \dfrac{1}{2}\ln|\sec x + \tan x| + c.$

习 题 4-2

1. 在下列各式等号右端的横线处填入适当的系数，使等式成立.

(1) $\mathrm{d}x = \underline{\quad}\mathrm{d}(5x)$；　　　　　　　　(2) $\mathrm{d}x = \underline{\quad}\mathrm{d}(2x-3)$；

(3) $x\mathrm{d}x=\underline{\quad}\mathrm{d}(x^2)$;

(4) $x\mathrm{d}x=\underline{\quad}\mathrm{d}(1-x^2)$;

(5) $x^2\mathrm{d}x=\underline{\quad}\mathrm{d}(x^3+1)$;

(6) $\mathrm{e}^{2x}\mathrm{d}x=\underline{\quad}\mathrm{d}(-\mathrm{e}^{2x})$;

(7) $\dfrac{1}{\sqrt{x}}\mathrm{d}x=\underline{\quad}\mathrm{d}(1-\sqrt{x})$;

(8) $\dfrac{1}{x^2}\mathrm{d}x=\underline{\quad}\mathrm{d}\left(\dfrac{1}{x}\right)$;

(9) $\dfrac{1}{x}\mathrm{d}x=\underline{\quad}\mathrm{d}(1-2\ln x)$;

(10) $\dfrac{1}{1+4x^2}\mathrm{d}x=\underline{\quad}\mathrm{d}(\arctan 2x)$;

(11) $\dfrac{1}{\sqrt{1-x^2}}\mathrm{d}x=\underline{\quad}\mathrm{d}(\arccos x)$;

(12) $\dfrac{x}{\sqrt{1-x^2}}\mathrm{d}x=\underline{\quad}\mathrm{d}(\sqrt{1-x^2})$.

2. 用换元积分法计算下列不定积分.

(1) $\displaystyle\int(1-x)^4\mathrm{d}x$;

(2) $\displaystyle\int\dfrac{1}{\sqrt{2+3x}}\mathrm{d}x$;

(3) $\displaystyle\int\dfrac{x}{1+x^2}\mathrm{d}x$;

(4) $\displaystyle\int x\sqrt{2x^2+7}\mathrm{d}x$;

(5) $\displaystyle\int\mathrm{e}^{5x}\mathrm{d}x$;

(6) $\displaystyle\int\dfrac{1}{x^2-2x+5}\mathrm{d}x$;

(7) $\displaystyle\int\dfrac{1}{\mathrm{e}^x+\mathrm{e}^{-x}}\mathrm{d}x$;

(8) $\displaystyle\int\dfrac{1}{\mathrm{e}^x-\mathrm{e}^{-x}}\mathrm{d}x$;

(9) $\displaystyle\int\dfrac{1}{1+\mathrm{e}^x}\mathrm{d}x$;

(10) $\displaystyle\int\dfrac{\ln x}{x}\mathrm{d}x$;

(11) $\displaystyle\int\dfrac{1}{x(1-\ln x)}\mathrm{d}x$;

(12) $\displaystyle\int\dfrac{1+\ln x}{x}\mathrm{d}x$;

(13) $\displaystyle\int\sin x\cos x\mathrm{d}x$;

(14) $\displaystyle\int\dfrac{\sin x}{(1+\cos x)^3}\mathrm{d}x$;

(15) $\displaystyle\int\tan x\sec^2 x\mathrm{d}x$;

(16) $\displaystyle\int\dfrac{\sin x\cos x}{2+\sin^2 x}\mathrm{d}x$;

(17) $\displaystyle\int\dfrac{1}{x^2}\sin\dfrac{1}{x}\mathrm{d}x$;

(18) $\displaystyle\int\dfrac{1}{9+4x^2}\mathrm{d}x$;

(19) $\displaystyle\int\dfrac{x+1}{\sqrt{1+x^2}}\mathrm{d}x$;

(20) $\displaystyle\int\cos^2 x\mathrm{d}x$;

(21) $\displaystyle\int\cos^3 x\mathrm{d}x$;

(22) $\displaystyle\int\sin 2x\cos 3x\mathrm{d}x$;

(23) $\displaystyle\int\dfrac{x+\sqrt{\arctan x}}{1+x^2}\mathrm{d}x$;

(24) $\displaystyle\int\dfrac{\ln\tan x}{\sin x\cos x}\mathrm{d}x$;

(25) $\displaystyle\int\sqrt{\dfrac{x}{1+x\sqrt{x}}}\mathrm{d}x$;

(26) $\displaystyle\int\dfrac{1}{\sqrt{2x+1}+\sqrt{2x-1}}\mathrm{d}x$;

(27) $\displaystyle\int\dfrac{1}{\sqrt{1+x}+(\sqrt{1+x})^3}\mathrm{d}x$;

(28) $\displaystyle\int\dfrac{\sin\sqrt{x}}{\sqrt{x}}\mathrm{d}x$;

(29) $\displaystyle\int\dfrac{1}{x^2\sqrt{1-x^2}}\mathrm{d}x$;

(30) $\displaystyle\int\dfrac{x^2}{\sqrt{a^2-x^2}}\mathrm{d}x$;

(31) $\displaystyle\int\dfrac{1}{\sqrt{1+x^2}}\mathrm{d}x$;

(32) $\displaystyle\int\dfrac{1}{x\sqrt{x^2-1}}\mathrm{d}x$.

3. 用分部积分法求下列不定积分.

(1) $\int x\sin x\,\mathrm{d}x$;　　　　　　　　　　(2) $\int \arctan x\,\mathrm{d}x$;

(3) $\int \ln(x+\sqrt{x^2+1})\,\mathrm{d}x$;　　　　　(4) $\int x\ln x\,\mathrm{d}x$;

(5) $\int \ln(4+x^2)\,\mathrm{d}x$;　　　　　　　(6) $\int 2x\sec^2 x\,\mathrm{d}x$;

(7) $\int \dfrac{\arctan x}{x^2}\,\mathrm{d}x$;　　　　　　　(8) $\int \dfrac{\ln(\ln x)}{x}\,\mathrm{d}x$;

(9) $\int \sin(\ln x)\,\mathrm{d}x$;　　　　　　　(10) $\int \mathrm{e}^{ax}\sin bx\,\mathrm{d}x$.

第三节　有理函数及可化为有理函数的函数的积分法

本节将讨论有理函数、三角有理函数及简单无理函数的积分法，并指出：任何有理函数的不定积分均可用初等函数表示.

一、有理函数的积分法

1. 有理函数的分解

设 $P_n(x)$、$Q_m(x)$ 分别是 n 次和 m 次多项式函数，其中 n，m 是正整数，$a_0\neq 0$，$b_0\neq 0$，即

$$P_n(x)=a_0x^n+a_1x^{n-1}+\cdots+a_{n-1}x+a_n,$$
$$Q_m(x)=b_0x^m+b_1x^{m-1}+\cdots+b_{m-1}x+b_m,$$

称形如 $\dfrac{P_n(x)}{Q_m(x)}$ 的函数为 x 的有理函数. 当 $n<m$ 时，称有理函数为真分式，而当 $n\geqslant m$ 时，称有理函数为假分式.

任何一个假分式都可用多项式的除法将其化为一个多项式与一个真分式之和. 所谓真分式的分解，指的是将真分式化成部分分式的和. 设有理函数 $\dfrac{P_n(x)}{Q_m(x)}$ 是真分式，则可通过下面的步骤将其化成部分分式的和.

(1) 在实数范围内，将 $Q_m(x)$ 分解成一次因式与二次因式的积，即

$$Q_m(x)=b_0(x-a)^\alpha\cdots(x-b)^\beta(x^2+px+q)^\lambda\cdots(x^2+rx+s)^\mu,$$

其中，$p^2-4q<0$，$r^2-4s<0$.

(2) 将真分式 $\dfrac{P_n(x)}{Q_m(x)}$ 分解为部分分式的和，即

$$\frac{P_n(x)}{Q_m(x)}=\frac{A_1}{x-a}+\frac{A_2}{(x-a)^2}+\cdots+\frac{A_\alpha}{(x-a)^\alpha}+\cdots+\frac{B_1}{x-b}+\frac{B_2}{(x-b)^2}+\cdots+\frac{B_\beta}{(x-b)^\beta}+$$

$$\frac{M_1x+N_1}{(x^2+px+q)}+\frac{M_2x+N_2}{(x^2+px+q)^2}+\cdots+\frac{M_\lambda x+N_\lambda}{(x^2+px+q)^\lambda}+\cdots+\frac{R_1x+S_1}{(x^2+rx+s)}+$$

$$\frac{R_2x+S_2}{(x^2+rx+s)^2}+\cdots+\frac{R_\mu x+S_\mu}{(x^2+rx+s)^\mu},$$

其中，A_i，$\cdots$，B_i，M_i，N_i，$\cdots$，R_i 及 $S_i(i=1,2,3,\cdots)$ 等是常数.

例如，将真分式 $\dfrac{4}{x^3+4x}$ 分解成部分分式的和. 因为 $x^3+4x=x(x^2+4)$，所以有

$$\frac{4}{x^3+4x}=\frac{A}{x}+\frac{Bx+C}{x^2+4},$$

其中 A，B 及 C 是待定的常数，将上式去分母得：$4=A(x^2+4)+(Bx+C)x$，由多项式恒等性质知，等式两边 x 的同次幂的系数相等，因此有方程组

$$\begin{cases}A+B=0,\\ C=0,\\ 4A=4,\end{cases}\quad\text{解得}\begin{cases}A=1,\\ B=-1,\\ C=0,\end{cases}\text{于是}\frac{4}{x^3+4x}=\frac{1}{x}-\frac{x}{x^2+4}.$$

2. 有理函数的积分

求有理函数的不定积分，其步骤如下：

第一步：判断有理函数是真分式还是假分式. 如果是假分式，即用多项式除法将其分解为一个多项式与一个真分式的和.

第二步：将真分式用待定系数法，分解成部分分式的和，若分解式中出现形如

$$\int\frac{1}{(x^2+px+q)^k}\mathrm{d}x(\text{其中}，\ p^2-4q>0,\ k\geqslant1)$$

的积分，则将 x^2+px+q 配方，并用换元积分法，把此积分化成形如 $\displaystyle\int\frac{1}{(x^2+a^2)^k}\mathrm{d}x$ 的积分.

通过上述两步，求有理函数的不定积分最终可归结求如下四种最简分式的不定积分：

$$\int\frac{1}{x+a}\mathrm{d}x;\int\frac{1}{(x+a)^k}\mathrm{d}x(k>1);\ \int\frac{1}{x^2+a^2}\mathrm{d}x;\ \int\frac{1}{(x^2+a^2)^k}\mathrm{d}x(k>1).$$

显然，前三种最简分式的不定积分是容易求出的. 下面我们讨论不定积分 $\displaystyle\int\frac{1}{(x^2+a^2)^k}\mathrm{d}x$ 求法.

令 $I_k=\displaystyle\int\frac{1}{(x^2+a^2)^k}\mathrm{d}x$，由分部积分法有

$$I_{k-1}=\int\frac{1}{(x^2+a^2)^{k-1}}\mathrm{d}x=\frac{x}{(x^2+a^2)^{k-1}}+2(k-1)\int\frac{x^2}{(x^2+a^2)^k}\mathrm{d}x$$

$$=\frac{x}{(x^2+a^2)^{k-1}}+2(k-1)\int\left(\frac{1}{(x^2+a^2)^{k-1}}-\frac{a^2}{(x^2+a^2)^k}\right)\mathrm{d}x,$$

即 $I_{k-1}=\dfrac{x}{(x^2+a^2)^{k-1}}+2(k-1)(I_{k-1}-a^2I_k)$，于是

$$I_k=\frac{1}{2a^2(k-1)}\left(\frac{x}{(x^2+a^2)^{k-1}}+(2k-3)I_{k-1}\right).$$

以此作为递推公式，由 $I_1=\dfrac{1}{a}\arctan\dfrac{x}{a}+c$，即可求得 I_k.

例 1　求 $\displaystyle\int\frac{4}{x^3+4x}\mathrm{d}x$.

解　因为 $\dfrac{4}{x^3+4x}=\dfrac{1}{x}-\dfrac{x}{x^2+4}$，所以

$$\int\frac{4}{x^3+4x}\mathrm{d}x=\int\left(\frac{1}{x}-\frac{x}{x^2+4}\right)\mathrm{d}x=\ln|x|-\frac{1}{2}\ln(x^2+4)+c.$$

例 2　求 $\displaystyle\int\frac{x}{(x+2)(1+x^2)}\mathrm{d}x$.

解　设 $\displaystyle\frac{x}{(x+2)(1+x^2)}=\frac{A}{x+2}+\frac{Bx+C}{1+x^2}$，由待定系数法得

$$A=-\frac{2}{5},\ B=\frac{2}{5},\ C=\frac{1}{5},$$

所以 $\displaystyle\int\frac{x}{(x+2)(1+x^2)}\mathrm{d}x=-\frac{2}{5}\int\frac{1}{x+2}\mathrm{d}x+\frac{1}{5}\int\frac{2x+1}{1+x^2}\mathrm{d}x$

$$=-\frac{2}{5}\ln|x+2|+\frac{1}{5}\ln(1+x^2)+\frac{1}{5}\arctan x+c.$$

例 3　求 $\displaystyle\int\frac{2x+2}{(x-1)(x^2+1)^2}\mathrm{d}x$.

解　设 $\displaystyle\frac{2x+2}{(x-1)(x^2+1)^2}=\frac{A}{x-1}+\frac{Bx+C}{x^2+1}+\frac{Dx+E}{(x^2+1)^2}$，由待定系数法得

$$A=1,\ B=-1,\ C=-1,\ D=-2,\ E=0,$$

所以 $\displaystyle\int\frac{2x+2}{(x-1)(x^2+1)^2}\mathrm{d}x=\int\frac{1}{x-1}\mathrm{d}x-\int\frac{x+1}{x^2+1}\mathrm{d}x-2\int\frac{x}{(x^2+1)^2}\mathrm{d}x$

$$=\int\frac{1}{x-1}\mathrm{d}(x-1)-\frac{1}{2}\int\frac{1}{x^2+1}\mathrm{d}(x^2+1)-$$

$$\int\frac{1}{x^2+1}\mathrm{d}x-\int\frac{1}{(x^2+1)^2}\mathrm{d}(x^2+1)$$

$$=\ln|x-1|-\frac{1}{2}\ln(x^2+1)-\arctan x+\frac{1}{x^2+1}+c.$$

二、三角有理函数的积分

三角有理函数是由三角函数及常数经过有限次四则运算而得到的代数有理式. 而 $\tan x$，$\cot x$，$\sec x$，$\csc x$ 都可化为 $\sin x$ 与 $\cos x$ 的有理式，因此，一般用记号 $R(\sin x,\cos x)$ 表示三角有理函数.

求三角有理函数的积分，我们总可用代换 $t=\tan\dfrac{x}{2}$ 将其化为有理函数的积分.

因为 $\sin x=\dfrac{2\tan\dfrac{x}{2}}{1+\tan^2\dfrac{x}{2}}$，$\cos x=\dfrac{1-\tan^2\dfrac{x}{2}}{1+\tan^2\dfrac{x}{2}}$，令 $t=\tan\dfrac{x}{2}$，则 $x=2\arctan x$，$\mathrm{d}x=\dfrac{2}{1+t^2}\mathrm{d}t$，

所以

$$\int R(\sin x,\ \cos x)\mathrm{d}x=\int R\left(\frac{2t}{1+t^2},\ \frac{1-t^2}{1+t^2}\right)\frac{2}{1+t^2}\mathrm{d}t.$$

上式右端即为有理函数的积分.

例 4　$\displaystyle\int\frac{1+\sin x}{\sin x(1+\cos x)}\mathrm{d}x$.

解　令 $t=\tan\dfrac{x}{2}$，则

$$\int \frac{1+\sin x}{\sin x(1+\cos x)}\mathrm{d}x = \int \frac{1+\dfrac{2t}{1+t^2}}{\dfrac{2t}{1+t^2}\left(1+\dfrac{1-t^2}{1+t^2}\right)} \cdot \frac{2t}{1+t^2}\mathrm{d}t = \frac{1}{2}\int\left(t+2+\frac{1}{t}\right)\mathrm{d}t$$

$$= \frac{1}{2}\left(\frac{t^2}{2}+2t+\ln|t|\right) = \frac{1}{4}\tan^2\frac{x}{2}+\tan\frac{x}{2}+\frac{1}{2}\ln\left|\tan\frac{x}{2}\right|+c.$$

利用代换 $t=\tan\dfrac{x}{2}$ 求三角有理函数的积分在理论上有重要的意义，但未必简便．在具体求某一三角有理函数的积分时，必须具体问题具体分析，尽量采用简便方法求之．

例 5 求 $\displaystyle\int \frac{\sin^3 x}{\cos^4 x}\mathrm{d}x$.

解 $\displaystyle\int \frac{\sin^3 x}{\cos^4 x}\mathrm{d}x = -\int \frac{1-\cos^2 x}{\cos^4 x}\mathrm{d}(\cos x) = \frac{1}{3\cos^3 x}-\frac{1}{\cos x}+c.$

例 6 求 $\displaystyle\int \frac{1}{1+\cos^2 x}\mathrm{d}x$.

解 $\displaystyle\int \frac{1}{1+\cos^2 x}\mathrm{d}x = \int \frac{1}{\sin^2 x+2\cos^2 x}\mathrm{d}x = \int \frac{1}{\cos^2 x(\tan^2 x+2)}\mathrm{d}x$

$$= \int \frac{1}{\tan^2 x+2}\mathrm{d}(\tan x) = \frac{1}{\sqrt{2}}\arctan\left(\frac{\tan x}{\sqrt{2}}\right)+c.$$

例 7 求 $\displaystyle\int \frac{\sin x}{\sin x+2\cos x}\mathrm{d}x$.

解 令 $\tan x=t$，则

$$\int \frac{\sin x}{\sin x+2\cos x}\mathrm{d}x = \int \frac{\tan x}{\tan x+2}\mathrm{d}x = \int \frac{t}{(t+2)(1+t^2)}\mathrm{d}t,$$

应用例 2 得

$$\int \frac{\sin x}{\sin x+2\cos x}\mathrm{d}x = -\frac{2}{5}\ln|\tan x+2|+\frac{1}{5}\ln(1+\tan^2 x)+\frac{1}{5}\arctan(\tan x)+c.$$

三、简单无理函数的积分

求简单无理函数的不定积分，通常也是用适当的代换，把被积函数化成有理函数，进而求其不定积分．

例 8 求 $\displaystyle\int \frac{x+1}{x\sqrt{x-2}}\mathrm{d}x$.

解 令 $t=\sqrt{x-2}$，则 $x=t^2+2$，$\mathrm{d}x=2t\mathrm{d}t$，所以

$$\int \frac{x+1}{x\sqrt{x-2}}\mathrm{d}x = \int \frac{t^2+2+1}{(t^2+2)t}\cdot 2t\mathrm{d}t = 2\int \mathrm{d}t+2\int \frac{1}{t^2+2}\mathrm{d}t = 2t+\sqrt{2}\arctan\frac{t}{\sqrt{2}}+c$$

$$= 2\sqrt{x-2}+\sqrt{2}\arctan\frac{\sqrt{x-2}}{\sqrt{2}}+c.$$

例 9 求 $\displaystyle\int \frac{x-1}{x(\sqrt{x}+\sqrt[3]{x^2})}\mathrm{d}x$.

解 令 $t=\sqrt[6]{x}$，则 $x=t^6$，$\mathrm{d}x=6t^5\mathrm{d}t$，所以

$$\int \frac{x-1}{x(\sqrt{x}+\sqrt[3]{x^2})}dx = \int \frac{t^6-1}{(t^3+t^4)t^6} \cdot 6t^5 dt = 6\int (t-1+t^{-1}-t^{-2}+t^{-3}-t^{-4})dt$$

$$= 6\left(\frac{t^2}{2}-t+\ln|t|+\frac{1}{t}-\frac{1}{2t^2}+\frac{1}{3t^3}\right)+c$$

$$= 6\left(\frac{\sqrt[3]{x}}{3}-\sqrt[6]{x}+\ln\sqrt[6]{x}+\frac{1}{\sqrt[6]{x}}-\frac{1}{2\sqrt[3]{x}}+\frac{1}{3\sqrt{x}}\right)+c.$$

例 10 求 $\int (x+1)\sqrt{x^2-2x-1}\,dx$.

解 因为 $x^2-2x-1=(x-1)^2-2$，因此设 $t=x-1$，则 $x=t+1$，$dx=dt$，于是

$$\int (x+1)\sqrt{x^2-2x-1}\,dx = \int (t+2)\sqrt{t^2-2}\,dt = \int t\sqrt{t^2-2}\,dt + 2\int \sqrt{t^2-2}\,dt$$

$$= \frac{1}{3}(t^2-2)^{\frac{3}{2}}+t\sqrt{t^2-2}-2\ln|t+\sqrt{t^2-2}|+c$$

$$= \frac{1}{3}(x^2-2x-1)^{\frac{3}{2}}+(x-1)\sqrt{x^2-2x-1}-$$

$$2\ln|x-1+\sqrt{x^2-2x-1}|+c.$$

注意：求不定积分 $\int \sqrt{t^2-2}\,dt$ 时，须作代换 $t=\sqrt{2}\sec x$，即可求得

$$\int \sqrt{t^2-2}\,dt = \frac{t}{2}\sqrt{t^2-2}-\ln|t+\sqrt{t^2-2}|+c.$$

本章对初等函数的积分法作了系统的介绍，许多函数的原函数均可用初等函数表示出来．但必须指出，有不少的初等函数，虽然它们的原函数都存在，可是这些原函数却不能表示成初等函数．例如，不定积分：$\int \frac{1}{\ln x}dx$，$\int \frac{\sin x}{x}dx$，$\int \frac{\cos x}{x}dx$，$\int e^{-x^2}dx$，$\int \cos x^2 dx$，$\int \sin x^2 dx$ 等，均不能用初等函数表示．

习 题 4-3

求下列不定积分．

(1) $\int \frac{x^2}{x+1}dx$；

(2) $\int \frac{2x+1}{x^2+x-1}dx$；

(3) $\int \frac{1}{x^2+x}dx$；

(4) $\int \frac{2x+1}{x^2-2x+5}dx$；

(5) $\int \frac{1}{x(x^2-1)}dx$；

(6) $\int \frac{1}{x(x^2+1)}dx$；

(7) $\int \frac{x^5+x^4-8}{x^3-x}dx$；

(8) $\int \frac{1}{x(x^2+x+1)}dx$；

(9) $\int \frac{1}{1+\cos x}dx$；

(10) $\int \frac{1}{2+\sin x}dx$；

(11) $\int \frac{1}{1+\cos^2 x}dx$；

(12) $\int \frac{1}{1+\sin x+\cos x}dx$；

(13) $\int \dfrac{\sin x \cos x}{\sin^4 x + 1} dx$；

(14) $\int \dfrac{\sqrt{x-1}}{x} dx$；

(15) $\int \dfrac{1}{\sqrt{\sqrt{x}+1}} dx$；

(16) $\int \dfrac{1}{x^2 \sqrt{1-x^2}} dx$；

(17) $\int \dfrac{\sqrt{x+1}-1}{\sqrt{x+1}+1} dx$；

(18) $\int \dfrac{1}{\sqrt{x}+\sqrt[4]{x}} dx$.

总 习 题 四

1. 填空题.

(1) $f(x)$的_____称为$f(x)$的不定积分.

(2) 若$\int f(x)dx = F(x) + C$，而$u = \Phi(x)$，则$\int f(u)du = $_____.

(3) 求$\int \sqrt{x^2 - a^2} dx$时，可作变量代换_____，然后再求积分.

(4) $\int \dfrac{3}{x^3+1} dx = \int \left(\dfrac{A}{x+1} + \dfrac{Bx+C}{x^2-x+1} \right) dx$，其$A = $_____，$B = $_____，$C = $_____.

2. 在下列每题的四个选项中，选出一个正确的结论.

(1) 设$F_1(x)$，$F_2(x)$是区间I内连续函数$f(x)$的两个不同的原函数，且$f(x) \neq 0$，则在区间I内必有(　　).

　(A)$F_1(x) + F_2(x) = c$ 　　　　　　(B)$F_1(x) \cdot F_2(x) = c$

　(C)$F_1(x) = cF_2(x)$ 　　　　　　(D)$F_1(x) - F_2(x) = c$

(2) 若$F'(x) = f(x)$，则$\int dF(x) = ($　　).

　(A)$f(x)$ 　　　　(B)$F(x)$ 　　　　(C)$f(x) + c$ 　　　　(D)$F(x) + c$

(3) 设a，b为常数，且$a \neq 0$，则$\int (ax+b)^{10} dx = ($　　).

　(A)$\dfrac{1}{11}(ax+b)^{11} + c$ 　　　　　　(B)$\dfrac{1}{11a}(ax+b)^{11} + c$

　(C)$\dfrac{1}{9}(ax+b)^9 + c$ 　　　　　　(D)$\dfrac{1}{11}(ax+b)^9$

(4) 设$\int f(x)dx = 2\cos \dfrac{x}{2} + c$，则$f(x) = ($　　).

　(A)$-\sin \dfrac{x}{2}$ 　　(B)$\sin \dfrac{x}{2}$ 　　(C)$2\sin \dfrac{x}{2}$ 　　(D)$-2\sin \dfrac{x}{2}$

3. 已知曲线$f(x)$的切线斜率$k = x^2 - 3x + 1$，并且该曲线过$\left(1, -\dfrac{3}{2}\right)$点，求此曲线的方程，以及在点$\left(1, -\dfrac{3}{2}\right)$处的切线方程和法线方程.

4. 求下列不定积分.

(1) $\int \sin^3 x \, dx$;　　　　(2) $\int \left(\sqrt[3]{x} - \dfrac{1}{\sqrt{x}} \right) dx$;　　　　(3) $\int \dfrac{e^{2t}-1}{e^t-1} dt$;

(4) $\int \dfrac{dy}{(2y-3)^2}$;　　　　(5) $\int e^{-x} dx$;　　　　(6) $\int x \sqrt{x^2-5} \, dx$;

(7) $\int \dfrac{2x-1}{x^2-x+3} dx$;　　(8) $\int e^x \cos e^x \, dx$;　　(9) $\int \dfrac{1}{x^2} \sin \dfrac{1}{x} dx$;

(10) $\int \sin^2 x \, dx$;　　　　(11) $\int x \sqrt{x-1} \, dx$;　　　(12) $\int \dfrac{dx}{1+\sqrt{2x-3}}$;

(13) $\int \dfrac{\sqrt{x^2-a^2}}{x} dx$;　　(14) $\int \dfrac{x \, dx}{(1+x^2)^2}$;　　(15) $\int (1-x^2)^{-\frac{3}{2}} dx$;

(16) $\int x^2 e^{-x} dx$;　　　(17) $\int e^{\sin x} \cos x \, dx$;　　(18) $\int \dfrac{\ln^2 x}{x} dx$;

(19) $\int \sqrt[3]{x+a} \, dx$;　　(20) $\int \dfrac{dx}{\sqrt{x}+\sqrt[3]{x^2}}$;　　(21) $\int \dfrac{dx}{x \sqrt{x^2-1}}$;

(22) $\int \dfrac{dx}{(a^2+x^2)^{\frac{3}{2}}}$;　　(23) $\int \dfrac{x^2 \, dx}{\sqrt{1-x^2}}$;　　(24) $\int \dfrac{2x+3}{(x-2)(x+5)} dx$;

(25) $\int \dfrac{1}{(x-1)^2(x-2)} dx$;　(26) $\int \dfrac{x^2+x-1}{x^3+x^2-6x} dx$;　(27) $\int \dfrac{1+\tan x}{\sin 2x} dx$;

(28) $\int \dfrac{1}{5-3\cos x} dx$;　　(29) $\int \dfrac{\cos x}{1+\cos x} dx$;　　(30) $\int \dfrac{\sqrt[3]{x}}{x(\sqrt{x}+\sqrt[3]{x})} dx$.

5. 设 $f(x^2-1)=\ln \dfrac{x^2}{x^2-2}$, 且 $f(\varphi(x))=\ln x$, 求 $\int \varphi(x) dx$.

6. 求下列不定积分.

(1) $\int \dfrac{1}{a^2 \sin^2 x + b^2 \cos^2 x} dx$, 其中 a, b 是不全为零的非负常数;

(2) $\int \dfrac{x e^x}{\sqrt{e^x-1}} dx$;　　(3) $\int \dfrac{x^3}{\sqrt{1+x^2}} dx$;　　(4) $\int \dfrac{\arctan x}{x^2(1+x^2)} dx$;

(5) $\int \dfrac{\arctan e^x}{e^x} dx$;　　(6) $\int \dfrac{x+\ln(1-x)}{x^2} dx$;　　(7) $\int \dfrac{x^2 \arctan x}{1+x^2} dx$;

(8) $\int \dfrac{1}{\sin 2x + 2\sin x} dx$;　　(9) $\int e^{2x}(\tan x + 1)^2 dx$.

7. 设 $f(\ln x)=\dfrac{\ln(1+x)}{x}$, 计算 $\int f(x) dx$.

8. 设 $F(x)$ 为 $f(x)$ 的原函数, 且当 $x \geqslant 0$ 时, $f(x)F(x)=\dfrac{x e^x}{2(1+x)^2}$, 已知 $F(0)=1$, $F(x)>0$. 试求 $f(x)$.

9. 已知 $\dfrac{\sin x}{x}$ 是函数 $f(x)$ 的一个原函数, 求 $\int x^3 f'(x) dx$.

第五章 定 积 分

通过第四章的学习，我们知道，已知一个函数的导数求这个函数，这是不定积分解决的问题．本章介绍定积分，它解决我们在第一章提到的第二类实际问题，即"如何求曲线所围成图形的面积、曲线的长度及曲面所围成物体的体积等问题"．本章将要介绍的微积分基本公式，使得不定积分与定积分建立了紧密的联系，并构成一个统一的整体——积分学．

第一节 定积分的概念及性质

一、定积分的概念

首先，我们讨论两个例题，进而引出定积分的概念．

例1 求直线 $y=x$，$y=0$，$x=1$ 所围成图形 AOB 的面积．如图 $5-1$ 所示．

解 显然，图形 AOB 是三角形，其面积 $s=\dfrac{1}{2}$．下面用极限的方法求三角形 AOB 的面积．

首先，用分点 $x_0=0$，$x_1=\dfrac{1}{n}$，$x_2=\dfrac{2}{n}$，$\cdots$，$x_{n-1}=\dfrac{n-1}{n}$，$x_n=1$ 将区间 $[0，1]$ n 等分，然后，过这些分点作 n 个小矩形，其中第 i 个小矩形的宽为 $\dfrac{1}{n}$，高为 $\dfrac{i-1}{n}(i=1，2，\cdots，n)$（图 $5-1$ 阴影部分所示），这 n 个小矩形面积的和为

$$s_n=0 \cdot \frac{1}{n}+\frac{1}{n} \cdot \frac{1}{n}+\frac{2}{n} \cdot \frac{1}{n}+\cdots+\frac{n-1}{n} \cdot \frac{1}{n}=\frac{1}{n^2}[1+2+\cdots+(n-1)]$$

$$=\frac{1}{n^2} \cdot \frac{(n-1)n}{2}=\frac{1}{2}\left(1-\frac{1}{n}\right).$$

s_n 是三角形 AOB 面积的近似值，当分法越细，s_n 近似等于 s 的精度越好，即

$$s=\lim_{n \to \infty}s_n=\lim_{n \to \infty}\frac{1}{2}\left(1-\frac{1}{n}\right)=\frac{1}{2}.$$

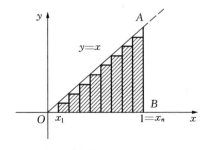

图 $5-1$

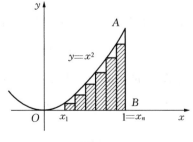

图 $5-2$

例 2 求抛物线 $y=x^2$ 与直线 $y=0$，$x=1$ 所围成图形 AOB 的面积．如图 5-2 所示．

解 图形 AOB 是一个曲边三角形，不能用初等几何的方法求它的面积．下面用极限的方法求曲边三角形 AOB 的面积．

首先，用分点 $x_0=0$，$x_1=\dfrac{1}{n}$，$x_2=\dfrac{2}{n}$，$\cdots$，$x_{n-1}=\dfrac{n-1}{n}$，$x_n=1$ 将区间 $[0,1]$ n 等分，然后过这些分点作 n 个小矩形，其中第 i 个小矩形的宽为 $\dfrac{1}{n}$，高为 $\left(\dfrac{i-1}{n}\right)^2$ $(i=1,2,\cdots,n)$（图 5-2 阴影部分所示），这 n 个小矩形面积的和为

$$s_n=0\cdot\frac{1}{n}+\left(\frac{1}{n}\right)^2\cdot\frac{1}{n}+\left(\frac{2}{n}\right)^2\cdot\frac{1}{n}+\cdots+\left(\frac{n-1}{n}\right)^2\cdot\frac{1}{n}$$

$$=\frac{1}{n^3}(1^2+2^2+\cdots+(n-1)^2)=\frac{1}{6n^3}n(n-1)(2n-1),$$

则所求面积为 $s=\lim\limits_{n\to\infty}s_n=\lim\limits_{n\to\infty}\dfrac{1}{6n^3}n(n-1)(2n-1)=\dfrac{1}{3}$．

在解决许多实际问题中，如计算曲线围成图形的面积、计算曲面围成的几何体的体积、求变速直线运动物体的路程、求一个密度不均匀的物体的质量等，都可以归结为上面例题中计算和式的极限．将这些问题经过数学抽象便得到了定积分的概念．

定义 1 设 $f(x)$ 在 $[a,b]$ 上有定义，在 $[a,b]$ 内插入 $n-1$ 个分点

$$a=x_0<x_1<x_2<\cdots<x_{i-1}<x_i<\cdots<x_{n-1}<x_n=b,$$

将 $[a,b]$ 分成 n 个子区间 $[x_{i-1},x_i]$，记 $\Delta x_i=x_i-x_{i-1}(i=1,2,\cdots,n)$，在每个子区间任取一点 $\xi_i\in[x_{i-1},x_i]$，作和式

$$\sum_{i=1}^{n}f(\xi_i)\cdot\Delta x_i,$$

令 $\lambda=\max\{\Delta x_1,\Delta x_2,\cdots,\Delta x_n\}$，当 $\lambda\to0$ 时，如果和式的极限存在（记为 I），且此极限不依赖于 ξ_i 的选择，也不依赖于对 $[a,b]$ 的分法，则称此极限值 I 为函数 $f(x)$ 在 $[a,b]$ 上的定积分，记作 $\displaystyle\int_a^b f(x)\mathrm{d}x$，即

$$I=\int_a^b f(x)\mathrm{d}x=\lim_{\lambda\to0}\sum_{i=1}^{n}f(\xi_i)\cdot\Delta x_i.$$

此时，也称 $f(x)$ 在区间 $[a,b]$ 上可积．其中 a 与 b 分别称为定积分的下限与上限，区间 $[a,b]$ 称为积分区间，x 称为积分变量，$f(x)$ 称为被积函数，$f(x)\mathrm{d}x$ 称为被积表达式．

关于定积分的定义作如下几点说明：

（1）从定积分的定义可知，定积分 $\displaystyle\int_a^b f(x)\mathrm{d}x$ 是一个数，且该数的大小仅与被积数 $f(x)$ 及积分区间 $[a,b]$ 有关，而与积分变量符号的选取无关，即有

$$\int_a^b f(x)\mathrm{d}x=\int_a^b f(t)\mathrm{d}t=\int_a^b f(u)\mathrm{d}u.$$

（2）在定积分的定义中，我们假定 $a<b$，为了今后运算方便，规定：当 $a>b$ 时，$\displaystyle\int_a^b f(x)\mathrm{d}x=-\int_b^a f(x)\mathrm{d}x$；当 $a=b$ 时，$\displaystyle\int_a^b f(x)\mathrm{d}x=0$．

（3）如果 $f(x)\geqslant0$，且在 $[a,b]$ 上连续，则定积分 $\displaystyle\int_a^b f(x)\mathrm{d}x$ 的几何意义是：由曲线 $y=$

$f(x)$ 与直线 $x=a$，$x=b(a<b)$，$y=0$ 所围成的曲边梯形的面积. 如图 5 - 3 所示.

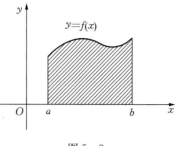

图 5 - 3

二、定积分的性质

在如下定积分性质的讨论中，我们均假设函数在所讨论的区间上可积.

性质 1　两个函数和(或差)的定积分等于每个函数定积分的和(或差)，即

$$\int_a^b [f(x) \pm g(x)]\mathrm{d}x = \int_a^b f(x)\mathrm{d}x \pm \int_a^b g(x)\mathrm{d}x.$$

证明　由定积分的定义有

$$\int_a^b [f(x) \pm g(x)]\mathrm{d}x = \lim_{\lambda \to 0} \sum_{i=1}^n [f(\xi_i) \pm g(\xi_i)] \cdot \Delta x_i = \lim_{\lambda \to 0} \sum_{i=0}^n f(\xi_i) \Delta x_i \pm \lim_{\lambda \to 0} \sum_{i=0}^n g(\xi_i) \Delta x_i$$

$$= \int_a^b f(x)\mathrm{d}x \pm \int_a^b g(x)\mathrm{d}x,$$

即

$$\int_a^b [f(x) \pm g(x)]\mathrm{d}x = \int_a^b f(x)\mathrm{d}x \pm \int_a^b g(x)\mathrm{d}x.$$

性质 1 可推广到有限个函数和的情形，即

$$\int_a^b [f_1(x) \pm f_2(x) \pm \cdots \pm f_n(x)]\mathrm{d}x = \int_a^b f_1(x)\mathrm{d}x \pm \int_a^b f_2(x)\mathrm{d}x \pm \cdots \pm \int_a^b f_n(x)\mathrm{d}x.$$

性质 2　被积函数中常数因子可以提到积分号外面，即

$$\int_a^b k \cdot f(x)\mathrm{d}x = k \int_a^b f(x)\mathrm{d}x.$$

性质 2 的证明与性质 1 类似，留给读者自己完成.

性质 3　设 a，b，c 为任意三个数，且 $a<c<b$，则有

$$\int_a^b f(x)\mathrm{d}x = \int_a^c f(x)\mathrm{d}x + \int_c^b f(x)\mathrm{d}x.$$

证明从略. 此性质也叫积分区间的可加性. 必须指出，无论 a，b，c 的相对位置如何，上式均成立. 事实上，如 $a<b<c$，则

$$\int_a^c f(x)\mathrm{d}x = \int_a^b f(x)\mathrm{d}x + \int_b^c f(x)\mathrm{d}x,$$

于是有

$$\int_a^b f(x)\mathrm{d}x = \int_a^c f(x)\mathrm{d}x - \int_b^c f(x)\mathrm{d}x = \int_a^c f(x)\mathrm{d}x + \int_c^b f(x)\mathrm{d}x.$$

性质 4　如果在区间 $[a, b]$ 上，$f(x) \equiv 1$，则有

$$\int_a^b f(x)\mathrm{d}x = b - a.$$

证明留给读者思考.

性质 5　如果在区间 $[a, b]$ 上有 $f(x) \leqslant g(x)$，则有 $\int_a^b f(x)\mathrm{d}x \leqslant \int_a^b g(x)\mathrm{d}x$.

证明　因为 $\int_a^b f(x)\mathrm{d}x - \int_a^b g(x)\mathrm{d}x = \lim_{\lambda \to 0} \sum_{i=0}^n [f(\xi_i) - g(\xi_i)] \Delta x_i$，又已知

$$f(\xi_i)-g(\xi_i)\leqslant 0, \ \Delta x_i>0 (i=1, \ 2, \ \cdots, \ n),$$

应用极限不等式性质有

$$\int_a^b f(x)\mathrm{d}x-\int_a^b g(x)\mathrm{d}x=\lim_{\lambda\to 0}\sum_{i=0}^n\bigl[f(\xi_i)-g(\xi_i)\bigr]\Delta x_i\leqslant 0,$$

于是 $\int_a^b f(x)\mathrm{d}x\leqslant\int_a^b g(x)\mathrm{d}x.$

推论 $\left|\int_a^b f(x)\mathrm{d}x\right|\leqslant\int_a^b\left|f(x)\right|\mathrm{d}x.$

证明 因为 $-|f(x)|\leqslant f(x)\leqslant|f(x)|$，所以

$$-\int_a^b|f(x)|\mathrm{d}x\leqslant\int_a^b f(x)\mathrm{d}x\leqslant\int_a^b|f(x)|\mathrm{d}x,$$

从而 $\left|\int_a^b f(x)\mathrm{d}x\right|\leqslant\int_a^b|f(x)|\mathrm{d}x.$

性质 6 设 M，m 分别为 $f(x)$ 在 $[a, b]$ 上的最大值和最小值，则

$$m(b-a)\leqslant\int_a^b f(x)\mathrm{d}x\leqslant M(b-a).$$

证明 因为 $m\leqslant f(x)\leqslant M$，由性质 5 得

$$\int_a^b m\mathrm{d}x\leqslant\int_a^b f(x)\mathrm{d}x\leqslant\int_a^b M\mathrm{d}x,$$

再应用性质 2 与性质 4 有

$$m(b-a)\leqslant\int_a^b f(x)\mathrm{d}x\leqslant M(b-a).$$

性质 7 设 $f(x)$ 在 $[a, b]$ 上连续，则存在 $\xi\in[a, b]$，使得

$$\int_a^b f(x)\mathrm{d}x=f(\xi)(b-a).$$

证明 由已知 $f(x)$ 在 $[a, b]$ 上存在最大值 M 和最小值 m，应用性质 6 即有

$$m(b-a)\leqslant\int_a^b f(x)\mathrm{d}x\leqslant M(b-a),$$

因此 $m\leqslant\dfrac{1}{b-a}\int_a^b f(x)\mathrm{d}x\leqslant M.$

由闭区间上连续函数的性质得，则存在 $\xi\in[a, b]$，使得 $\dfrac{1}{b-a}\int_a^b f(x)\mathrm{d}x=f(\xi)$，于是

$$\int_a^b f(x)\mathrm{d}x=f(\xi)(b-a).$$

此性质又称为定积分中值定理，且有明显的几何意义：曲线 $y=f(x)$ 与直线 $x=a$，$x=b(a<b)$，$y=0$ 所围成的曲边梯形的面积等于以 $b-a$ 为底，以 $f(\xi)$ 为高的矩形的面积，如图 5-4 所示.

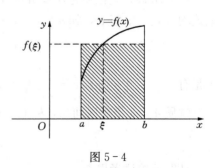

图 5-4

习 题 5-1

1. 写出下列各题的和，并求它们的值.

(1) $\sum_{i=1}^{2} \frac{6i}{i+1}$；　　(2) $\sum_{n=1}^{3} \frac{n-1}{n}$；　　(3) $\sum_{k=1}^{4} \cos k\pi$；　　(4) $\sum_{k=1}^{4} (-1)^k \cos k\pi$.

2. 不计算积分，比较下列积分值的大小.

(1) $\int_0^1 x\mathrm{d}x$ 与 $\int_0^1 x^2\mathrm{d}x$；　(2) $\int_3^4 \ln x\mathrm{d}x$ 与 $\int_3^4 (\ln x)^2 \mathrm{d}x$.

3. 如果 $f(x)=1-x$，利用定积分的几何意义求下列积分.

(1) $\int_0^1 f(x)\mathrm{d}x$；　　　　(2) $\int_0^2 f(x)\mathrm{d}x$.

4. 估计积分 $\int_0^\pi \frac{1}{3+\sin^3 x}\mathrm{d}x$ 的值.

5. 假定 $f(x)$ 和 $g(x)$ 是连续的，且 $\int_1^2 f(x)\mathrm{d}x = -2$，$\int_1^5 f(x)\mathrm{d}x = 4$，$\int_1^5 g(x)\mathrm{d}x = 6$，利用定积分的性质计算下列积分的值.

(1) $\int_2^2 g(x)\mathrm{d}x$；　　　　　　　(2) $\int_5^1 g(x)\mathrm{d}x$；

(3) $\int_1^2 4f(x)\mathrm{d}x$；　　　　　　　(4) $\int_2^5 f(x)\mathrm{d}x$；

(5) $\int_1^5 [f(x)+g(x)]\mathrm{d}x$；　　　　(6) $\int_1^5 [3f(x)-g(x)]\mathrm{d}x$.

6. 设 $a<b$，问 a 和 b 为何值时，使积分 $\int_a^b (x-x^2)\mathrm{d}x$ 的值最大？

7. 利用积分性质证明：若 $f(x)$ 在 $[a,b]$ 上是可积的，且 $f(x)\geqslant 0$，则 $\int_a^b f(x)\mathrm{d}x \geqslant 0$.

第二节　微积分基本公式

一、积分上限函数及性质

定义 1　如果 $f(x)$ 在 $[a,b]$ 上可积，对 $[a,b]$ 上任意一点 x，$f(x)$ 在 $[a,x]$ 上也可积，于是，变动上限的积分 $\int_a^x f(x)\mathrm{d}x$ 给出了一个定义在 $[a,b]$ 上的函数，记作

$$F(x) = \int_a^x f(t)\mathrm{d}t,\ x \in [a,b],$$

称 $F(x)$ 是函数 $f(x)$ 的积分上限函数.

积分上限函数具有如下重要性质.

定理 1　如果 $f(x)$ 在 $[a,b]$ 上连续，则积分上限函数 $F(x) = \int_a^x f(t)\mathrm{d}t$ 在 $[a,b]$ 上可导，且

$$F'(x) = \frac{\mathrm{d}}{\mathrm{d}x}\int_a^x f(t)\mathrm{d}t = f(x),\ x \in [a,b].$$

证明　对任意 $x\in[a,b]$，给予改变量 Δx，其引起函数 $F(x)$ 的改变量 ΔF 为

$$\Delta F = F(x+\Delta x) - F(x) = \int_a^{x+\Delta x} f(t)\mathrm{d}t - \int_a^x f(t)\mathrm{d}t = \int_x^{x+\Delta x} f(t)\mathrm{d}t.$$

由积分中值定理知，在 x 与 $x+\Delta x$ 之间存在 ξ，使得

$$\Delta F = \int_x^{x+\Delta x} f(t)\mathrm{d}t = f(\xi)\Delta x,$$

于是 $\dfrac{\Delta F}{\Delta x}=f(\xi)$，当 $\Delta x \to 0$ 时，有 $\xi \to x$，而 $f(x)$ 是连续函数，所以

$$\lim_{\Delta x \to 0}\frac{\Delta F}{\Delta x}=\lim_{\xi \to x}f(\xi)=f(x),$$

从而 $F'(x)=f(x)$. 又 x 是任意的，故 $F(x)$ 在 $[a，b]$ 可导，且有

$$F'(x) = \frac{\mathrm{d}}{\mathrm{d}x}\int_a^x f(t)\mathrm{d}t = f(x)，x \in [a，b].$$

定理回答了我们在上一章中第一节提出的问题：连续函数一定存在原函数．

例 1 求 $\dfrac{\mathrm{d}}{\mathrm{d}x}\displaystyle\int_0^x \mathrm{e}^{-t}\mathrm{d}t.$

解 应用定理 1，$\dfrac{\mathrm{d}}{\mathrm{d}x}\displaystyle\int_0^x \mathrm{e}^{-t}\mathrm{d}t = \mathrm{e}^{-x}.$

例 2 设 $f(x) = \displaystyle\int_1^{x^2} \dfrac{\sin t}{t}\mathrm{d}t$，求 $f'(x)$.

解 将 $\displaystyle\int_1^{x^2} \dfrac{\sin t}{t}\mathrm{d}t$ 视为 x 的复合函数，其中间变量是 $u=x^2$，所以

$$f'(x) = \frac{\mathrm{d}}{\mathrm{d}u}\left(\int_1^u \frac{\sin t}{t}\mathrm{d}t\right) \cdot \frac{\mathrm{d}u}{\mathrm{d}x} = \frac{\sin u}{u} \cdot 2x = \frac{2\sin x^2}{x}.$$

例 3 求 $\displaystyle\lim_{x \to 0}\dfrac{\displaystyle\int_0^x t\cos t\,\mathrm{d}t}{x^2}.$

解 显然，所求极限是 $\dfrac{0}{0}$ 型的未定式，应用洛比达法则，有

$$\lim_{x \to 0}\frac{\displaystyle\int_0^x t\cos t\,\mathrm{d}t}{x^2} = \lim_{x \to 0}\frac{x\cos x}{2x} = \frac{1}{2}.$$

二、微积分基本公式

定理 2 设 $f(x)$ 在区间 $[a，b]$ 上连续，$F(x)$ 是 $f(x)$ 的一个原函数，则

$$\int_a^b f(x)\mathrm{d}x = F(b) - F(a).$$

证明 根据定理 1 知，积分上限函数 $F_1(x) = \displaystyle\int_a^x f(t)\mathrm{d}t$ 是 $f(x)$ 在 $[a，b]$ 上的一个原函数，又由已知条件知，$F(x)$ 也是 $f(x)$ 在 $[a，b]$ 上的一个原函数，则 $f(x)$ 的这两个原函数只相差一个常数 c，即

$$\int_a^x f(t)\mathrm{d}t - F(x) = c，x \in [a，b].$$

在上式中令 $x=a$，得 $c=-F(a)$，于是

$$\int_a^x f(t)\mathrm{d}t = F(x) - F(a),$$

再令 $x=b$，得

$$\int_a^b f(x)\mathrm{d}x = F(b)-F(a).$$

定理中给出的公式称为**微积分基本公式**，也称为**牛顿—莱布尼茨公式**．此公式表明：在计算定积分 $\int_a^b f(x)\mathrm{d}x$ 时，只要求先求得函数 $f(x)$ 的一个原函数 $F(x)$，计算其上限与下限函数值的差 $F(b)-F(a)$ 就是所求定积分的值．因此，求定积分的问题就转化为求原函数的问题，即不定积分的问题．

另外，公式中原函数之差 $F(b)-F(a)$ 也表示为 $F(x)\Big|_a^b$，于是微积分基本公式又常写为 $\int_a^b f(t)\mathrm{d}t = F(x)\Big|_a^b$．

例 4　求 $\int_0^1 x^2\mathrm{d}x$．

解　应用微积分基本公式，$\int_0^1 x^2\mathrm{d}x = \dfrac{x^3}{3}\Big|_0^1 = \dfrac{1}{3}$．

例 5　求 $\int_0^\pi \sin x\mathrm{d}x$．

解　$\int_0^\pi \sin x\mathrm{d}x = (-\cos x)\Big|_0^\pi = -\cos\pi + \cos 0 = 2$．

例 6　求 $\int_0^{\frac{\pi}{2}} \sin x\cos^2 x\mathrm{d}x$．

解　$\int_0^{\frac{\pi}{2}} \sin x\cos^2 x\mathrm{d}x = -\int_0^{\frac{\pi}{2}} \cos^2 x\mathrm{d}(\cos x) = \left(-\dfrac{1}{3}\cos^3 x\right)\Big|_0^{\frac{\pi}{2}} = \dfrac{1}{3}$．

例 7　求 $\int_1^{\mathrm{e}} \dfrac{\ln x}{x}\mathrm{d}x$．

解　$\int_1^{\mathrm{e}} \dfrac{\ln x}{x}\mathrm{d}x = \int_1^{\mathrm{e}} \ln x\mathrm{d}(\ln x) = \dfrac{1}{2}(\ln x)^2\Big|_1^{\mathrm{e}} = \dfrac{1}{2}$．

习 题 5-2

1. 试求函数 $y = \int_0^x t^2\mathrm{d}t$ 在 $x=1$ 处的切线方程和法线方程．

2. 求函数 $f(x) = \int_0^x (t-1)(t-2)^2\mathrm{d}t$ 的极值（其中 $x\geqslant 0$）．

3. 计算下列定积分．

(1) $\int_{-2}^0 (2x+1)\mathrm{d}x$；

(2) $\int_0^2 \left(3x-\dfrac{x^2}{2}\right)\mathrm{d}x$；

(3) $\int_0^2 (x^3+\sqrt{x})\mathrm{d}x$；

(4) $\int_1^2 \dfrac{1}{x}\mathrm{d}x$；

(5) $\int_1^8 \dfrac{1}{\sqrt[3]{x}}\mathrm{d}x$；

(6) $\int_{-1}^1 \dfrac{1}{1+x^2}\mathrm{d}x$；

(7) $\int_0^{\frac{\sqrt{3}}{2}} \dfrac{1}{\sqrt{1-x^2}}\mathrm{d}x$；

(8) $\int_0^{\frac{\pi}{3}} \dfrac{1}{\cos^2 x}\mathrm{d}x$；

(9) $\int_{-2}^2 2^x\mathrm{d}x$；

(10) $\int_{-1}^1 (\mathrm{e}^x-\mathrm{e}^{-x})\mathrm{d}x$；

(11) $\int_{-1}^2 |x|\mathrm{d}x$；

(12) $\int_0^\pi |\cos x|\mathrm{d}x$；

(13) $\int_4^9 \dfrac{1-\sqrt{x}}{\sqrt{x}}\mathrm{d}x$；　　　　　(14) $\int_0^\pi \sqrt{1-\sin 2x}\,\mathrm{d}x$.

4. 求下列函数的导数.

(1) $y=\int_0^x \sqrt{1-t^2}\,\mathrm{d}t$；　　　　(2) $y=\int_1^x \dfrac{t}{1+t^2}\mathrm{d}t$；

(3) $y=\int_{\sqrt{x}}^0 \cos(t^2)\,\mathrm{d}t$；　　　　(4) $y=\int_0^{x^2} \sin\sqrt{t}\,\mathrm{d}t$.

5. 求下列极限.

(1) $\lim\limits_{x\to 0}\dfrac{1}{x^3}\int_0^x \sin t^2\,\mathrm{d}t$；　　(2) $\lim\limits_{x\to 1}\dfrac{1}{(x-1)^2}\int_1^x \dfrac{\ln t}{1+t}\mathrm{d}t$.

6. 设函数 $f(x)$ 在区间 $[a, b]$ 上连续，且单调递增，证明 $F(x)=\dfrac{1}{x-a}\int_a^x f(t)\mathrm{d}t$ 在 $[a, b]$ 上单调递增.

第三节　定积分的计算

微积分基本公式原则上已解决了定积分的计算问题. 但是，在应用公式之前，当需用不定积分中的第二换元积分法求原函数时，则计算量较大，如果在进行变量换元时，将定积分的上、下限也随之改变，这可以大大地简化计算. 下面我们讨论定积分的换元积分法与分部积分法.

一、定积分的换元积分法

定理 1　设 $f(x)$ 在区间 $[a, b]$ 上连续，作变量代换 $x=\varphi(t)$，其满足如下条件：

(1) $\varphi(t)$ 在 $[\alpha, \beta]$ 上有连续的导数；

(2) $\varphi(\alpha)=a$，$\varphi(\beta)=b$，且当 $t\in[\alpha, \beta]$ 时，有 $a\leqslant\varphi(t)\leqslant b$.

则有 $\int_a^b f(x)\mathrm{d}x=\int_\alpha^\beta f[\varphi(t)]\varphi'(t)\mathrm{d}t$.

证明　由已知条件知，公式 $\int_a^b f(x)\mathrm{d}x=\int_\alpha^\beta f[\varphi(t)]\varphi'(t)\mathrm{d}t$ 两端定积分均存在，下面只需证明它们相等即可.

设 $F(x)$ 是 $f(x)$ 的一个原函数，则由复合函数的求导法则知，$F[\varphi(t)]$ 是 $f[\varphi(t)]\varphi'(t)$ 的一个原函数. 于是，由微积分基本公式有

$$\int_a^b f(x)\mathrm{d}x=F(b)-F(a)$$

及 $\int_\alpha^\beta f[\varphi(t)]\varphi'(t)\mathrm{d}t=F[\varphi(\beta)]-F[\varphi(\alpha)]=F(b)-F(a)$，　所以

$$\int_a^b f(x)\mathrm{d}x=\int_\alpha^\beta f[\varphi(t)]\varphi'(t)\mathrm{d}t.$$

例 1　求 $\int_0^a \sqrt{a^2-x^2}\,\mathrm{d}x(a>0)$.

解 令 $x = a\sin t$，有 $\mathrm{d}x = a\cos t\mathrm{d}t$，当 x 从 0 变到 a 时，t 从 0 变到 $\frac{\pi}{2}$，于是

$$\int_0^a \sqrt{a^2-x^2}\,\mathrm{d}x = \int_0^{\frac{\pi}{2}} \sqrt{a^2-a^2\sin^2 t}\cdot a\cos t\,\mathrm{d}t = \int_0^{\frac{\pi}{2}} a^2\cos^2 t\,\mathrm{d}t$$

$$= a^2 \int_0^{\frac{\pi}{2}} \frac{1+\cos 2t}{2}\,\mathrm{d}t = \frac{a^2}{2}\left(t+\frac{1}{2}\sin 2t\right)\Big|_0^{\frac{\pi}{2}} = \frac{\pi a^2}{4}.$$

例 2 求 $\int_0^4 \frac{1}{1+\sqrt{x}}\,\mathrm{d}x.$

解 令 $\sqrt{x}=t$，则 $x=t^2$，当 $x=0$ 时，$t=0$；当 $x=4$ 时，$t=2$，于是

$$\int_0^4 \frac{1}{1+\sqrt{x}}\,\mathrm{d}x = \int_0^2 \frac{2t}{1+t}\,\mathrm{d}t = 2\left[t-\ln(1+t)\right]\Big|_0^2 = 2(2-\ln 3).$$

例 3 求 $\int_0^{\ln 2} \mathrm{e}^x(1+\mathrm{e}^x)^3\,\mathrm{d}x.$

解 令 $\mathrm{e}^x=t$，则 $\mathrm{e}^x\mathrm{d}x=\mathrm{d}t$，于是

$$\int_0^{\ln 2} \mathrm{e}^x(1+\mathrm{e}^x)^3\,\mathrm{d}x = \int_1^2 (1+t)^3\,\mathrm{d}t = \frac{1}{4}(1+t)^4\Big|_1^2 = \frac{65}{4}.$$

例 3 的计算也可像上一节例 6 一样，不必引入新的变量 t，定积分的上、下限也就不用改变，即

$$\int_0^{\ln 2} \mathrm{e}^x(1+\mathrm{e}^x)^3\,\mathrm{d}x = \int_0^{\ln 2} (1+\mathrm{e}^x)^3\,\mathrm{d}(1+\mathrm{e}^x) = \frac{(1+\mathrm{e}^x)^4}{4}\Big|_0^{\ln 2} = \frac{65}{4}.$$

例 4 设 $f(x)$ 在 $[-a,\ a]$ $(a>0)$ 上连续，证明

(1) 当 $f(x)$ 为奇函数时，$\int_{-a}^a f(x)\,\mathrm{d}x = 0$；

(2) 当 $f(x)$ 为偶函数时，$\int_{-a}^a f(x)\,\mathrm{d}x = 2\int_0^a f(x)\,\mathrm{d}x.$

解 考虑 $\int_{-a}^a f(x)\,\mathrm{d}x = \int_{-a}^0 f(x)\,\mathrm{d}x + \int_0^a f(x)\,\mathrm{d}x$，对积分 $\int_{-a}^0 f(x)\,\mathrm{d}x$ 作变换 $x=-t$，则

$$\int_{-a}^0 f(x)\,\mathrm{d}x = -\int_a^0 f(-t)\,\mathrm{d}t = \int_0^a f(-x)\,\mathrm{d}x,$$

于是，$\int_{-a}^a f(x)\,\mathrm{d}x = \int_0^a \left[f(-x)+f(x)\right]\mathrm{d}x$，所以，当 $f(x)$ 为奇函数时，有 $\int_{-a}^a f(x)\,\mathrm{d}x = 0$；

类似地，当 $f(x)$ 为偶函数时，有 $\int_{-a}^a f(x)\,\mathrm{d}x = 2\int_0^a f(x)\,\mathrm{d}x.$

例 4 的结论可以当公式使用，这将给定积分的计算带来方便.

例 5 计算下列定积分.

(1) $\int_{-\frac{\sqrt{3}}{2}}^{\frac{\sqrt{3}}{2}} \frac{x^2\arcsin x}{\sqrt{1-x^2}}\,\mathrm{d}x = 0$；(2) $\int_{-1}^1 \mathrm{e}^{-|x|}\,\mathrm{d}x.$

解 (1) 因为函数 $\frac{x^2\arcsin x}{\sqrt{1-x^2}}$ 为奇函数，所以 $\int_{-\frac{\sqrt{3}}{2}}^{\frac{\sqrt{3}}{2}} \frac{x^2\arcsin x}{\sqrt{1-x^2}}\,\mathrm{d}x = 0.$

(2) 因为函数 $\mathrm{e}^{-|x|}$ 是偶函数，所以

$$\int_{-1}^1 \mathrm{e}^{-|x|}\,\mathrm{d}x = 2\int_0^1 \mathrm{e}^{-x}\,\mathrm{d}x = -2\mathrm{e}^{-x}\Big|_0^1 = 2(1-\mathrm{e}^{-1}).$$

二、定积分的分部积分法

设 $u=u(x)$，$v=v(x)$ 在区间 $[a,b]$ 上具有连续的导数，由两个函数积的微分运算法则有 $\mathrm{d}(uv)=v\mathrm{d}u+u\mathrm{d}v$，此式在 $[a,b]$ 上两端求定积分得

$$\int_a^b u\,\mathrm{d}v = (uv)\Big|_a^b - \int_a^b v\,\mathrm{d}u,$$

此公式称为定积分的**分部积分公式**．

例 6 求 $\displaystyle\int_1^{\mathrm{e}} x^2\ln x\,\mathrm{d}x$．

解 $\displaystyle\int_1^{\mathrm{e}} x^2\ln x\,\mathrm{d}x = \int_1^{\mathrm{e}} \ln x\,\mathrm{d}\left(\frac{x^3}{3}\right) = \frac{x^3\ln x}{3}\Big|_1^{\mathrm{e}} - \int_1^{\mathrm{e}} \frac{x^2}{3}\,\mathrm{d}x = \frac{2\mathrm{e}^3}{9} + \frac{1}{9}$．

例 7 求 $\displaystyle\int_0^{\frac{\pi}{2}} x\cos x\,\mathrm{d}x$．

解 $\displaystyle\int_0^{\frac{\pi}{2}} x\cos x\,\mathrm{d}x = \int_0^{\frac{\pi}{2}} x\,\mathrm{d}(\sin x) = x\sin x\Big|_0^{\frac{\pi}{2}} - \int_0^{\frac{\pi}{2}} \sin x\,\mathrm{d}x = \frac{\pi}{2} - (-\cos x)\Big|_0^{\frac{\pi}{2}} = \frac{\pi}{2} - 1$．

例 8 求 $\displaystyle\int_0^{\ln 2} x\mathrm{e}^{-x}\,\mathrm{d}x$．

解 $\displaystyle\int_0^{\ln 2} x\mathrm{e}^{-x}\,\mathrm{d}x = \int_0^{\ln 2} x\,\mathrm{d}(-\mathrm{e}^{-x}) = (-x\mathrm{e}^{-x})\Big|_0^{\ln 2} + \int_0^{\ln 2} \mathrm{e}^{-x}\,\mathrm{d}x$

$$= -\frac{1}{2}\ln 2 - \mathrm{e}^{-x}\Big|_0^{\ln 2} = \frac{1}{2}(1-\ln 2).$$

例 9 证明：n 为自然数，

$$I_n = \int_0^{\frac{\pi}{2}} \sin^n x\,\mathrm{d}x = \int_0^{\frac{\pi}{2}} \cos^n x\,\mathrm{d}x = \begin{cases} \dfrac{n-1}{n}\cdot\dfrac{n-3}{n-2}\cdots\dfrac{3}{4}\cdot\dfrac{1}{2}\cdot\dfrac{\pi}{2}, & n\text{ 为偶数,} \\[2mm] \dfrac{n-1}{n}\cdot\dfrac{n-3}{n-2}\cdots\dfrac{2}{3}\cdot 1, & n\text{ 为奇数.} \end{cases}$$

证明 首先证：$\displaystyle\int_0^{\frac{\pi}{2}} \sin^n x\,\mathrm{d}x = \int_0^{\frac{\pi}{2}} \cos^n x\,\mathrm{d}x$．令 $x=\frac{\pi}{2}-t$，则 $\mathrm{d}x=-\mathrm{d}t$，且当 $x=0$ 时，$t=\frac{\pi}{2}$；当 $x=\frac{\pi}{2}$ 时，$t=0$，所以

$$\int_0^{\frac{\pi}{2}} \sin^n x\,\mathrm{d}x = \int_{\frac{\pi}{2}}^0 \sin^n\left(\frac{\pi}{2}-t\right)(-\mathrm{d}t) = \int_0^{\frac{\pi}{2}} \cos^n x\,\mathrm{d}x.$$

由分部积分公式得

$$I_n = \int_0^{\frac{\pi}{2}} \sin^n x\,\mathrm{d}x = \int_0^{\frac{\pi}{2}} \sin^{n-1} x\,\mathrm{d}(-\cos x) = (n-1)\int_0^{\frac{\pi}{2}} \sin^{n-2} x\cdot\cos^2 x\,\mathrm{d}x$$

$$= (n-1)\int_0^{\frac{\pi}{2}} \sin^{n-2} x\,\mathrm{d}x - (n-1)\int_0^{\frac{\pi}{2}} \sin^n x\,\mathrm{d}x$$

$$= (n-1)I_{n-2} - (n-1)I_n.$$

由此得递推公式：$I_n = \dfrac{n-1}{n}I_{n-2}(n\geqslant 2)$．注意到 $I_1 = \displaystyle\int_0^{\frac{\pi}{2}} \sin x\,\mathrm{d}x = 1$，$I_0 = \displaystyle\int_0^{\frac{\pi}{2}} 1\,\mathrm{d}x = \frac{\pi}{2}$，

从而有

$$I_n = \int_0^{\frac{\pi}{2}} \sin^n x \, \mathrm{d}x = \int_0^{\frac{\pi}{2}} \cos^n x \, \mathrm{d}x = \begin{cases} \dfrac{n-1}{n} \cdot \dfrac{n-3}{n-2} \cdots \dfrac{3}{4} \cdot \dfrac{1}{2} \cdot \dfrac{\pi}{2}, & n\ \text{为偶数}, \\[3mm] \dfrac{n-1}{n} \cdot \dfrac{n-3}{n-2} \cdots \dfrac{2}{3} \cdot 1, & n\ \text{为奇数}. \end{cases}$$

习 题 5-3

1. 计算下列积分.

(1) $\displaystyle\int_{-1}^{0} \sqrt{x+1} \, \mathrm{d}x$； (2) $\displaystyle\int_{0}^{2} \frac{1}{2x+1} \, \mathrm{d}x$； (3) $\displaystyle\int_{0}^{\pi} 3\cos^2 x \sin x \, \mathrm{d}x$；

(4) $\displaystyle\int_{0}^{\sqrt{7}} x(x^2+1)^{\frac{1}{3}} \, \mathrm{d}x$； (5) $\displaystyle\int_{0}^{1} \frac{3x}{(2+x^2)^2} \, \mathrm{d}x$； (6) $\displaystyle\int_{0}^{\sqrt{3}} \frac{4x}{\sqrt{x^2+1}} \, \mathrm{d}x$；

(7) $\displaystyle\int_{0}^{2} \frac{x^2}{1+x^3} \, \mathrm{d}x$； (8) $\displaystyle\int_{0}^{\pi} \frac{\sin x}{1+\cos^2 x} \, \mathrm{d}x$； (9) $\displaystyle\int_{0}^{\frac{\pi}{4}} (1-\cos 3x) \sin 3x \, \mathrm{d}x$；

(10) $\displaystyle\int_{0}^{\ln 3} \frac{1}{\sqrt{1+e^x}} \, \mathrm{d}x$； (11) $\displaystyle\int_{e^2}^{e^3} \frac{1}{x\ln^2 x} \, \mathrm{d}x$； (12) $\displaystyle\int_{1}^{e^2} \frac{1}{x\sqrt{1+\ln x}} \, \mathrm{d}x$；

(13) $\displaystyle\int_{-3}^{3} \sqrt{9-x^2} \, \mathrm{d}x$； (14) $\displaystyle\int_{1}^{\sqrt{3}} \frac{1}{x\sqrt{1+x^2}} \, \mathrm{d}x$.

2. 设函数 $f(x)$ 在区间 $[-a, a]$ 上连续，求证 $\displaystyle\int_{-a}^{a} f(x) \, \mathrm{d}x = \int_{-a}^{a} f(-x) \, \mathrm{d}x$.

3. 利用被积函数的奇偶性计算下列定积分.

(1) $\displaystyle\int_{-\pi}^{\pi} x^2 \cos^3 x \sin x \, \mathrm{d}x$； (2) $\displaystyle\int_{-\frac{\pi}{3}}^{\frac{\pi}{3}} \sin^2 x \ln(x + \sqrt{1+x^2}) \, \mathrm{d}x$；

(3) $\displaystyle\int_{-\frac{1}{2}}^{\frac{1}{2}} \frac{|\arcsin x|}{\sqrt{1-x^2}} \, \mathrm{d}x$； (4) $\displaystyle\int_{-\frac{\pi}{2}}^{\frac{\pi}{2}} \cos^5 x \sqrt{1-\cos^2 x} \, \mathrm{d}x$.

4. 用分部积分法计算下列定积分.

(1) $\displaystyle\int_{0}^{\frac{\pi}{2}} x\sin x \, \mathrm{d}x$； (2) $\displaystyle\int_{1}^{2} xe^x \, \mathrm{d}x$； (3) $\displaystyle\int_{1}^{e} \ln^3 x \, \mathrm{d}x$；

(4) $\displaystyle\int_{-1}^{1} x\arctan x \, \mathrm{d}x$； (5) $\displaystyle\int_{0}^{1} e^{2x}(4x+3) \, \mathrm{d}x$； (6) $\displaystyle\int_{0}^{e} \arcsin x \, \mathrm{d}x$；

(7) $\displaystyle\int_{0}^{\frac{\pi}{4}} \frac{x}{\cos^2 x} \, \mathrm{d}x$； (8) $\displaystyle\int_{0}^{\ln 2} x^2 e^{-x} \, \mathrm{d}x$.

5. 设函数 $f(x)$ 在区间 $[a, b]$ 上连续，求证 $\displaystyle\int_{a}^{b} f(x) \, \mathrm{d}x = \int_{a}^{b} f(a+b-x) \, \mathrm{d}x$.

6. 设 $f(x)$ 是以 T 为周期的连续函数 $(x \in (-\infty, +\infty))$，证明：$\displaystyle\int_{a}^{a+T} f(x) \, \mathrm{d}x$ 与 a 无关.

第四节 广义积分

在应用积分解决实际问题或研究理论问题时，常常会遇到积分区间是无穷区间或者被积函数是无界函数的积分，它们已经不属于上面所说的定积分了，因此，有必要将定积分的概念加以推广．本节就是从定积分出发，应用极限的方法，把定积分分别推广成为无穷区间上的积分和被积函数为无界函数的积分，通常称这两种积分为广义积分．

一、无穷区间上的广义积分

定义 1 设函数 $f(x)$ 在区间 $[a, +\infty)$ 上连续，取 $b>a$，如果极限

$$\lim_{b \to +\infty} \int_a^b f(x)\mathrm{d}x$$

存在，则称此极限为 $f(x)$ 在区间 $[a, +\infty)$ 上的广义积分，记作 $\int_a^{+\infty} f(x)\mathrm{d}x$，即

$$\int_a^{+\infty} f(x)\mathrm{d}x = \lim_{b \to +\infty} \int_a^b f(x)\mathrm{d}x.$$

此时也称广义积分 $\int_a^{+\infty} f(x)\mathrm{d}x$ 收敛，若极限 $\lim_{b \to +\infty} \int_a^b f(x)\mathrm{d}x$ 不存在，则称广义积分 $\int_a^{+\infty} f(x)\mathrm{d}x$ 发散．

类似地，我们可以定义广义积分 $\int_{-\infty}^b f(x)\mathrm{d}x$ 与 $\int_{-\infty}^{+\infty} f(x)\mathrm{d}x$，即

$$\int_{-\infty}^b f(x)\mathrm{d}x = \lim_{a \to -\infty} \int_a^b f(x)\mathrm{d}x;$$

$$\int_{-\infty}^{+\infty} f(x)\mathrm{d}x = \int_{-\infty}^0 f(x)\mathrm{d}x + \int_0^{+\infty} f(x)\mathrm{d}x = \lim_{a \to -\infty} \int_a^0 f(x)\mathrm{d}x + \lim_{b \to +\infty} \int_0^b f(x)\mathrm{d}x.$$

如果极限 $\lim_{a \to -\infty} \int_a^b f(x)\mathrm{d}x$ 存在，则称广义积分 $\int_{-\infty}^b f(x)\mathrm{d}x$ 收敛，否则称为发散；若极限

$$\lim_{a \to -\infty} \int_a^0 f(x)\mathrm{d}x, \quad \lim_{b \to +\infty} \int_0^b f(x)\mathrm{d}x$$

均存在，则称广义积分 $\int_{-\infty}^{+\infty} f(x)\mathrm{d}x$ 收敛，若这两个极限至少有一个不存在，则称广义积分 $\int_{-\infty}^{+\infty} f(x)\mathrm{d}x$ 发散．

例 1 计算广义积分 $\int_1^{+\infty} \dfrac{1}{\sqrt{x^3}}\mathrm{d}x$．

解 $\int_1^{+\infty} \dfrac{1}{\sqrt{x^3}}\mathrm{d}x = \lim\limits_{b \to +\infty} \int_1^b x^{-\frac{3}{2}}\mathrm{d}x = \lim\limits_{b \to +\infty} \left(-2x^{-\frac{1}{2}}\right)\Big|_1^b = \lim\limits_{b \to +\infty} 2\left(1 - \dfrac{1}{\sqrt{b}}\right) = 2.$

注：有时为了方便，也将 $\lim\limits_{b \to +\infty}\left(-2x^{-\frac{1}{2}}\right)\Big|_1^b$ 记作 $\left(-2x^{-\frac{1}{2}}\right)\Big|_1^{+\infty}$．

例 2 计算广义积分 $\int_{-\infty}^{+\infty} \dfrac{1}{1+x^2}\mathrm{d}x$．

解 $\int_{-\infty}^{+\infty} \dfrac{1}{1+x^2}\mathrm{d}x = \int_{-\infty}^0 \dfrac{1}{1+x^2}\mathrm{d}x + \int_0^{+\infty} \dfrac{1}{1+x^2}\mathrm{d}x$

$\qquad = \lim\limits_{a \to -\infty}(\arctan x)\Big|_a^0 + \lim\limits_{b \to +\infty}(\arctan x)\Big|_0^b = -\left(-\dfrac{\pi}{2}\right) + \dfrac{\pi}{2} = \pi.$

例 3 证明广义积分 $\int_1^{+\infty} \dfrac{1}{x^p}\mathrm{d}x$，当 $p>1$ 时收敛，当 $p \leqslant 1$ 时发散．

证明 当 $p=1$ 时，

$$\int_1^{+\infty} \frac{1}{x^p}\mathrm{d}x = \int_1^{+\infty} \frac{1}{x}\mathrm{d}x = (\ln x)\Big|_1^{+\infty} = +\infty.$$

当 $p<1$ 时，$\displaystyle\int_1^{+\infty} \frac{1}{x^p}\mathrm{d}x = \left(\frac{1}{1-p}x^{1-p}\right)\Big|_1^{+\infty} = +\infty.$

当 $p>1$ 时，$\displaystyle\int_1^{+\infty} \frac{1}{x^p}\mathrm{d}x = \left(\frac{1}{1-p}x^{1-p}\right)\Big|_1^{+\infty} = \left(\frac{1}{1-p}\cdot\frac{1}{x^{p-1}}\right)\Big|_1^{+\infty} = \frac{1}{p-1}.$

因此，当 $p>1$ 时，广义积分 $\displaystyle\int_1^{+\infty} \frac{1}{x^p}\mathrm{d}x$ 收敛，且 $\displaystyle\int_1^{+\infty} \frac{1}{x^p}\mathrm{d}x = \frac{1}{p-1}$，当 $p\leqslant 1$ 时，广义积分 $\displaystyle\int_1^{+\infty} \frac{1}{x^p}\mathrm{d}x$ 发散.

二、无界函数的广义积分

定义 2 设 $f(x)$ 在区间 $(a，b]$ 上连续，而在 $x=a$ 点的右侧附近无界，即 $\lim\limits_{x\to a^+} f(x) = \infty$，取 $\varepsilon>0$，若极限

$$\lim_{\varepsilon\to 0+0}\int_{a+\varepsilon}^b f(x)\mathrm{d}x$$

存在，则称此极限为 $f(x)$ 在区间 $(a，b]$ 上的广义积分，仍记作 $\displaystyle\int_a^b f(x)\mathrm{d}x$，即

$$\int_a^b f(x)\mathrm{d}x = \lim_{\varepsilon\to 0+0}\int_{a+\varepsilon}^b f(x)\mathrm{d}x.$$

这时也称广义积分 $\displaystyle\int_a^b f(x)\mathrm{d}x$ 收敛，否则称为发散.

类似地，若 $f(x)$ 在区间 $[a，b)$ 上连续，且 $\lim\limits_{x\to b^-} f(x)=\infty$，则定义区间 $[a，b)$ 上广义积分为

$$\int_a^b f(x)\mathrm{d}x = \lim_{\varepsilon\to 0+0}\int_a^{b-\varepsilon} f(x)\mathrm{d}x (\varepsilon>0),$$

如果极限 $\lim\limits_{\varepsilon\to 0+0}\displaystyle\int_a^{b-\varepsilon} f(x)\mathrm{d}x$ 存在，则称广义积分 $\displaystyle\int_a^b f(x)\mathrm{d}x$ 收敛，否则称为发散.

例 4 计算广义积分 $\displaystyle\int_0^1 \frac{1}{\sqrt{x}}\mathrm{d}x.$

解 $\displaystyle\int_0^1 \frac{1}{\sqrt{x}}\mathrm{d}x = \lim_{\varepsilon\to 0^+}\int_\varepsilon^1 \frac{1}{\sqrt{x}}\mathrm{d}x = \lim_{\varepsilon\to 0^+}(2\sqrt{x})\Big|_\varepsilon^1 = 2.$

例 5 计算广义积分 $\displaystyle\int_0^1 \frac{1}{\sqrt{1-x^2}}\mathrm{d}x.$

解 $\displaystyle\int_0^1 \frac{1}{\sqrt{1-x^2}}\mathrm{d}x = \lim_{\varepsilon\to 0^+}\int_0^{1-\varepsilon} \frac{1}{\sqrt{1-x^2}}\mathrm{d}x = \lim_{\varepsilon\to 0^+}(\arcsin x)\Big|_0^{1-\varepsilon}$

$$= \lim_{\varepsilon\to 0^+}\arcsin(1-\varepsilon) = \frac{\pi}{2}.$$

习 题 5 - 4

1. 计算下列广义积分.

(1) $\int_1^{+\infty} \frac{1}{x^3} \mathrm{d}x$;　　　　(2) $\int_4^{+\infty} \frac{1}{\sqrt{x-3}} \mathrm{d}x$;　　　　(3) $\int_0^{+\infty} \frac{x}{1+x^4} \mathrm{d}x$;

(4) $\int_e^{+\infty} \frac{1}{x\ln^2 x} \mathrm{d}x$;　　　　(5) $\int_0^3 \frac{1}{\sqrt{3-x}} \mathrm{d}x$;　　　　(6) $\int_0^1 \ln^2 x \mathrm{d}x$;

(7) $\int_{-1}^1 \frac{x}{\sqrt{1-x^2}} \mathrm{d}x$;　　(8) $\int_1^e \frac{1}{x\sqrt{1-\ln^2 x}} \mathrm{d}x$.

2. 填空题.

(1) 对于广义积分 $\int_1^{+\infty} \frac{\mathrm{d}x}{x^p}$, 当 _____ 时它收敛; 当 _____ 时它发散.

(2) 对于广义积分 $\int_0^1 \frac{\mathrm{d}x}{x^q}$, 当 _____ 时它收敛; 当 _____ 时它发散.

3. 计算广义积分 $\int_{-\infty}^{+\infty} \frac{x}{\sqrt{1+x^2}} \mathrm{d}x$.

4. 求当 k 为何值时, 广义积分 $\int_a^b \frac{\mathrm{d}x}{(x-a)^k}$ 收敛? 又当 k 为何值时, 这个广义积分发散?

第五节　定积分的应用

一、用微元法建立定积分

在定积分概念的引入过程中, 我们知道, 很多实际问题的解决都可以归结到求某一个函数的定积分, 然而, 用"分割—替代作和—取极限"的方法建立定积分, 其书写较为烦琐. 下面我们将从微积分基本公式出发, 介绍一种简便的方法把实际问题化成定积分, 这就是微元法.

微积分基本公式

$$\int_a^b f(x)\mathrm{d}x = F(b) - F(a)$$

表明: 求某个函数的定积分问题, 实际上是求该函数的原函数 $F(x)$ 的增量. 而 $\mathrm{d}F(x) = f(x)\mathrm{d}x$, 即 $\int_a^b f(x)\mathrm{d}x = \int_a^b \mathrm{d}F(x)$, 因此, 我们可以利用已知函数 $f(x)$ 获得其原函数 $F(x)$ 的微分表达式建立定积分 $\int_a^b f(x)\mathrm{d}x$. 这样一来, 就将"分割—替代作和—取极限"建立函数 $f(x)$ 在区间 $[a, b]$ 上定积分的方法简化为如下两步: 首先, 利用已知函数 $f(x)$ 建立其原函数 $F(x)$ 的微分表达式, 然后将微分表达式从 a 到 b 取积分即可. 具体做法如下.

对区间 $[a, b]$ 上的任意分割, 为了简便, 我们省略下标 i, 用 $[x, x+\Delta x]$ 表示此分割中的任意一个小区间, 函数 $F(x)$ 在这个小区间上的增量 ΔF 近似值就是 $f(x)\Delta x$, 即

$$\Delta F \approx f(x)\Delta x,$$

且 $\Delta F - f(x)\Delta x$ 为 Δx 的高阶无穷小，于是 $f(x)\Delta x$ 就是 ΔF 的线性主部，又 $f(x)$ 在区间 $[a, b]$ 上连续，所以

$$dF(x) = f(x)dx,$$

这就是 $F(x)$ 的**微元**，将所得微元从 a 到 b 取积分，得 $\int_a^b f(x)dx$. 因此，将利用微元建立定积分的方法叫做**微元法**. 利用微元法建立定积分必须注意：

（1）微元法的条件：$f(x)$ 在区间 $[a, b]$ 上连续；

（2）微元法的关键：利用已知函数 $f(x)$ 建立微元 $dF(x) = f(x)dx$；

（3）微元法的要求：$\Delta F - f(x)\Delta x$ 为 Δx 的高阶无穷小.

二、定积分应用举例

例 1　求由曲线 $y = \sin x$ 及直线 $x = \dfrac{\pi}{6}$，$x = \dfrac{3\pi}{4}$ 和 x 轴所围成图形的面积.

解　如图 5 - 5 阴影部分所示，所求面积 s 的微元是：$ds = \sin x dx$，则

$$s = \int_{\frac{\pi}{6}}^{\frac{3\pi}{4}} \sin x dx = (-\cos x)\Big|_{\frac{\pi}{6}}^{\frac{3\pi}{4}} = \frac{\sqrt{2} + \sqrt{3}}{2}.$$

例 2　求由两条抛物线 $y = \sqrt{x}$，$y = x^2$ 所围成图形的面积.

解　如图 5 - 6 阴影部分所示，所求面积 s 的微元是：$ds = (\sqrt{x} - x^2)dx$，则

$$s = \int_0^1 (\sqrt{x} - x^2)dx = \left(\frac{2}{3}x^{\frac{3}{2}} - \frac{x^3}{3}\right)\Big|_0^1 = \frac{1}{3}.$$

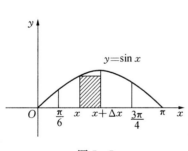

图 5 - 5

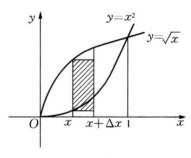

图 5 - 6

例 3　计算由抛物线 $y^2 = 2x$ 与直线 $y = x - 4$ 所围成图形的面积.

解　如图 5 - 7 阴影部分所示，选择 y 为积分变量，所求面积 s 的微元是：

$$ds = \left[(y+4) - \frac{y^2}{2}\right]dy,$$

因此　　　　　$s = \int_{-2}^4 \left[(y+4) - \frac{y^2}{2}\right]dy = \left(\frac{y^2}{2} + 4y - \frac{y^3}{6}\right)\Big|_{-2}^4 = 18.$

本例也可选取 x 为积分变量，但计算较烦琐，此问题留给读者思考.

例 4　连接坐标原点 O 及点 $p(h, r)$ 的直线、直线 $x = h$ 及 x 轴围成一个直角三角形.

它绕 x 轴旋转构成一个底半径为 r，高为 h 的圆锥体(图 5-8)，求此圆锥体的体积.

解 过原点 O 及点 $p(h,r)$ 的直线方程为：$y=\dfrac{r}{h}x$. 图 5-8 阴影部分绕 x 轴旋转构成圆柱体的体积即为所求体积的微元，即

$$\mathrm{d}V=\pi\left(\frac{r}{h}x\right)^2\mathrm{d}x,$$

所以

$$V=\int_0^h\pi\left(\frac{r}{h}x\right)^2\mathrm{d}x=\frac{1}{3}\pi r^2h.$$

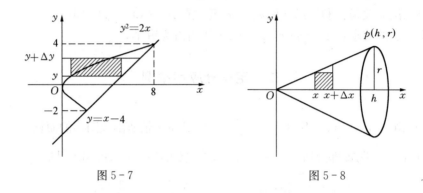

图 5-7   图 5-8

习 题 5-5

1. 求由抛物线 $y=x^2$ 及直线 $y=x$ 所围成图形的面积.

2. 求由抛物线 $y=x^2$ 及直线 $x+y=2$ 所围成图形的面积.

3. 求由曲线 $y=\dfrac{1}{x}$ 及直线 $y=x$，$x=2$ 所围成图形的面积.

4. 求椭圆 $\dfrac{x^2}{a^2}+\dfrac{y^2}{b^2}=1$ 的面积.

5. 计算由椭圆 $\dfrac{x^2}{a^2}+\dfrac{y^2}{b^2}=1$ 所围成的图形绕 x 轴旋转一周所形成的旋转体的体积.

6. 求由抛物线 $y=x^2$ 和 $x=y^2$ 所围成的图形绕 x 轴旋转一周所形成的旋转体的体积.

7. 求由 $y=\ln x$，$y=0$ 及 $x=\mathrm{e}$ 所围成的图形绕 x 轴旋转一周所形成的旋转体的体积.

总 习 题 五

1. 填空题.

(1) $\dfrac{\mathrm{d}}{\mathrm{d}x}\displaystyle\int_a^b f(t)\mathrm{d}t=$ _____ ;

(2) 如果 $F(x)$ 是 $f(x)$ 的一个原函数，则 $\displaystyle\int_a^b xf'(x)\mathrm{d}x=$ _____ ;

(3) $\displaystyle\int_{-1}^1\dfrac{\sin x\cos x}{1+|x|}\mathrm{d}x=$ _____ ;

(4) 如果 $\int_0^1 \dfrac{\mathrm{d}x}{x^p}$ 收敛，则 p _____.

2. 在下列每题的四个选项中，选出一个正确的结论.

(1) 设 $f(x)$ 为连续函数，则 $\int_{-a}^{a} f(x)\mathrm{d}x =$（　　）.

    (A)0   (B)$2\int_0^a f(x)\mathrm{d}x$ (C)$-\int_{-a}^{a} f(x)\mathrm{d}x$ (D)$\int_{-a}^{a} f(-x)\mathrm{d}x$

(2) 设 $I = \int_0^{\pi} \dfrac{1}{3+\sin^3 x}\mathrm{d}x$，则估计 I 值的大致范围为（　　）.

    (A)$\dfrac{\pi}{4} \leqslant I \leqslant \dfrac{\pi}{3}$ (B)$\dfrac{1}{4} \leqslant I \leqslant \dfrac{1}{3}$

    (C)$\dfrac{\pi}{4} \leqslant I \leqslant \dfrac{\pi}{2}$ (D)$\dfrac{1}{4} \leqslant I \leqslant \dfrac{1}{2}$

(3) $\int_0^2 |x-1|\,\mathrm{d}x =$（　　）.

    (A)0   (B)2   (C)1   (D)-1

(4) 下列广义积分中（　　）是收敛的.

    (A) $\int_{-\infty}^{+\infty} \sin x \mathrm{d}x$ (B) $\int_{-1}^{1} \dfrac{\mathrm{d}x}{x}$

    (C) $\int_{-1}^{0} \dfrac{\mathrm{d}x}{\sqrt{1-x^2}}$ (D) $\int_{-\infty}^{+\infty} \mathrm{e}^x \mathrm{d}x$

3. 不计算积分，比较下列各组积分值的大小.

(1) $\int_0^1 x\mathrm{d}x$ 与 $\int_0^1 x^2\mathrm{d}x$；   (2) $\int_1^2 x\mathrm{d}x$ 与 $\int_1^2 x^2\mathrm{d}x$；

(3) $\int_0^{\frac{\pi}{2}} x\mathrm{d}x$ 与 $\int_0^{\frac{\pi}{2}} \sin x\mathrm{d}x$；   (4) $\int_0^1 \mathrm{e}^x \mathrm{d}x$ 与 $\int_0^1 \mathrm{e}^{x^2}\mathrm{d}x$.

4. 已知 $f(x) = \int_0^x \sin t\,\mathrm{d}t$，求 $f'(\pi)$，$f'\left(\dfrac{\pi}{2}\right)$.

5. 计算下列定积分.

(1) $\int_{-1}^1 (x^3 - 3x^2)\mathrm{d}x$；   (2) $\int_0^1 \sqrt{4-x^2}\,\mathrm{d}x$；

(3) $\int_1^5 \dfrac{\sqrt{x-1}}{x}\mathrm{d}x$；   (4) $\int_1^2 \dfrac{\sqrt{x^2-1}}{x}\mathrm{d}x$；

(5) $\int_0^1 x\mathrm{e}^{-x}\mathrm{d}x$；   (6) $\int_0^{\frac{\pi}{2}} x\sin x\mathrm{d}x$.

6. 求下列极限.

(1) $\lim\limits_{x\to 0} \dfrac{\int_0^x \arctan t\,\mathrm{d}t}{x^2}$；   (2) $\lim\limits_{x\to 0} \dfrac{\int_0^x t(\mathrm{e}^t - 1)\mathrm{d}t}{x - \sin x}$.

7. 设 $f(x)$ 连续，且 $\int_0^{\sin x} f(t)\mathrm{d}t = \sin^3 x$，求 $f\left(\dfrac{1}{2}\right)$.

8. 设 $f(x) = \begin{cases} \dfrac{1}{1+x}, & x \geqslant 0, \\[2mm] \dfrac{1}{1+\mathrm{e}^2}, & x < 0, \end{cases}$ 求 $\int_0^2 f(x-1)\mathrm{d}x$.

9. 求函数 $f(x) = \int_0^{x^2} (2-t)e^{-t}dt$ 的最大值和最小值.

10. 已知 $f(2) = \frac{1}{2}$，$f'(2) = 0$ 及 $\int_0^2 f(x)dx = 1$，求 $\int_0^1 x^2 f''(2x)dx$.

11. 设 $f(x)$ 是连续函数，且 $f(x) = x + 2\int_0^1 f(t)dt$，求 $f(x)$.

12. 设函数 $f(x)$ 在 $[0，1]$ 上连续，在 $(0，1)$ 内可导，且 $3\int_{\frac{2}{3}}^1 f(x)dx = f(0)$，证明：在 $(0，1)$ 内存在一点 c 使得 $f'(c) = 0$.

13. 设 $f'(x)$ 在 $[0，a]$ 上连续，且 $f(0) = 0$，证明 $\left| \int_0^a f(x)dx \right| \leqslant \frac{Ma^2}{2}$，其中 $M = \max_{0 \leqslant x \leqslant a} |f'(x)|$.

14. 设 $f(x)$ 在 $[0，1]$ 上连续且递减，证明：当 $0 < \lambda < 1$ 时，有 $\int_0^\lambda f(x)dx \geqslant \lambda \int_0^1 f(x)dx$.

15. 设 $f(x)$ 在 $[a，b]$ 上连续，在 $(a，b)$ 内可导，且 $\frac{1}{b-a}\int_a^b f(x)dx = f(b)$，求证：在 $(a，b)$ 内至少存在一点 ξ，使得 $f'(\xi) = 0$.

16. 设 $f(x)$ 连续，且 $\int_0^{x^3-1} f(t)dt = x$，求 $f(7)$.

17. 设 $\begin{cases} x = \cos t^2, \\ y = t\cos t^2 - \int_1^{t^2} \frac{1}{2\sqrt{u}}\cos u\,du, \end{cases}$ 求 $\dfrac{dy}{dx}\Big|_{t=\sqrt{\frac{\pi}{2}}}$，$\dfrac{d^2 y}{dx^2}\Big|_{t=\sqrt{\frac{\pi}{2}}}$.

18. 设 $f(x)$ 在 $(-\infty，+\infty)$ 内连续可导，且 $m \leqslant f(x) \leqslant M$，$a > 0$.

(1) 求 $\lim\limits_{a\to 0^+} \dfrac{1}{4a^2}\int_{-a}^a [f(t+a) - f(t-a)]dt$； (2) 求证 $\left| \dfrac{1}{2a}\int_{-a}^a f(t)dt - f(x) \right| \leqslant M - m$.

19. 设 $\begin{cases} x = \int_0^t f(u^2)du, \\ y = [f(t^2)]^2, \end{cases}$ 其中 $f(u)$ 具有二阶导数，且 $f(u) \neq 0$，求 $\dfrac{d^2 y}{dx^2}$.

20. 设 $f(x) = \begin{cases} \dfrac{2}{x^2}(1 - \cos x), & x < 0, \\ 1, & x = 0, \\ \dfrac{1}{x}\displaystyle\int_0^x \cos t^2\,dt, & x > 0, \end{cases}$ 试讨论 $f(x)$ 在 $x = 0$ 处的连续性和可导性.

21. 设函数 $f(x)$ 连续，且 $\int_0^x tf(2x-t)dt = \frac{1}{2}\tan x^2$，$f(1) = 1$，求 $\int_1^2 f(x)dx$ 的值.

22. 求连续函数 $f(x)$，使它满足 $\int_0^1 f(tx)dt = f(x) + x\sin x$.

23. 计算下列定积分.

(1) $\displaystyle\int_0^1 \frac{\ln(1+x)}{(2-x)^2}dx$；

(2) $\displaystyle\int_0^1 \sqrt{2x - x^2}\,dx$；

(3) $\displaystyle\int_0^\pi \sqrt{1 - \sin x}\,dx$；

(4) $\displaystyle\int_0^{\ln 2} \sqrt{1 - e^{-2x}}\,dx$；

(5) $\displaystyle\int_{-1}^1 (x + \sqrt{1-x^2})^2\,dx$；

(6) $\displaystyle\int_1^4 \frac{dx}{x(1+\sqrt{x})}$.

第六章　多元函数微积分

函数是微积分研究的主要对象．在前面几章里，我们讨论一元函数的微积分，所谓一元函数指的是只有一个自变量的函数 $y = f(x)$．然而，在很多实际问题中常常遇到的是多个自变量的函数，如圆柱体的体积 $V = \pi r^2 h$ 是关于 r，h 的二元函数；长方体的体积 $V = xyz$ 是关于其三条棱长的三元函数．这种自变量不少于两个的函数称为多元函数．本章将以二元函数为主，讨论多元函数微分与积分中的一些基本概念．

多元函数微积分是一元函数微积分的推广和发展．一方面，二者有许多相似的性质，在处理问题的思路和方法上也基本相同；另一方面，多元函数微积分又有其独特的性质和结果．因此，在学习多元函数微积分时，要注意与一元函数微积分相对照，从本质上统一起来，又要注意其差别，这样，在一元函数微积分的基础上，学习多元函数微积分就会容易许多．

为了学习多元函数的微积分，我们首先介绍空间解析几何的基础知识．

第一节　空间解析几何基础知识

一、空间直角坐标系

为了确定空间任意一点的位置，需要建立空间直角坐标系．过空间一定点 O，作三条互相垂直的数轴，它们都以 O 为原点，且一般具有相同的长度单位，这三条轴分别叫做 x 轴，y 轴，z 轴，统称为坐标轴，三条轴的正方向符合右手法则，即用右手握住 z 轴，当右手四指从 x 轴正向以 $\frac{\pi}{2}$ 的角度转向 y 轴的正向时，大拇指的指向就是 z 轴的正向，如图 6-1 所示，这三条坐标轴就构成一个空间直角坐标系，点 O 称为坐标原点．

在空间直角坐标系中，每两条坐标轴确定一个平面，称为坐标平面．由 x 轴与 y 轴确定的平面称为 xOy 平面，由 y 轴与 z 轴确定的平面称为 yOz 平面，由 x 轴和 z 轴确定的平面称为 xOz．三个坐标平面将空间分成八个部分，每个部分称为一个卦限，分别依次记为Ⅰ、Ⅱ、Ⅲ、Ⅳ、Ⅴ、Ⅵ、Ⅶ、Ⅷ卦限，如图 6-2 所示．

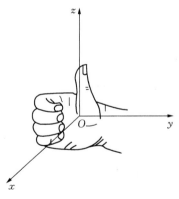

图 6-1

确定了空间直角坐标系后，就可以建立空间中的点与有序实数组 $(x，y，z)$ 之间的一一对应关系．

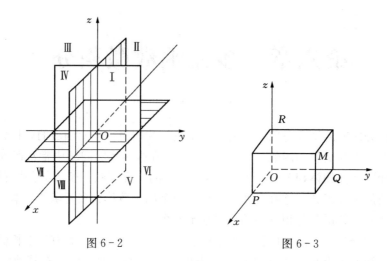

图 6-2　　　　　　　　　　图 6-3

设 M 为空间中的一点，过点 M 分别作垂直于 x 轴、y 轴、z 轴的三个平面，它们与坐标轴的交点依次为 P、Q、R，如图 6-3 所示，这三个点在 x 轴、y 轴、z 轴的坐标依次为 x、y、z，于是点 M 唯一确定了一个有序实数组 (x,y,z)；反之，如果给定有序实数组 (x,y,z)，我们在 x 轴、y 轴、z 轴取与 x、y、z 相对应的点 P、Q、R，过这三个点分别作垂直于 x 轴、y 轴、z 轴的三个平面，这三个平面交于空间一点 M，点 M 被有序实数组 (x,y,z) 唯一确定．这样，就建立空间中的点 M 与有序数组 (x,y,z) 之间的一一对应关系，我们称有序数组 (x,y,z) 为点 M 的坐标，记为 $M(x,y,z)$，x、y、z 分别称为点 M 的横坐标、纵坐标、竖坐标．

显然，原点的坐标为 $O(0,0,0)$，x 轴、y 轴、z 轴上的点坐标分别为 $(x,0,0)$、$(0,y,0)$、$(0,0,z)$，而三个坐标平面 xOy、yOz、xOz 上点的坐标依次为 $(x,y,0)$、$(0,y,z)$、$(x,0,z)$．

二、空间两点间的距离

已知空间两点 $M_1(x_1,y_1,z_1)$ 与 $M_2(x_2,y_2,z_2)$，过点 M_1 和 M_2 各作三个分别垂直于三条坐标轴的平面，这六个平面围成一个以 M_1M_2 为对角线的长方体，如图 6-4 所示．容易求得，空间两点 M_1 和 M_2 之间的距离为

$$|M_1M_2| = \sqrt{(x_2-x_1)^2+(y_2-y_1)^2+(z_2-z_1)^2}.$$

特别地，空间一点 $M(x,y,z)$ 到原点 $O(0,0,0)$ 的距离是

$$|OM| = \sqrt{x^2+y^2+z^2}.$$

例 1　求以点 $M_0(x_0,y_0,z_0)$ 为球心，R 为半径的球面方程．

解　设 $M(x,y,z)$ 为球面上任意一点，由题意得 $|MM_0|=R$，应用两点间的距离公式有

$$\sqrt{(x-x_0)^2+(y-y_0)^2+(z-z_0)^2}=R,$$

即所求球面方程为 $(x-x_0)^2+(y-y_0)^2+(z-z_0)^2=R^2$．如图 6-5 所示．

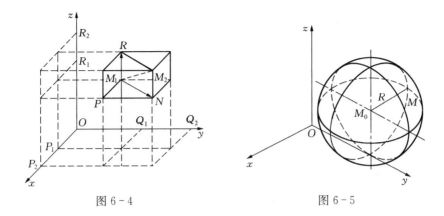

图 6 - 4　　　　　　　　　图 6 - 5

例 2　已知动点 $P(x, y, z)$ 到两定点 $M_1(x_1, y_1, z_1)$，$M_2(x_2, y_2, z_2)$ 的距离相等，求点 P 的轨迹方程.

解　由题意知 $|PM_1| = |PM_2|$，即

$$(x-x_1)^2 + (y-y_1)^2 + (z-z_1)^2 = (x-x_2)^2 + (y-y_2)^2 + (z-z_2)^2,$$

化简得

$$2(x_2-x_1)x + 2(y_2-y_1)y + 2(z_2-z_1)z + x_1^2 + y_1^2 + z_1^2 - x_2^2 - y_2^2 - z_2^2 = 0,$$

记 $A = 2(x_2-x_1)$，$B = 2(y_2-y_1)$，$C = 2(z_2-z_1)$，$D = x_1^2 + y_1^2 + z_1^2 - x_2^2 - y_2^2 - z_2^2$，则所求动点 P 的轨迹方程为 $Ax + By + Cz + D = 0$.

三、空间曲面

在平面解析几何中，我们将平面曲线视作动点的轨迹. 同样，在空间解析几何中，曲面 S 被当作动点 M 按照一定的规律运动而产生的轨迹. 由于动点 M 的坐标与 x、y、z 三个变量有关，所以，动点 M 所满足的规律通常可以用含三个变量的方程 $F(x, y, z) = 0$ 来表示.

如果曲面 S 上任意一点的坐标满足方程 $F(x, y, z) = 0$，而不在曲面 S 上的点的坐标都不满足方程 $F(x, y, z) = 0$，则称方程 $F(x, y, z) = 0$ 为曲面 S 的方程，称曲面 S 为方程 $F(x, y, z) = 0$ 的图形. 如图 6 - 6 所示.

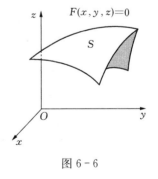

图 6 - 6

上述例 1 和例 2 给出了空间中球面与平面的一般方程，球面与平面是空间常见的空间曲面. 常见的空间曲面还有：圆柱面，方程：$x^2 + y^2 = R^2$，如图 6 - 7 所示；椭球面，方程：$\dfrac{x^2}{a^2} + \dfrac{y^2}{b^2} + \dfrac{z^2}{c^2} = 1$，如图 6 - 8 所示；椭圆抛物面，方程：$\dfrac{x^2}{2p} + \dfrac{y^2}{2q} = z$

$(p > 0, q > 0)$，如图 6 - 9 所示；双曲抛物面，方程：$-\dfrac{x^2}{2p} + \dfrac{y^2}{2q} = z (p > 0, q > 0)$，如图 6 - 10

所示；单叶双曲面，方程：$\dfrac{x^2}{a^2} + \dfrac{y^2}{b^2} - \dfrac{z^2}{c^2} = 1$，如图 6 - 11 所示；双叶双曲面，方程：$\dfrac{x^2}{a^2} - $

$\dfrac{y^2}{b^2}+\dfrac{z^2}{c^2}=-1$，如图 6-12 所示．

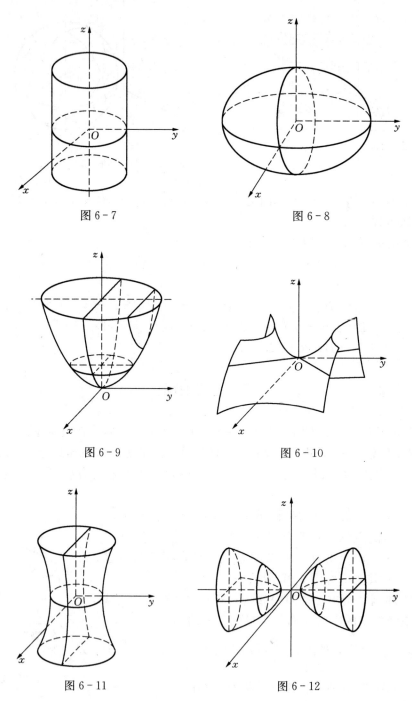

图 6-7

图 6-8

图 6-9

图 6-10

图 6-11

图 6-12

习 题 6-1

1. 在空间直角坐标系中，指出下列各点所在卦限是哪一个？

$a(1, -2, 3)$；$b(2, 3, -4)$；$c(2, -3, -4)$；$d(-2, -3, 1)$.

2. 写出点 $p(-3, 2, -1)$ 关于平面 xOy、yOz、zOx 面及坐标轴 x、y、z 轴的对称点.

3. 在 yOz 面上，求与三个已知点 $A(3, 1, 2)$，$B(4, -2, -2)$ 和 $C(0, 5, 1)$ 等距离的点.

4. 求证以 $M_1(4, 3, 1)$、$M_2(7, 1, 2)$、$M_3(5, 2, 3)$ 三点为顶点的三角形是一个等腰三角形.

5. 给定两点 $P_1(2, -1, 3)$ 及 $P_2(-3, 0, 5)$，求：(1) P_1 与 P_2 之间的距离 $|P_1P_2|$；(2) 线段 P_1P_2 的垂直平分面的方程；(3) 以 P_2 为中心，$|P_1P_2|$ 为半径的球面方程.

第二节　多元函数

一、区　　域

为了讨论二元函数，我们首先介绍平面点集的相关概念.

1. 邻域

设 $P_0(x_0, y_0)$ 是 xOy 平面上的一点，δ 是一个正实数，称与点 $P_0(x_0, y_0)$ 的距离小于 δ 的点 $P(x, y)$ 构成的集合为 P_0 的 **δ 邻域**，记为 $U(P_0, \delta)$，即
$$U(P_0, \delta) = \{(x, y) \mid \sqrt{(x-x_0)^2 + (y-y_0)^2} < \delta\}.$$

在几何上，$U(P_0, \delta)$ 就是 xOy 平面上以点 P_0 为中心，δ 为半径的圆的内部点的全体，如图 6-13 所示.

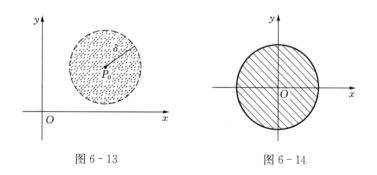

图 6-13　　　　　　　　　　　图 6-14

若在 $U(P_0, \delta)$ 中去掉中心 P_0，则称该集合为 P_0 点的**去心邻域**，记为 $\mathring{U}(P_0, \delta)$.

2. 区域

设 D 是一平面点集，P 是平面上一点. 如果存在 P 的一个邻域 $U(P, \delta)$，使得 $U(P, \delta) \subset D$，则称 P 为 D **内点**.

如果 P 的任何邻域中，既有属于 D 的点又有不属于 D 的点，则称 P 为 D 的**边界点**. D 的边界点的全体称为 D 的**边界**.

如果点集 D 的每一个点都是它的内点，则称 D 为**开集**. 如果开集 D 中的任何两点均可用完全属于 D 的折线连接起来，则称为**区域**. 区域与它的边界组成的点集称为**闭区域**. 区

域 D 称为**有界区域**,当且仅当存在 $\delta>0$,使得 $D\subset U(0,\delta)$,否则称 D 为**无界区域**.

如 $M_1=\{(x,y)\,|\,x^2+y^2\leqslant1\}$ 是闭区域且有界,如图 6-14 所示.$M_2=\{(x,y)\,|\,|x|<|y|\}$ 不是一个区域,如图 6-15 所示.$M_3=\{(x,y)\,|\,1<x^2+y^2<4\}$ 是一个区域,且有界,如图 6-16 所示.

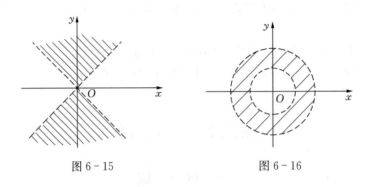

图 6-15   图 6-16

二、二元函数

定义 1 D 是一非空平面点集,f 是一对应法则.若对 D 中每一点 $P(x,y)$,通过法则 f,均存在唯一实数 z 与之相对应,则称 f 是定义在 D 的二元函数,记作

$$f: D\rightarrow \mathbf{R},$$

$$P(x,y)\mapsto z=f(x,y),\ P(x,y)\in D \text{ 或 } P\mapsto z=f(P),\ P\in D,$$

其中,x、y 称为自变量,z 称为因变量,D 称为函数定义域,称集合 $f(D)=\{z\,|\,z=f(x,y),(x,y)\in D\}$ 为函数的值域.

通常,我们将二元函数记为:$z=f(x,y)$,$P(x,y)\in D$ 或 $z=f(P)$,$P\in D$. 类似地可以定义三元函数 $u=f(x,y,z)$,以及三元以上的函数.二元及二元以上的函数统称为多元函数.

在空间直角坐标系中,二元函数

$$z=f(x,y)$$

是空间动点 $M(x,y,z)$ 满足的方程,空间中点 M 的轨迹称为函数 $z=f(x,y)$ 的图形,通常它是空间中的一张曲面.如图 6-17 所示.

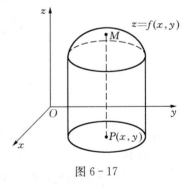

图 6-17

如函数 $z=x+2y+1$ 的图形是一张平面.函数 $z=\sqrt{4-x^2-y^2}$ 的图形是以原点为球心,以 2 为半径的上半球面.

例 求下列函数的定义域.

(1) $z=\sqrt{y-x^2}$;(2) $z=\ln(x^2+y^2-2x)+\ln(4-x^2-y^2)$.

解 (1) 由不等式 $y-x^2\geqslant0$ 得,所求定义域为 $D=\{(x,y)\,|\,y\geqslant x^2\}$,如图 6-18 所示.

(2) 由不等式组 $\begin{cases} x^2+y^2-2x>0, \\ 4-x^2-y^2>0, \end{cases}$ 得所求定义域为 $D=\{(x,y)\,|\,2x<x^2+y^2<4\}$,如

图 6-19 所示.

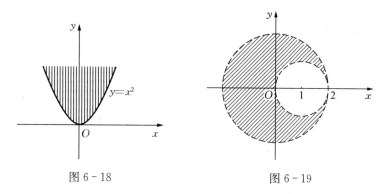

图 6-18　　　　　　　　　　图 6-19

习 题 6-2

1. 判断下列平面点集中哪些是开集、区域、有界集、无界集?

(1) $\{(x, y) \mid x+y>0\}$;　　　　(2) $\{(x, y) \mid 1 \leqslant x^2+y^2 \leqslant 4\}$;

(3) $\{(x, y) \mid y \geqslant x^2\}$;　　　　(4) $\{(x, y) \mid 2x<x^2+y^2<4\}$.

2. 若 $f(x, y)=\dfrac{x^2+y^2}{2xy}$, 求 $f(2, -3)$, $f\left(1, \dfrac{y}{x}\right)$.

3. 若 $f\left(x+y, \dfrac{y}{x}\right)=x^2-y^2$, 求 $f(x, y)$.

4. 求下列函数的定义域.

(1) $z=\ln xy$;　　　　(2) $z=\sqrt{1-x^2}+\sqrt{4-y^2}$;

(3) $z=\dfrac{1}{\sqrt{x+y}}+\dfrac{1}{\sqrt{x-y}}$;　　　　(4) $z=\dfrac{\sqrt{4x-y^2}}{\ln(1-x^2-y^2)}$;

(5) $z=\arcsin\dfrac{y}{x}$;　　　　(6) $z=\sqrt{x-\sqrt{y}}$.

第三节　二元函数的极限与连续

一、二元函数的极限

定义 1　设函数 $z=f(x, y)$ 在点 $P_0(x_0, y_0)$ 的某去心邻域内有定义, 若存在常数 A, 对任意给定的正数 ε, 总可以找到 $\delta>0$, 使得当 $P(x, y) \in \mathring{U}(P_0, \delta)$（即 $0<\sqrt{(x-x_0)^2+(y-y_0)^2}<\delta$）有

$$|f(x, y)-A|<\varepsilon$$

成立, 则称常数 A 为函数 $z=f(x, y)$ 当 $P \to P_0$ 时的极限, 记作 $\lim\limits_{\substack{x \to x_0 \\ y \to y_0}} f(x, y)=A$, 等价的

记法还有： $\lim\limits_{(x,y)\to(x_0,y_0)} f(x,y)=A$，$\lim\limits_{P\to P_0} f(x,y)=A$.

注意：与一元函数的极限一样，如果 A 为函数 $z=f(x,y)$ 的极限（当 $P\to P_0$），则极限 A 是唯一的．同时 $P\to P_0$ 的方式是任意的，换句话说，如果 P 以某种特殊的方式趋于 P_0，即使函数无限趋于一个确定的常数，我们也不能断定函数的极限存在，但若 P 以不同的方式趋于 P_0 时，函数趋于不同的数值，则可断定函数不存在极限．

例 1 讨论二元函数

$$f(x,y)=\begin{cases} \dfrac{xy}{x^2+y^2}, & x^2+y^2\neq 0, \\ 0, & x^2+y^2=0, \end{cases}$$

当 $P(x,y)\to(0,0)$ 时极限是否存在．

解 当 $P(x,y)$ 沿 x 轴趋于 $(0,0)$ 时，$\lim\limits_{x\to 0} f(x,0)=0$；当 $P(x,y)$ 沿 y 轴趋于 $(0,0)$ 时，$\lim\limits_{y\to 0} f(0,y)=0$．虽然 $P(x,y)$ 以这两种方式趋于原点时，极限存在且相等，但 $\lim\limits_{\substack{x\to 0 \\ y\to 0}} f(x,y)$ 并不存在，因为当点 $P(x,y)$ 沿直线 $y=kx$ 趋于 $(0,0)$ 时，有

$$\lim\limits_{\substack{x\to 0 \\ y=kx\to 0}} f(x,y)=\lim\limits_{x\to 0}\frac{kx^2}{x^2+k^2x^2}=\frac{k}{1+k^2},$$

显然，k 不同，所得的值不同，即 $\lim\limits_{\substack{x\to 0 \\ y\to 0}} f(x,y)$ 不存在．

二、二元函数的连续性

一元函数的连续性是用其极限来定义的．同样，我们也用二元函数的极限来定义它的连续性．

定义 2 设函数 $z=f(x,y)$ 在点 $P_0(x_0,y_0)$ 的某邻域内有定义，如果

$$\lim\limits_{\substack{x\to x_0 \\ y\to y_0}} f(x,y)=f(x_0,y_0),$$

则称函数 $z=f(x,y)$ 在点 $P_0(x_0,y_0)$ **处连续**，否则称函数 $f(x,y)$ 在点 $P_0(x_0,y_0)$ **处间断**（**不连续**）．若二元函数 $f(x,y)$ 在定义域 D 内每一点连续，则称 $f(x,y)$ 在 D 内连续．

与一元函数一样，二元初等函数在其定义区域内是连续的．所谓二元初等函数指的是由 x 的初等函数，y 的初等函数及二者经过有限次的四则运算和复合运算而得到的一切函数．

如 $\dfrac{x+x^2-y^2}{1+x^2}$ 是两个多项式之商，它是多元初等函数；而 $\cos(x+y)$ 由基本初等函数 $\cos u$ 与多项式 $u=x+y$ 复合而成，它也是初等函数．

例 2 求 $\lim\limits_{\substack{x\to 1 \\ y\to 2}}\dfrac{x+y}{xy}$．

解 显然，函数 $f(x,y)=\dfrac{x+y}{xy}$ 是初等函数．它的定义域为

$$D=\{(x,y)\,|\,x\neq 0 \text{ 且 } y\neq 0\},$$

D 不是区域，但点 $(1,2)\in D$，且是 D 的内点，即定义在 D 内的一个区域 $\{(x,y)\,|\,x>0,\ y>0\}$ 中，所以

$$\lim_{\substack{x \to 1 \\ y \to 2}} \frac{x+y}{xy} = f(1,\ 2) = \frac{3}{2}.$$

例 3　求 $\lim\limits_{\substack{x \to 0 \\ y \to 0}} \dfrac{\sqrt{xy+1}-1}{xy}$.

解　$\lim\limits_{\substack{x \to 0 \\ y \to 0}} \dfrac{\sqrt{xy+1}-1}{xy} = \lim\limits_{\substack{x \to 0 \\ y \to 0}} \dfrac{xy+1-1}{xy(\sqrt{xy+1}+1)} = \lim\limits_{\substack{x \to 0 \\ y \to 0}} \dfrac{1}{\sqrt{xy+1}+1} = \dfrac{1}{2}.$

习 题 6 - 3

1. 求下列极限.

(1) $\lim\limits_{\substack{x \to 1 \\ y \to 2}} \dfrac{x\sqrt{x+y^2}}{x+y}$;

(2) $\lim\limits_{\substack{x \to 1 \\ y \to 2}} \sqrt{12-x^2-y^2}$;

(3) $\lim\limits_{\substack{x \to 1 \\ y \to 1}} \dfrac{x^2-2xy+y^2}{x-y}$;

(4) $\lim\limits_{\substack{x \to 0 \\ y \to 0}} \dfrac{\sin(3(x^2+y^2))}{x^2+y^2}$;

(5) $\lim\limits_{\substack{x \to 0 \\ y \to 0}} \dfrac{2-\sqrt{xy+4}}{xy}$.

2. 指出下列函数在平面内哪些点是连续的.

(1) $f(x,\ y) = \sin(x+y)$;

(2) $f(x,\ y) = \ln(x^2+y^2)$;

(3) $f(x,\ y) = \dfrac{x+y}{x-y}$;

(4) $f(x,\ y) = \dfrac{x+y}{2+\cos x}$.

3. 求函数 $z = \dfrac{y^2+2x}{y^2-2x}$ 的间断点.

4. 证明极限 $\lim\limits_{\substack{x \to 0 \\ y \to 0}} \dfrac{x+y}{x-y}$ 不存在.

第四节　偏导数与全微分

一、偏导数概念与计算

一元函数的导数刻画了函数在一点处的瞬时变化率，即 $f'(x_0) = \lim\limits_{\Delta x \to 0} \dfrac{\Delta y}{\Delta x}$. 对多元函数来说，尽管函数自变量个数增加，函数关系式更加复杂，但我们仍然可以考虑函数对于某一个自变量的变化率，此时将其余的变量作为常数看待，因此称其为偏导数.

定义 1　设函数 $z = f(x,\ y)$ 在点 $P_0(x_0,\ y_0)$ 的某邻域内有定义，将 y 固定在 y_0，给 x_0 以改变量 Δx，从而引起函数的改变量

$$\Delta_x z = f(x_0+\Delta x,\ y_0) - f(x_0,\ y_0),$$

$\Delta_x z$ 称为函数 $z = f(x,\ y)$ 对 x 的偏增量（或偏改变量）. 若极限

$$\lim_{\Delta x \to 0} \frac{\Delta_x z}{\Delta x} = \lim_{\Delta x \to 0} \frac{f(x_0 + \Delta x, \ y_0) - f(x_0, \ y_0)}{\Delta x}$$

存在，则称此极限值为函数 $z = f(x, y)$ 在点 $P_0(x_0, \ y_0)$ 处对 x 的偏导数，记作

$$f_x(x_0, \ y_0) \ \textbf{或} \ \frac{\partial z}{\partial x}\bigg|_{\substack{x=x_0 \\ y=y_0}} \ \textbf{或} \ \frac{\partial f}{\partial x}\bigg|_{(x_0, y_0)}.$$

类似地，如果极限

$$\lim_{\Delta y \to 0} \frac{\Delta_y z}{\Delta y} = \lim_{\Delta y \to 0} \frac{f(x_0, \ y_0 + \Delta y) - f(x_0, \ y_0)}{\Delta y}$$

存在，则称此极限值为函数 $z = f(x, y)$ 在点 $P_0(x_0, \ y_0)$ 处对 y 的偏导数，记作

$$f_y(x_0, \ y_0) \ \textbf{或} \ \frac{\partial z}{\partial y}\bigg|_{\substack{x=x_0 \\ y=y_0}} \ \textbf{或} \ \frac{\partial f}{\partial y}\bigg|_{(x_0, y_0)}.$$

如果函数 $z = f(x, y)$ 在区域 D 上每一点 (x, y) 都存在关于 x 的偏导数 $f_x(x, y)$，则它在 D 上仍然是 x，y 的函数，称 $f_x(x, y)$ 为 $f(x, y)$ 关于 x 的偏导函数；同样，也称 $f_y(x, y)$ 为 $f(x, y)$ 关于 y 的偏导函数．通常简称它们为偏导数．

由偏导数的定义可知，求二元函数 $f(x, y)$ 的偏导数与求一元函数的导数没有区别．如求 $\frac{\partial f}{\partial x}$ 时，把 $f(x, y)$ 中的 y 看作常数而对 x 求导数；求 $\frac{\partial f}{\partial y}$ 时，将 $f(x, y)$ 中的 x 看作常数而对 y 求导数．因此，求多元函数的偏导数不需要新方法．

二元函数 $z = f(x, y)$ 在点 $P_0(x_0, \ y_0)$ 的偏导数明显有下述几何意义．设函数 $z = f(x, y)$ 表示空间中的一个曲面．如固定 $y = y_0$，则一元函数 $z = f(x, y_0)$ 表示平面 $y = y_0$ 上的一条曲线，即曲面 $z = f(x, y)$ 与平面 $y = y_0$ 的交线

$$l: \begin{cases} z = f(x, \ y), \\ y = y_0. \end{cases}$$

$z = f(x, \ y)$ 在点 $P_0(x_0, \ y_0)$ 关于 x 的偏导数 $f_x(x_0, \ y_0)$ 就是曲线 l 在点 $P(x_0, \ y_0, \ z_0)$ 处的切线 PT_x 与 x 轴正向夹角 α 的正切值，即 $f_x(x_0, \ y_0) = \tan\alpha$．而 $z = f(x, \ y)$ 在点 $P_0(x_0, \ y_0)$ 关于 y 的偏导数 $f_y(x_0, \ y_0)$ 就是曲线

$$\begin{cases} z = f(x, \ y), \\ x = x_0 \end{cases}$$

在点 $P(x_0, \ y_0, \ z_0)$ 处的切线 PT_y 与 y 轴正向夹角 β 的正切值，即 $f_y(x_0, \ y_0) = \tan\beta$．如图 6-20 所示．

在一元函数里，函数在一点可导的必要条件是它在该点连续．但对二元函数 $z = f(x, y)$ 来说，在点 $P_0(x_0, y_0)$ 存在两个偏导数 $f_x(x_0, \ y_0)$，$f_y(x_0, \ y_0)$，函数 $f(x, y)$ 在点 $P_0(x_0, \ y_0)$ 处不一定连续．

例如函数

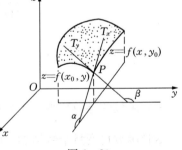

图 6-20

$$f(x, \ y) = \begin{cases} \dfrac{xy}{x^2 + y^2}, & x^2 + y^2 \neq 0, \\ 0, & x^2 + y^2 = 0, \end{cases}$$

它在点 $(0, 0)$ 不连续，但由偏导数的定义有

$$f_x(0,0) = \lim_{\Delta x \to 0} \frac{f(0+\Delta x, 0) - f(0,0)}{\Delta x} = 0,$$

$$f_y(0,0) = \lim_{\Delta y \to 0} \frac{f(0, 0+\Delta y) - f(0,0)}{\Delta y} = 0,$$

即所给函数 $f(x,y)$ 在点 $(0,0)$ 存在两个偏导数.

又如函数 $f(x,y) = \sqrt{x^2+y^2}$ 在点 $(0,0)$ 是连续的，但偏导数 $f_x(0,0)$，$f_y(0,0)$ 都不存在. 事实上，由偏导数的定义得

$$f_x(0,0) = \lim_{\Delta x \to 0} \frac{f(0+\Delta x, 0) - f(0,0)}{\Delta x} = \lim_{\Delta x \to 0} \frac{|\Delta x|}{\Delta x} = \begin{cases} 1, & \Delta x > 0, \\ -1, & \Delta x < 0, \end{cases}$$

所以，偏导数 $f_x(0,0)$ 不存在. 同理可证偏导数 $f_y(0,0)$ 也不存在.

综上所述，多元函数的偏导数与连续之间没有必然的联系. 连续不一定存在偏导数，反之偏导数存在，也不一定连续.

例 1　求函数 $z = x^2 + y^2$ 在点 $(1,2)$ 的偏导数.

解　因为 $\dfrac{\partial z}{\partial x} = 2x$，$\dfrac{\partial z}{\partial y} = 2y$，所以 $\dfrac{\partial z}{\partial x}\Big|_{(1,2)} = 2$，$\dfrac{\partial z}{\partial y}\Big|_{(1,2)} = 4$.

例 2　求函数 $z = x^y (x>0)$ 的偏导数.

解　将 y 看作常数，对 x 求导得：$\dfrac{\partial z}{\partial x} = yx^{y-1}$；把 x 看作常数，对 y 求导得：$\dfrac{\partial z}{\partial y} = x^y \ln x$.

例 3　求 $u = \dfrac{1}{r}$ 的偏导数，其中 $r = \sqrt{x^2+y^2+z^2}$.

解　这个题如果消去中间变量 r，就得到以 x、y、z 为自变量的三元函数 $u = \dfrac{1}{\sqrt{x^2+y^2+z^2}}$，然后分别求偏导数，这样做是可以的. 但较麻烦. 我们可以利用复合函数的求导法则，能使运算简便.

$$\frac{\partial u}{\partial x} = \frac{\mathrm{d}u}{\mathrm{d}r} \cdot \frac{\partial r}{\partial x} = -\frac{1}{r^2} \cdot \frac{2x}{2\sqrt{x^2+y^2+z^2}} = -\frac{x}{r^3}.$$

因为这个函数关于 x、y、z 是对称的，所以关于 y、z 的偏导数可以类似得

$$\frac{\partial u}{\partial y} = -\frac{y}{r^3}; \quad \frac{\partial u}{\partial z} = -\frac{z}{r^3}.$$

例 4　求 $z = \mathrm{e}^{\frac{y}{x}} \sin(x+y)$ 在点 $(1,-1)$ 处的偏导数.

解　因为

$$\frac{\partial z}{\partial x} = -\frac{y}{x^2} \mathrm{e}^{\frac{y}{x}} \sin(x+y) + \mathrm{e}^{\frac{y}{x}} \cos(x+y),$$

$$\frac{\partial z}{\partial y} = \frac{1}{x} \mathrm{e}^{\frac{y}{x}} \sin(x+y) + \mathrm{e}^{\frac{y}{x}} \cos(x+y),$$

所以 $\dfrac{\partial z}{\partial x}\Big|_{(1,-1)} = \mathrm{e}^{-1}$，$\dfrac{\partial z}{\partial y}\Big|_{(1,-1)} = \mathrm{e}^{-1}$.

例 5　求 $z = (1+3y)^x + (x+y)^y$ 的偏导数.

解　$z = (1+3y)^x + \mathrm{e}^{y\ln(x+y)}$，所以

$$\frac{\partial z}{\partial x} = (1+3y)^x \ln(1+3y) + \mathrm{e}^{y\ln(x+y)} \cdot \frac{y}{x+y}$$

$$= (1+3y)^x \ln(1+3y) + \frac{y}{x+y}(x+y)^y,$$

$$\frac{\partial z}{\partial y} = 3x(1+3y)^{x-1} + e^{y\ln(x+y)}\left[\ln(x+y) + \frac{y}{x+y}\right]$$

$$= 3x(1+3y)^{x-1} + (x+y)^y\left[\ln(x+y) + \frac{y}{x+y}\right].$$

例 6 求函数 $z = \arctan\left(\dfrac{y}{x} + \dfrac{x}{y}\right)$ 的偏导数.

解 $\dfrac{\partial z}{\partial x} = \dfrac{1}{1+\left(\dfrac{y}{x}+\dfrac{x}{y}\right)^2}\left(-\dfrac{y}{x^2}+\dfrac{1}{y}\right) = \dfrac{x^2y-y^3}{x^4+y^4+3x^2y^2}$,由于 x、y 的对称性,互换 x、

y 得:$\dfrac{\partial z}{\partial y} = \dfrac{xy^2-x^3}{x^4+y^4+3x^2y^2}$.

注意:偏导数的符号 $\dfrac{\partial f}{\partial x}$,$\dfrac{\partial f}{\partial y}$ 必须理解成一个整体,不能像一元函数 $y=f(x)$ 导数记号

$\dfrac{\mathrm{d}y}{\mathrm{d}x}$ 那样看成是 $\mathrm{d}y$ 与 $\mathrm{d}x$ 的商,因为对 ∂f、∂x、∂y 我们并没有赋予具体意义.

二、高阶偏导数

设函数 $z=f(x,y)$ 在区域 D 内存在偏导数

$$\frac{\partial z}{\partial x}=f_x(x,y),\quad \frac{\partial z}{\partial y}=f_y(x,y),$$

一般来说,$f_x(x,y)$ 和 $f_y(x,y)$ 仍是 x、y 的函数. 如果它们还存在偏导数,则称其为 $z=f(x,y)$ 的二阶偏导数,分别记为

$$\frac{\partial}{\partial x}\left(\frac{\partial z}{\partial x}\right)=\frac{\partial^2 z}{\partial x^2}=f_{xx}(x,y);\quad \frac{\partial}{\partial y}\left(\frac{\partial z}{\partial x}\right)=\frac{\partial^2 z}{\partial x\partial y}=f_{xy}(x,y);$$

$$\frac{\partial}{\partial x}\left(\frac{\partial z}{\partial y}\right)=\frac{\partial^2 z}{\partial y\partial x}=f_{yx}(x,y);\quad \frac{\partial}{\partial y}\left(\frac{\partial z}{\partial y}\right)=\frac{\partial^2 z}{\partial y^2}=f_{yy}(x,y).$$

一般地,如果 $z=f(x,y)$ 的 $n-1$ 阶偏导数仍存在,并且其仍有偏导数存在,则称此偏导数为 $z=f(x,y)$ 的 n 阶偏导数. 这样,称 $\dfrac{\partial z}{\partial x}$、$\dfrac{\partial z}{\partial y}$ 为一阶偏导数,二阶以上的偏导数统称为高阶偏导数. $\dfrac{\partial^2 z}{\partial x\partial y}$、$\dfrac{\partial^2 z}{\partial y\partial x}$ 叫做二阶混合偏导数. 由高阶偏导数的定义可知,求高阶偏导数只需按照求导法则及公式逐阶求偏导数即可.

例 7 求下列函数的二阶偏导数.

(1) $z=x^3y^3-xy^2$;(2) $z=ye^{xy}+\sin(xy)$.

解 (1) 因为 $\dfrac{\partial z}{\partial x}=3x^2y^3-y^2$,$\dfrac{\partial z}{\partial y}=3x^3y^2-2xy$,所以所求二阶偏导数为

$$\frac{\partial^2 z}{\partial x^2}=6xy^3;\quad \frac{\partial^2 z}{\partial x\partial y}=\frac{\partial}{\partial y}\left(\frac{\partial z}{\partial x}\right)=9x^2y^2-2y;$$

$$\frac{\partial^2 z}{\partial y^2} = 6x^3 y - 2x; \quad \frac{\partial^2 z}{\partial y \partial x} = \frac{\partial}{\partial x}\left(\frac{\partial z}{\partial y}\right) = 9x^2 y^2 - 2y.$$

(2) 因为 $\dfrac{\partial z}{\partial x} = y^2 e^{xy} + y\cos(xy); \quad \dfrac{\partial z}{\partial y} = e^{xy} + xy e^{xy} + x\cos(xy)$，所以

$$\frac{\partial^2 z}{\partial x^2} = y^3 e^{xy} - y^2 \sin(xy); \quad \frac{\partial^2 z}{\partial y^2} = 2x e^{xy} + x^2 y e^{xy} - x^2 \sin(xy);$$

$$\frac{\partial^2 z}{\partial y \partial x} = \frac{\partial}{\partial x}\left(\frac{\partial z}{\partial y}\right) = 2y e^{xy} + xy^2 e^{xy} + \cos(xy) - xy\sin(xy);$$

$$\frac{\partial^2 z}{\partial x \partial y} = \frac{\partial}{\partial y}\left(\frac{\partial z}{\partial x}\right) = 2y e^{xy} + y^2 x e^{xy} + \cos(xy) - yx\sin(xy).$$

例 8 设
$$f(x, y) = \begin{cases} \dfrac{x^3 y}{x^2 + y^2}, & x^2 + y^2 \neq 0, \\ 0, & x^2 + y^2 = 0, \end{cases}$$

求函数在点 $(0, 0)$ 处的二阶混合偏导数.

解 当 $x^2 + y^2 \neq 0$ 时，

$$f_x(x, y) = \frac{x^4 y + 3x^2 y^3}{(x^2 + y^2)^2}; \quad f_y(x, y) = \frac{x^5 - x^3 y^2}{(x^2 + y^2)^2},$$

在点 $(0, 0)$ 处的偏导数，按定义有

$$f_x(0, 0) = \lim_{\Delta x \to 0} \frac{f(\Delta x + 0, 0) - f(0, 0)}{\Delta x} = 0, \quad f_y(0, 0) = \lim_{\Delta y \to 0} \frac{f(0, \Delta y + 0) - f(0, 0)}{\Delta y} = 0,$$

所以在点 $(0, 0)$ 处的二阶混合偏导数为

$$f_{xy}(0, 0) = \lim_{\Delta y \to 0} \frac{f_x'(0, \Delta y + 0) - f_x'(0, 0)}{\Delta y} = 0,$$

$$f_{yx}(0, 0) = \lim_{\Delta x \to 0} \frac{f_y'(\Delta x + 0, 0) - f_y'(0, 0)}{\Delta x} = 1.$$

由上面例题看到，多元函数的二阶混合偏导数可能相等，也可能不相等. 下面定理给出了两个二阶混合偏导数相等的充分条件.

定理 1 若函数 $z = f(x, y)$ 的两个二阶混合偏导数 $f_{xy}(x, y)$，$f_{yx}(x, y)$ 在点 $P_0(x_0, y_0)$ 处连续，则它们必相等，即

$$f_{xy}(x_0, y_0) = f_{yx}(x_0, y_0).$$

证明从略.

例 9 验证函数 $z = \ln\sqrt{x^2 + y^2}$ 满足方程

$$\frac{\partial^2 z}{\partial x^2} + \frac{\partial^2 z}{\partial y^2} = 0.$$

证明 因为
$$\frac{\partial z}{\partial x} = \frac{1}{\sqrt{x^2 + y^2}} \cdot \frac{1}{2\sqrt{x^2 + y^2}} \cdot 2x = \frac{x}{x^2 + y^2},$$

又由于 x 和 y 是对称的，所以 $\dfrac{\partial z}{\partial y} = \dfrac{y}{x^2 + y^2}$，从而

$$\frac{\partial^2 z}{\partial x^2} = \frac{y^2 - x^2}{(x^2 + y^2)^2}, \quad \frac{\partial^2 z}{\partial y^2} = \frac{x^2 - y^2}{(x^2 + y^2)^2},$$

因此，$\dfrac{\partial^2 z}{\partial x^2}+\dfrac{\partial^2 z}{\partial y^2}=0$.

三、全 微 分

我们已经知道，偏导数只刻画了函数沿某特定方向的变化率. 下面讨论二元函数中每个自变量相对于某一点均改变时，函数的变化情况. 为此，首先给出全改变量（或全增量）的概念.

设二元函数 $z=f(x，y)$ 在点 $P_0(x_0，y_0)$ 的某邻域内有定义，并设 $Q(x_0+\Delta x，y_0+\Delta y)$ 为此邻域内任意一点，称

$$\Delta z=f(x_0+\Delta x，y_0+\Delta y)-f(x_0，y_0)$$

为 $f(x，y)$ 在点 $P_0(x_0，y_0)$ 的全改变量（或全增量）.

在一元函数的微分学中，如果函数 $y=f(x)$ 在点 x_0 处存在导数 $f'(x_0)$，则总能将

$$\Delta y=f(x_0+\Delta x)-f(x_0)$$

表示为 $\Delta y=f'(x_0)\Delta x+o(\Delta x)=\mathrm{d}y+o(\Delta x)$，由于 Δy 与 $f'(x_0)\Delta x$ 之差为 Δx 的高阶无穷小，因此，当 $|\Delta x|$ 很小时，$f'(x_0)\Delta x$ 可以近似代替 Δy.

同一元函数的情形一样，我们也希望能用 Δx 与 Δy 的线性函数近似代替 Δz，而它们的差是较 $\rho=\sqrt{(\Delta x)^2+(\Delta y)^2}$ 的高阶无穷小，为此，我们给出二元函数全微分的概念.

定义 2 设函数 $z=f(x，y)$ 在点 $P_0(x_0，y_0)$ 的某邻域内有定义，给 $x_0，y_0$ 以改变量 $\Delta x，\Delta y$，如果函数的全改变量可表示为

$$\Delta z=f(x_0+\Delta x，y_0+\Delta y)-f(x_0，y_0)$$
$$=A\Delta x+B\Delta y+o(\rho)，$$

其中 $A，B$ 仅与 $P_0(x_0，y_0)$ 有关，而与 $\Delta x，\Delta y$ 无关，且 $\rho=\sqrt{(\Delta x)^2+(\Delta y)^2}$，则称函数 $z=f(x，y)$ 在点 $P_0(x_0，y_0)$ 处可微，这时关于 $\Delta x，\Delta y$ 的线性函数

$$A\Delta x+B\Delta y$$

称为函数 $z=f(x，y)$ 在点 $P_0(x_0，y_0)$ 的全微分，记为

$$\mathrm{d}z=A\Delta x+B\Delta y.$$

如果函数 $z=f(x，y)$ 在点 $P_0(x_0，y_0)$ 可微，则函数在该点连续. 事实上，由可微的定义易知：$\lim\limits_{\rho\to 0}\Delta z=0$，从而得函数 $z=f(x，y)$ 在点 $P_0(x_0，y_0)$ 处连续，即可微是连续的充分条件. 下面定理揭示了函数可微与偏导数的关系.

定理 2 如果函数 $z=f(x，y)$ 在点 $P_0(x_0，y_0)$ 可微，即

$$\Delta z=A\Delta x+B\Delta y+o(\rho)，$$

则函数 $z=f(x，y)$ 在点 $P_0(x_0，y_0)$ 存在两个偏导数，且 $A=f_x(x_0，y_0)$，$B=f_y(x_0，y_0)$.

证明 由已知条件，令 $y=y_0$ 保持不变，即 $\Delta y=0$，$\rho=|\Delta x|$，则 $\Delta z=\Delta z_x$，即

$$\Delta z_x=f(x_0+\Delta x，y_0)-f(x_0，y_0)=A\Delta x+o(|\Delta x|)，$$

于是，$\lim\limits_{\Delta x\to 0}\dfrac{\Delta z_x}{\Delta x}=\lim\limits_{\Delta x\to 0}\left(A+\dfrac{o(|\Delta x|)}{\Delta x}\right)=A$，即 $A=f_x(x_0，y_0)$. 同理可得 $B=f_y(x_0，y_0)$.

定理说明，如果函数 $f(x，y)$ 可微，则存在两个偏导数，反之不一定成立. 但是，如果对偏导数再加一些条件，就可以保证函数的可微性.

定理 3　**如果函数 $z=f(x, y)$ 在点 $P_0(x_0, y_0)$ 的某邻域内存在连续偏导数 $f_x(x, y)$，$f_y(x, y)$，则函数 $z=f(x, y)$ 在点 $P_0(x_0, y_0)$ 可微.**

证明从略. 此定理给出了二元函数在一点处可微的充分条件.

同一元函数一样，我们将自变量的改变量 Δx，Δy 记为 dx，dy，并分别称为自变量 x，y 的微分. 如果函数 $z=f(x, y)$ 在区域 D 内的每一点可微，则称 $f(x, y)$ 在区域 D 内可微，在 D 中任意一点 (x, y) 的全微分可写为

$$dz=\frac{\partial z}{\partial x}dx+\frac{\partial z}{\partial y}dy.$$

类似地，可以给出 n 元（三元以上）函数的微分公式. 如三元函数 $u=f(x, y, z)$ 在点 (x, y, z) 的全微分公式为

$$du=\frac{\partial u}{\partial x}dx+\frac{\partial u}{\partial y}dy+\frac{\partial u}{\partial z}dz.$$

例 10　求下列函数的全微分.

（1）$z=e^{xy}$；（2）$z=\sin(x^2+e^{y^2})$.

解　（1）因为 $\dfrac{\partial z}{\partial x}=ye^{xy}$，$\dfrac{\partial z}{\partial y}=xe^{xy}$，所以

$$dz=ye^{xy}dx+xe^{xy}dy.$$

（2）因为 $\dfrac{\partial z}{\partial x}=2x\cos(x^2+e^{y^2})$，$\dfrac{\partial z}{\partial y}=2ye^{y^2}\cos(x^2+e^{y^2})$，所以

$$dz=[2x\cos(x^2+e^{y^2})]dx+[2ye^{y^2}\cos(x^2+e^{y^2})]dy.$$

例 11　求函数 $z=\ln(1+x^2+y^2)$ 在点 $(1, 2)$ 处的全微分.

解　因为 $\dfrac{\partial z}{\partial x}=\dfrac{2x}{1+x^2+y^2}$，$\dfrac{\partial z}{\partial y}=\dfrac{2y}{1+x^2+y^2}$，则 $\dfrac{\partial z}{\partial x}\Big|_{\substack{x=1\\y=2}}=\dfrac{1}{3}$，$\dfrac{\partial z}{\partial y}\Big|_{\substack{x=1\\y=2}}=\dfrac{2}{3}$，所以

$$dz=\frac{1}{3}dx+\frac{2}{3}dy.$$

例 12　求三元函数 $u=xy+yz+zx$ 的全微分.

解　由于 $\dfrac{\partial u}{\partial x}=y+z$，$\dfrac{\partial u}{\partial y}=x+z$，$\dfrac{\partial u}{\partial z}=y+x$，所以

$$dz=(y+z)dx+(x+z)dy+(y+x)dz.$$

下面我们介绍一下微分在近似计算中的应用.

若函数 $z=f(x, y)$ 在点 $P_0(x_0, y_0)$ 可微，则当 $|\Delta x|$，$|\Delta y|$ 很小时，可以用全微分近似替代函数的全改变量 Δz，即

$$\Delta z\approx dz=f_x(x_0, y_0)\Delta x+f_y(x_0, y_0)\Delta y,$$

或 $f(x_0+\Delta x, y_0+\Delta y)\approx f(x_0, y_0)+f_x(x_0, y_0)\Delta x+f_y(x_0, y_0)\Delta y$. 用这个公式我们可以作近似计算.

例 13　求 $\sqrt[3]{(2.02)^2+(1.97)^2}$ 的近似值.

解　显然，我们所要计算的是函数 $f(x, y)=\sqrt[3]{x^2+y^2}$ 在点 $(2.02, 1.97)$ 的值. 取 $(x_0, y_0)=(2, 2)$，则 $\Delta x=0.02$，$\Delta y=-0.03$，

$$f_x(x, y)=\frac{2x}{3(x^2+y^2)^{\frac{2}{3}}}, \quad f_y(x, y)=\frac{2y}{3(x^2+y^2)^{\frac{2}{3}}},$$

从而 $f(2, 2)=2$, $f_x(2, 2)=\dfrac{1}{3}$, $f_y(2, 2)=\dfrac{1}{3}$, 即

$$\sqrt[3]{(2.02)^2+(1.97)^2}\approx 2+\frac{1}{3}\times 0.02+\frac{1}{3}\times(-0.03)=1.997.$$

例 14 设有一圆柱体，受压后发生变形，它的半径由 20cm 增大到 20.05cm，高度由 100cm 减少到 99cm，求此圆柱体体积变化的近似值.

解 设圆柱体的体积、半径和高分别为 V、r 及 h，则 $V=\pi r^2 h$. 已知 $r=20$，$h=100$，$\Delta r=0.05$，$\Delta h=-1$，所以

$$\Delta V\approx \mathrm{d}V=\frac{\partial V}{\partial r}\Delta r+\frac{\partial V}{\partial h}\Delta h=2\pi rh\cdot \Delta r+\pi r^2\cdot \Delta h$$

$$=2\pi\times 20\times 100\times 0.05+\pi\times 20^2\times(-1)=-200\pi.$$

即此圆柱体受压后体积约减少 $200\pi\mathrm{cm}^3$.

习 题 6－4

1. 求下列函数的偏导数值.

(1) $f(x, y)=2x^2-3y-4$，求 $f_x(1, 2)$；

(2) $f(x, y)=(xy-1)^2$，求 $f_y(1, 0)$；

(3) $f(x, y)=x+y-\sqrt{x^2+y^2}$，求 $f_x(3, 4)$；

(4) $f(x, y)=\ln(\mathrm{e}^x+\mathrm{e}^y)$，求 $f_y(0, 0)$；

(5) $f(x, y)=\mathrm{e}^{-x}\sin(x+2y)$，求 $f_x\left(0, \dfrac{\pi}{4}\right)$，$f_y\left(0, \dfrac{\pi}{4}\right)$；

(6) $f(x, y, z)=(1+xy)^z$，求 $f_x(1, 2, 3)$，$f_y(1, 2, 3)$，$f_z(1, 2, 3)$.

2. 求下列函数的一阶偏导数.

(1) $z=xy+\dfrac{x}{y}$；   (2) $z=(x-y)^3$；   (3) $z=\dfrac{x^2-y^2}{\sqrt{x^2+y^2}}$；

(4) $z=\arctan\dfrac{x}{y}$；   (5) $z=\sin\dfrac{y}{x}$；   (6) $z=\ln\left(\tan\dfrac{x}{y}\right)$.

3. 求下列函数的所有二阶偏导数.

(1) $z=x^3+xy-5xy^3$；   (2) $z=\mathrm{e}^x\cos y$；

(3) $z=\ln(x+y^2)$；   (4) $z=\dfrac{x}{x^2+y^2}$.

4. 验证 $z=\ln(\sqrt{x}+\sqrt{y})$ 满足方程 $x\dfrac{\partial z}{\partial x}+y\dfrac{\partial z}{\partial y}=\dfrac{1}{2}$.

5. 验证 $z=\ln\sqrt{x^2+y^2}$ 满足方程 $\dfrac{\partial^2 z}{\partial x^2}+\dfrac{\partial^2 z}{\partial y^2}=0$.

6. 验证 $z=\dfrac{x-y}{x+y}\ln\dfrac{y}{x}$ 满足方程 $x\dfrac{\partial z}{\partial x}+y\dfrac{\partial z}{\partial y}=0$.

7. 求下列函数的全微分.

(1) $z=\sqrt{\dfrac{y}{x}}$；   (2) $z=\mathrm{e}^{x^2+2y}$；   (3) $z=\arcsin\dfrac{y}{x}$；   (4) $z=\sqrt{x+y}\cos y$.

8. 利用全微分计算下列各数的近似值．

(1) $(1.002) \cdot (1.003)^3$；(2) $\sqrt{(1.02)+(1.97)^3}$．

第五节 多元复合函数的求导法则

一、多元复合函数的求导法则

我们在学习一元函数微分学时已经知道，复合函数的求导法则是计算导数的基本法则．下面我们将一元函数微分学中复合函数的求导法推广到多元复合函数的情形，介绍多元复合函数的求导法则．

定理 1 如果函数 $u=u(x, y)$，$v=v(x, y)$ 在点 (x, y) 可微，函数 $z=f(u, v)$ 在点 $(u, v)=[u(x, y), v(x, y)]$ 处可微，则复合函数 $z=f[u(x, y), v(x, y)]$ 在点 (x, y) 存在偏导数，且

$$\frac{\partial z}{\partial x}=\frac{\partial z}{\partial u}\frac{\partial u}{\partial x}+\frac{\partial z}{\partial v}\frac{\partial v}{\partial x},$$

$$\frac{\partial z}{\partial y}=\frac{\partial z}{\partial u}\frac{\partial u}{\partial y}+\frac{\partial z}{\partial v}\frac{\partial v}{\partial y}.$$

定理给出了多元复合函数的求导公式．证明从略．但必须指出，该公式还适合如下两种情形．

情形 I $z=f(u, v)$，$u=u(x)$，$v=v(x)$，则复合函数 $z=f[u(x), v(x)]$ 的求导公式为

$$\frac{\mathrm{d}z}{\mathrm{d}x}=\frac{\partial z}{\partial u}\frac{\mathrm{d}u}{\mathrm{d}x}+\frac{\partial z}{\partial v}\frac{\mathrm{d}v}{\mathrm{d}x}.$$

情形 II $z=f(x, v)$，$v=v(x, y)$，则复合函数 $z=f[x, v(x, y)]$ 的求导公式为

$$\frac{\partial z}{\partial x}=\frac{\partial f}{\partial x}+\frac{\partial f}{\partial v}\frac{\partial v}{\partial x}; \quad \frac{\partial z}{\partial y}=\frac{\partial f}{\partial v}\frac{\partial v}{\partial y}.$$

注意：在此公式中，$\frac{\partial z}{\partial x}$ 与 $\frac{\partial f}{\partial x}$ 是不一样的，其区别在于 x 的意义不同，即 $\frac{\partial z}{\partial x}$ 中的 x 是复合函数 $z=f[x, v(x, y)]$ 的自变量，而 $\frac{\partial f}{\partial x}$ 中的 x 是一个中间变量．

例 1 设 $z=u^2+uv+v^2$，$u=x^2$，$v=2x+1$，求 $\frac{\mathrm{d}z}{\mathrm{d}x}$．

解 由公式 $\frac{\mathrm{d}z}{\mathrm{d}x}=\frac{\partial z}{\partial u}\frac{\mathrm{d}u}{\mathrm{d}x}+\frac{\partial z}{\partial v}\frac{\mathrm{d}v}{\mathrm{d}x}$，得

$$\frac{\mathrm{d}z}{\mathrm{d}x}=(2u+v)\cdot 2x+(u+2v)\cdot 2$$
$$=2x(2x^2+2x+1)+2(x^2+4x+2)$$
$$=4x^3+6x^2+10x+4.$$

例 2 设 $z=\mathrm{e}^u\arctan v$，$u=\sin x$，$v=\cos x$，求 $\frac{\mathrm{d}z}{\mathrm{d}x}$．

解 同例 1 一样，

$$\frac{\mathrm{d}z}{\mathrm{d}x}=\frac{\partial z}{\partial u}\frac{\mathrm{d}u}{\mathrm{d}x}+\frac{\partial z}{\partial v}\frac{\mathrm{d}v}{\mathrm{d}x}$$

$$=\mathrm{e}^u\arctan v\cdot\cos x+\frac{\mathrm{e}^u}{1+v^2}\cdot(-\sin x)$$

$$=\mathrm{e}^{\sin x}\left[\cos x\arctan(\cos x)-\frac{\sin x}{1+\cos^2 x}\right].$$

例 3 设 $z=uv+\ln x$，$u=a^x$，$v=\sqrt{1+x}$，求 $\dfrac{\mathrm{d}z}{\mathrm{d}x}$.

解 该题的一般形式为 $z=f(u,\ v,\ x)$，$u=u(x)$，$v=v(x)$，于是 u，v，x 是中间变量，x 又是自变量，与情形 II 中的求导公式类似，其求导公式为

$$\frac{\mathrm{d}z}{\mathrm{d}x}=\frac{\partial f}{\partial u}\frac{\mathrm{d}u}{\mathrm{d}x}+\frac{\partial f}{\partial v}\frac{\mathrm{d}v}{\mathrm{d}x}+\frac{\partial f}{\partial x},$$

而 $\dfrac{\partial f}{\partial u}=v$，$\dfrac{\partial f}{\partial v}=u$，$\dfrac{\partial f}{\partial x}=\dfrac{1}{x}$，$\dfrac{\mathrm{d}u}{\mathrm{d}x}=a^x\ln a$，$\dfrac{\mathrm{d}v}{\mathrm{d}x}=\dfrac{1}{2\sqrt{1+x}}$，所以

$$\frac{\mathrm{d}z}{\mathrm{d}x}=v\cdot a^x\ln a+u\cdot\frac{1}{2\sqrt{1+x}}+\frac{1}{x}=a^x\ln a\sqrt{1+x}+\frac{a^x}{2\sqrt{1+x}}+\frac{1}{x}.$$

例 4 求 $z=(x^2+y^2)^{xy}$ 的偏导数.

解 令 $u=x^2+y^2$，$v=xy$，则 $z=u^v$，所以

$$\frac{\partial z}{\partial x}=\frac{\partial z}{\partial u}\frac{\partial u}{\partial x}+\frac{\partial z}{\partial v}\frac{\partial v}{\partial x}=vu^{v-1}\cdot 2x+u^v\ln u\cdot y$$

$$=2x^2y(x^2+y^2)^{xy-1}+y(x^2+y^2)^{xy}\ln(x^2+y^2).$$

由于 x，y 的对称性，把上式的 x，y 互换得

$$\frac{\partial z}{\partial y}=2xy^2(x^2+y^2)^{xy-1}+x(x^2+y^2)^{xy}\ln(x^2+y^2).$$

例 5 设 $z=f(x+y,\ x-y)$，求 $\dfrac{\partial z}{\partial x}$，$\dfrac{\partial z}{\partial y}$.

解 设 $u=x+y$，$v=x-y$，则 z 是以 u，v 为中间变量，以 x，y 为自变量的复合函数，所以

$$\frac{\partial z}{\partial x}=\frac{\partial f}{\partial u}\frac{\partial u}{\partial x}+\frac{\partial f}{\partial v}\frac{\partial v}{\partial x}=\frac{\partial f}{\partial u}+\frac{\partial f}{\partial v},$$

$$\frac{\partial z}{\partial y}=\frac{\partial f}{\partial u}\frac{\partial u}{\partial y}+\frac{\partial f}{\partial v}\frac{\partial v}{\partial y}=\frac{\partial f}{\partial u}-\frac{\partial f}{\partial v}.$$

对一般形式给出的复合函数的偏导数，为了书写简便，有时用符号 f'_1 和 f'_2 分别表示函数 $z=f(u,\ v)$ 对第一个中间变量 u 和第二个中间变量 v 的偏导数. 如例 5 中对 u，v 的偏导数记为

$$\frac{\partial f}{\partial u}=f'_1;\quad \frac{\partial f}{\partial v}=f'_2,$$

于是，例 5 的结果可简写为

$$\frac{\partial z}{\partial x}=f'_1+f'_2;\quad \frac{\partial z}{\partial y}=f'_1-f'_2.$$

例 6　设 $u=f(x,xy,xyz)$，求 $\dfrac{\partial u}{\partial x}$，$\dfrac{\partial u}{\partial y}$，$\dfrac{\partial u}{\partial z}$.

解　注意，这里 x，xy，xyz 是中间变量，x，y，z 是自变量，x 既是中间变量又是自变量，于是

$$\frac{\partial u}{\partial x}=f_1'+f_2'y+f_3'\cdot yz=f_1'+yf_2'+yzf_3';$$

$$\frac{\partial u}{\partial y}=f_1'\cdot 0+f_2'x+f_3'\cdot xz=xf_2'+xzf_3';$$

$$\frac{\partial u}{\partial z}=f_1'\cdot 0+f_2'\cdot 0+f_3'\cdot xy=xyf_3'.$$

和一元隐函数概念相类似，我们将由方程 $F(x,y,z)=0$ 所确定的函数 $z=f(x,y)$ 称为二元隐函数. 其偏导数可直接从方程 $F(x,y,z)=0$ 求出.

由于 $F(x,y,f(x,y))\equiv 0$，将此式左端视为 x，y 的复合函数，方程两边对 x，y 求偏导数得

$$\frac{\partial F}{\partial x}\cdot 1+\frac{\partial F}{\partial y}\cdot 0+\frac{\partial F}{\partial z}\frac{\partial z}{\partial x}=0,$$

$$\frac{\partial F}{\partial x}\cdot 0+\frac{\partial F}{\partial y}\cdot 1+\frac{\partial F}{\partial z}\frac{\partial z}{\partial y}=0.$$

当 $\dfrac{\partial F}{\partial z}\neq 0$ 时，有

$$\frac{\partial z}{\partial x}=-\frac{\dfrac{\partial F}{\partial x}}{\dfrac{\partial F}{\partial z}}=-\frac{F_x}{F_z};\quad \frac{\partial z}{\partial y}=-\frac{\dfrac{\partial F}{\partial y}}{\dfrac{\partial F}{\partial z}}=-\frac{F_y}{F_z}.$$

这就是二元隐函数求导公式.

同理，由方程 $F(x,y)=0$ 所确定的隐函数 $y=f(x)$ 的求导公式可写成

$$\frac{\mathrm{d}y}{\mathrm{d}x}=-\frac{\dfrac{\partial F}{\partial x}}{\dfrac{\partial F}{\partial y}}=-\frac{F_x}{F_y}\left(\frac{\partial F}{\partial y}\neq 0\right).$$

例 7　设函数 $z=f(x,y)$ 由方程 $x^2+y^2+z^2-2x+2y-4z-5=0$ 确定，求 $\dfrac{\partial z}{\partial x}$，$\dfrac{\partial z}{\partial y}$.

解　令 $F(x,y,z)=x^2+y^2+z^2-2x+2y-4z-5$，则

$$F_x=2x-2,\ F_y=2y+2,\ F_z=2z-4,$$

所以

$$\frac{\partial z}{\partial x}=-\frac{F_x}{F_z}=-\frac{x-1}{z-2};\quad \frac{\partial z}{\partial y}=-\frac{F_y}{F_z}=-\frac{y+1}{z-2}.$$

例 8　设 $z=f(x,y)$ 是由方程 $z-y-x+x\mathrm{e}^{z-y-x}=0$ 所确定的二元函数，求 $\mathrm{d}z$.

解　令 $F(x,y,z)=z-y-x+x\mathrm{e}^{z-y-x}$，则

$$F_x=-1+\mathrm{e}^{z-y-x}-x\mathrm{e}^{z-y-x};\quad F_y=-1-x\mathrm{e}^{z-y-x};\quad F_z=1+x\mathrm{e}^{z-y-x},$$

所以 $\dfrac{\partial z}{\partial x}=\dfrac{1+(x-1)\mathrm{e}^{z-y-x}}{1+x\mathrm{e}^{z-y-x}}$；$\dfrac{\partial z}{\partial y}=1$，即

$$dz = \frac{1+(x-1)\mathrm{e}^{z-y-x}}{1+x\mathrm{e}^{z-y-x}}dx + dy.$$

二、一阶全微分的形式不变性

我们知道，对一元函数 $y=f(x)$，具有一阶微分形式不变性．即无论 x 是自变量还是中间变量都有 $\mathrm{d}y=f'(x)\mathrm{d}x$．多元函数也有一阶微分形式不变性．

设有二元函数 $z=f(u, v)$，当 u，v 为自变量时，函数的全微分为

$$\mathrm{d}z = \frac{\partial f}{\partial u}\mathrm{d}u + \frac{\partial f}{\partial v}\mathrm{d}v.$$

如果 u，v 为中间变量，即 $u=u(x, y)$，$v=v(x, y)$，则复合函数 $z=f(u(x, y), v(x, y))$ 的全微分是

$$\mathrm{d}z = \frac{\partial f}{\partial x}\mathrm{d}x + \frac{\partial f}{\partial y}\mathrm{d}y.$$

由复合函数的求导法则有

$$\frac{\partial f}{\partial x} = \frac{\partial f}{\partial u}\frac{\partial u}{\partial x} + \frac{\partial f}{\partial v}\frac{\partial v}{\partial x}; \quad \frac{\partial f}{\partial y} = \frac{\partial f}{\partial u}\frac{\partial u}{\partial y} + \frac{\partial f}{\partial v}\frac{\partial v}{\partial y},$$

则

$$\mathrm{d}z = \frac{\partial f}{\partial x}\mathrm{d}x + \frac{\partial f}{\partial y}\mathrm{d}y = \left(\frac{\partial f}{\partial u}\frac{\partial u}{\partial x} + \frac{\partial f}{\partial v}\frac{\partial v}{\partial x}\right)\mathrm{d}x + \left(\frac{\partial f}{\partial u}\frac{\partial u}{\partial y} + \frac{\partial f}{\partial v}\frac{\partial v}{\partial y}\right)\mathrm{d}y$$

$$= \frac{\partial f}{\partial u}\left(\frac{\partial u}{\partial x}\mathrm{d}x + \frac{\partial u}{\partial y}\mathrm{d}y\right) + \frac{\partial f}{\partial v}\left(\frac{\partial v}{\partial x}\mathrm{d}x + \frac{\partial v}{\partial y}\mathrm{d}y\right) = \frac{\partial f}{\partial u}\mathrm{d}u + \frac{\partial f}{\partial v}\mathrm{d}v.$$

由此看出，无论 u，v 是自变量，还是中间变量，它们的全微分形式是相同的，这个性质叫做二元函数一阶全微分的形式不变性，这一形式不变性还可以推广到 n 元函数的情形．

利用一阶全微分的形式不变性，易得多元函数全微分的四则运算法则．当 u，v 为自变量时，有

$$\mathrm{d}(u\pm v) = \mathrm{d}u\pm \mathrm{d}v; \quad \mathrm{d}(uv) = v\mathrm{d}u + u\mathrm{d}v; \quad \mathrm{d}\left(\frac{u}{v}\right) = \frac{v\mathrm{d}u - u\mathrm{d}v}{v^2}(v\neq 0).$$

由一阶微分的形式不变性，当 u，v 为 x，y 的函数时，上述法则仍然成立．

有了一阶全微分的形式不变性和全微分的四则运算法则，我们可以通过全微分来求多元函数的偏导数，这可以使求偏导数的计算变得容易．

例 9 设 $z=\arctan\dfrac{y}{x}$，求 $\dfrac{\partial z}{\partial x}$，$\dfrac{\partial z}{\partial y}$.

解 令 $u=\dfrac{y}{x}$，则 $z=\arctan u$，由微分形式不变性有

$$\mathrm{d}z = \frac{1}{1+u^2}\mathrm{d}u = \frac{1}{1+\left(\frac{y}{x}\right)^2} \cdot \frac{x\mathrm{d}y - y\mathrm{d}x}{x^2} = \frac{x}{x^2+y^2}\mathrm{d}y - \frac{y}{x^2+y^2}\mathrm{d}x,$$

所以 $\dfrac{\partial z}{\partial x} = -\dfrac{y}{x^2+y^2}$，$\dfrac{\partial z}{\partial y} = \dfrac{x}{x^2+y^2}$.

例 10 设 $z=\mathrm{e}^{xy}+\cos(xy)$，求 $\dfrac{\partial z}{\partial x}$，$\dfrac{\partial z}{\partial y}$.

解 由微分法则有

$$\mathrm{d}z=\mathrm{d}(\mathrm{e}^{xy})+\mathrm{d}(\cos(xy))=\mathrm{e}^{xy}\mathrm{d}(xy)-\sin(xy)\mathrm{d}(xy)$$
$$=\mathrm{e}^{xy}(y\mathrm{d}x+x\mathrm{d}y)-\sin(xy)(y\mathrm{d}x+x\mathrm{d}y)$$
$$=(\mathrm{e}^{xy}-\sin(xy))y\mathrm{d}x+(\mathrm{e}^{xy}-\sin(xy))x\mathrm{d}y,$$

于是 $\dfrac{\partial z}{\partial x}=(\mathrm{e}^{xy}-\sin(xy))y$，$\dfrac{\partial z}{\partial y}=(\mathrm{e}^{xy}-\sin(xy))x$.

习 题 6-5

1. 求下列函数的导数 $\dfrac{\mathrm{d}z}{\mathrm{d}x}$.

(1) 设 $z=\arcsin(u-v)$，而 $u=3x$，$v=4x^2$；　(2) 设 $z=\dfrac{u+2v}{2u-v}$，而 $u=\mathrm{e}^x$，$v=\mathrm{e}^{-x}$；

(3) 设 $z=\arctan(xy)$，而 $y=\mathrm{e}^x$；　　　(4) 设 $z=\ln(\mathrm{e}^x+\mathrm{e}^y)$，而 $y=x^3$.

2. 求下列复合函数的一阶偏导数 $\dfrac{\partial z}{\partial x}$，$\dfrac{\partial z}{\partial y}$.

(1) 设 $z=\dfrac{u^2}{v}$，其中 $u=x-2y$，$v=y+2x$；

(2) 设 $z=u^2\ln v$，其中 $u=\dfrac{y}{x}$，$v=x^2+y^2$；

(3) 设 $z=\mathrm{e}^w$，其中 $u=\ln\sqrt{x^2+y^2}$，$v=x^2+y^2$；

(4) 设 $z=\dfrac{u}{v}$，其中 $u=x\cos y$，$v=y\cos x$.

3. 如果 $z=f(x,\ y)$，而 $x=r\cos\theta$，$y=r\sin\theta$，求 $\dfrac{\partial z}{\partial r}$，$\dfrac{\partial z}{\partial\theta}$.

4. 设 $z=(2x+y)^{2x+y}$，求 $\mathrm{d}z$.

5. 设 $z=u^v$，而 $u=\ln\sqrt{x^2+y^2}$，$v=\arctan\dfrac{y}{x}$，求 $\mathrm{d}z$.

6. 验证函数 $z=\arctan\dfrac{v}{u}$，其中 $u=x+y$，$v=x-y$，满足关系式 $\dfrac{\partial z}{\partial x}+\dfrac{\partial z}{\partial y}=\dfrac{y-x}{x^2+y^2}$.

7. 已知 $z=f(u,\ v)$，$u=x+y$，$v=xy$，且 $f(u,\ v)$ 的二阶偏导数均连续，求 $\dfrac{\partial^2z}{\partial x\,\partial y}$.

8. 设 $z=f(u,\ v)$ 具有二阶连续偏导数，且满足 $\dfrac{\partial^2f}{\partial u^2}+\dfrac{\partial^2f}{\partial v^2}=1$，又

$$g(x,\ y)=f\left(xy,\ \frac{1}{2}(x^2-y^2)\right),$$

求 $\dfrac{\partial^2g}{\partial x^2}+\dfrac{\partial^2g}{\partial y^2}$.

9. 求下列方程所确定的隐函数的导数 $\dfrac{\mathrm{d}y}{\mathrm{d}x}$.

(1) $xe^y+\sin(xy)=0$；(2) $xy-\ln y=0$；

(3) $x^2+2y^2=2xy$；(4) $\ln\sqrt{x^2+y^2}=\arctan\dfrac{y}{x}$.

10. 设 $z=f(x,y)$ 由方程 $x+2y+z-2\sqrt{xyz}=0$ 所确定，求 $\dfrac{\partial z}{\partial x}$，$\dfrac{\partial z}{\partial y}$.

11. 设 $z=f(x,y)$ 由方程 $xyz=e^{z+x}$ 所确定，求 $\mathrm{d}z$.

12. 设 $z=f(e^x\sin y,x^2+y^2)$，其中 f 具有二阶连续偏导数，求 $\dfrac{\partial^2 z}{\partial x\partial y}$.

第六节 二重积分

一、二重积分的概念

首先讨论如下两个例子，引出二重积分的概念.

例 1 求曲顶柱体的体积.

给定空间中一个立体，将其置于空间坐标系中，它的上面是由非负连续函数 $z=f(x,y)((x,y)\in D)$ 所确定的曲面，底面是 xOy 平面上由闭曲线 C 围成的有界闭区域 D，我们将这种立体称为曲顶柱体. 如图 6-21 所示.

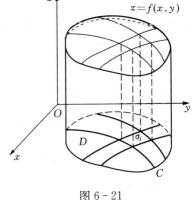

图 6-21

为了计算曲顶柱体的体积 V，用 xOy 平面上一组平面曲线网将区域 D 分成 n 个子区域

$$\sigma_1,\ \sigma_2,\ \cdots,\ \sigma_n,$$

$\Delta\sigma_i$ 表示第 i 个子区域的面积，这样每个子区域 $\sigma_i(i=1,2,\cdots,n)$ 就对应着一个小曲顶柱体（图 6-21），其体积记为 ΔV_i，以 σ_i 上任意一点 (ξ_i,η_i) 的函数值 $f(\xi_i,\eta_i)$ 为高的小平顶柱体体积 $f(\xi_i,\eta_i)\Delta\sigma_i$ 近似替代 ΔV_i，即

$$\Delta V_i\approx f(\xi_i,\eta_i)\Delta\sigma_i(i=1,2,\cdots,n),$$

从而，所求曲顶柱体体积的近似值为

$$V\approx\sum_{i=1}^{n}f(\xi_i,\eta_i)\Delta\sigma_i.$$

我们规定包含于子区域 σ_i 内的最长线段为该子区域的直径，其长度记作 $d_i(i=1,2,\cdots,n)$. 让分割无限加密，并使所有子区域直径的最大者 $d=\max\{d_1,d_2,\cdots,d_n\}$ 无限变小，也就是当 $d\to0$ 时，上述和式的极限就为曲顶柱体的体积，即

$$V=\lim_{d\to0}\sum_{i=1}^{n}f(\xi_i,\eta_i)\Delta\sigma_i.$$

例 2 求平面薄片构件的质量.

所谓平面薄片指的是其质量只与面积和密度有关，而与厚度无关的平面构件.

设一平面薄片构件在 xOy 平面上所占有的区域为 D，它在点 (x,y) 的密度是 $\rho(x,y)$，

这里 $\rho(x, y) > 0$，且在 D 上连续，现在要求平面薄片构件的质量 M. 显然，如果薄片构件是均匀的，即密度为常数，则

$$M = 密度 \times 面积,$$

但我们现在关心的薄片构件，其密度 $\rho(x, y)$ 是变量，因此不能直接用上面的公式求其质量.

按照求曲顶柱体体积的方法，将 D 分割成 n 个小薄片（图 6-22），

$$\sigma_1, \sigma_2, \cdots, \sigma_n,$$

$\Delta\sigma_i$ 表示第 i 块小薄片的面积，其质量记为 Δm_i，将小薄片 $\sigma_i(i=1, 2, \cdots, n)$ 视为均匀的，则 Δm_i 的近似值为

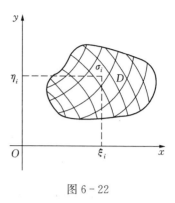

图 6-22

$$\Delta m_i \approx \rho(\xi_i, \eta_i)\Delta\sigma_i,$$

其中 (ξ_i, η_i) 是 σ_i 中任意一点，于是 M 的近似值为

$$M \approx \sum_{i=1}^{n} \rho(\xi_i, \eta_i)\Delta\sigma_i.$$

类似于例 1 的做法，当分割无限加密，并且使得小薄片 $\sigma_1, \sigma_2, \cdots, \sigma_n$ 中的最大直径 d 无限变小，也就是当 $d \to 0$ 时，上述和式的极限就是所求薄片构件的质量 M，即

$$M = \lim_{d \to 0} \sum_{i=1}^{n} \rho(\xi_i, \eta_i)\Delta\sigma_i.$$

上面两个问题的实际意义不同. 但最后都归结为计算同一形式和的极限. 于是抽象出二重积分的概念.

定义 1 设 $f(x, y)$ 是闭区域 D 上的有界函数，把区域 D 分割成 n 个子区域

$$\sigma_1, \sigma_2, \cdots, \sigma_n,$$

$\Delta\sigma_i(i=1, 2, \cdots, n)$ 表示这些子区域的面积，d_i 表示这些小区域的直径（包含于 σ_i 中最长线段的长度），记 $d = \max\{d_1, d_2, \cdots, d_n\}$，在 σ_i 上任取一点 (ξ_i, η_i)，作和式

$$\sum_{i=1}^{n} f(\xi_i, \eta_i)\Delta\sigma_i,$$

如果不论分割的方式如何，只要当 $d \to 0$ 时，此和式的极限存在，则称此极限值为函数 $f(x, y)$ 在区域 D 上的二重积分，而称 $f(x, y)$ 在区域 D 上可积，记二重积分为 $\iint\limits_{D} f(x, y)\mathrm{d}\sigma$，即

$$\iint\limits_{D} f(x, y)\mathrm{d}\sigma = \lim_{d \to 0} \sum_{i=1}^{n} f(\xi_i, \eta_i)\Delta\sigma_i,$$

其中 $f(x, y)$ 称为**被积函数**，x, y 称为**积分变量**，D 称为**积分区域**，$\mathrm{d}\sigma$ 称为**面积的微元**.

注意：由于二重积分是在任意分割下取得的极限，因此，当二重积分存在时，为了计算方便，我们采用分别平行 x 轴和 y 轴的两组直线分割区域 D，则 $\Delta\sigma_i = \Delta x_i \Delta y_i$，从而，面积的微元可表示为 $\mathrm{d}\sigma = \mathrm{d}x\mathrm{d}y$，于是，二重积分可表为 $\iint\limits_{D} f(x, y)\mathrm{d}x\mathrm{d}y$，即

$$\iint\limits_{D} f(x, y)\mathrm{d}\sigma = \iint\limits_{D} f(x, y)\mathrm{d}x\mathrm{d}y.$$

如果 $f(x, y) \geqslant 0$，此时二重积分 $\iint\limits_{D} f(x, y)\mathrm{d}x\mathrm{d}y$ 就是以 D 为底，以曲面 $z = f(x, y)$

为顶的曲顶柱体的体积.

如果 $f(x, y) \equiv 1$，则二重积分 $\iint\limits_{D} \mathrm{d}x\mathrm{d}y$ 就是区域 D 的面积.

二、二重积分的性质

二重积分有与定积分相类似的性质. 证明从略. 在下列二重积分的性质中，均假定考虑的二重积分在所讨论的区域上是可积的.

性质 1 常数可提到积分号外面. 即

$$\iint\limits_{D} kf(x, y)\mathrm{d}x\mathrm{d}y = k\iint\limits_{D} f(x, y)\mathrm{d}x\mathrm{d}y.$$

性质 2 两个函数和（或差）的二重积分等于这两个函数二重积分的和（或差），即

$$\iint\limits_{D} [f(x, y) \pm g(x, y)]\mathrm{d}x\mathrm{d}y = \iint\limits_{D} f(x, y)\mathrm{d}x\mathrm{d}y \pm \iint\limits_{D} g(x, y)\mathrm{d}x\mathrm{d}y.$$

性质 3 如果闭区域 D 被划分为有限个部分闭区域，则在 D 上的二重积分等于各个部分闭区域上的二重积分的和. 如 D 被划分为两个闭区域 D_1 和 D_2，则

$$\iint\limits_{D} f(x, y)\mathrm{d}x\mathrm{d}y = \iint\limits_{D_1} f(x, y)\mathrm{d}x\mathrm{d}y + \iint\limits_{D_2} f(x, y)\mathrm{d}x\mathrm{d}y.$$

性质 4 如果在 D 上有 $f(x, y) \leqslant g(x, y)$，则

$$\iint\limits_{D} f(x, y)\mathrm{d}x\mathrm{d}y \leqslant \iint\limits_{D} g(x, y)\mathrm{d}x\mathrm{d}y.$$

性质 5 设 M，m 分别是 $f(x, y)$ 在闭区域 D 上的最大值和最小值，σ 是 D 的面积，则

$$m\sigma \leqslant \iint\limits_{D} f(x, y)\mathrm{d}x\mathrm{d}y \leqslant M\sigma.$$

性质 6 设函数 $f(x, y)$ 在闭区域 D 上连续，则存在一点 $(\xi, \eta) \in D$，使得

$$\iint\limits_{D} f(x, y)\mathrm{d}x\mathrm{d}y = f(\xi, \eta)\sigma,$$

其中 σ 是区域 D 的面积.

三、二重积分的计算

从二重积分的定义看出，二重积分的定义本身就给出了计算二重积分的方法，即通过分割、近似作和、取极限就可计算二重积分，但是，这种方法是相当复杂的. 因此，我们必须找出一种既简单又实用的计算二重积分的方法，这就是将二重积分化为二次积分来计算的方法，即所谓的累次积分法（二次积分法）.

定理 1 如果函数 $f(x, y)$ 在矩形区域 $D = \{(x, y) \mid a \leqslant x \leqslant b, c \leqslant y \leqslant d\}$（图 6-23）上可积，且对任意 $x \in [a, b]$，定积分 $I(x) = \int_c^d f(x, y)\mathrm{d}y$ 存在，则二次积分

$$\int_a^b I(x)\mathrm{d}x = \int_a^b \left[\int_c^d f(x, y)\mathrm{d}y\right]\mathrm{d}x = \int_a^b \mathrm{d}x \int_c^d f(x, y)\mathrm{d}y$$

也存在，且有 $\iint\limits_{D}f(x,\ y)\mathrm{d}x\mathrm{d}y=\int_{a}^{b}\mathrm{d}x\int_{c}^{d}f(x,\ y)\mathrm{d}y.$

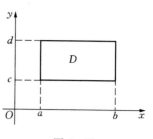

图 6 - 23

证明从略．

当 $f(x,\ y)$ 在区域 D 上连续时，则有

$$\iint\limits_{D}f(x,\ y)\mathrm{d}x\mathrm{d}y=\int_{a}^{b}\mathrm{d}x\int_{c}^{d}f(x,\ y)\mathrm{d}y=\int_{c}^{d}\mathrm{d}y\int_{a}^{b}f(x,\ y)\mathrm{d}x.$$

定理中的积分区域还可推广为如下两种情形．

情形 I　$D=\{(x,\ y)\,|\,a\leqslant x\leqslant b,\ \varphi_{1}(x)\leqslant y\leqslant\varphi_{2}(x)\}$，则 $f(x,\ y)$ 在 D 上的二重积分为

$$\iint\limits_{D}f(x,\ y)\mathrm{d}x\mathrm{d}y=\int_{a}^{b}\mathrm{d}x\int_{\varphi_{1}(x)}^{\varphi_{2}(x)}f(x,\ y)\mathrm{d}y.$$

区域 D 被称为 X -型区域．如图 6 - 24 所示．

情形 II　$D=\{(x,\ y)\,|\,\psi_{1}(x)\leqslant x\leqslant\psi_{2}(x),\ c\leqslant y\leqslant d\}$，则 $f(x,\ y)$ 在 D 上的二重积分为

$$\iint\limits_{D}f(x,\ y)\mathrm{d}x\mathrm{d}y=\int_{c}^{d}\mathrm{d}y\int_{\psi_{1}(y)}^{\psi_{2}(y)}f(x,\ y)\mathrm{d}x.$$

区域 D 被称为 Y -型区域．如图 6 - 25 所示．

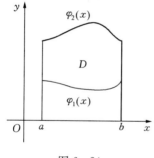

图 6 - 24

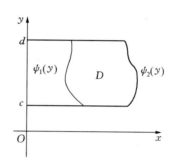

图 6 - 25

例 3　计算 $\iint\limits_{D}(1-x-y)\mathrm{d}x\mathrm{d}y$，其中 $D\{(x,\ y)\,|\,-1\leqslant x\leqslant1,\ -2\leqslant y\leqslant2\}$．

解　选择两种积分顺序计算此二重积分．先对 y 积分，则

$$\iint\limits_{D}(1-x-y)\mathrm{d}x\mathrm{d}y=\int_{-1}^{1}\mathrm{d}x\int_{-2}^{2}(1-x-y)\mathrm{d}y$$

$$=\int_{-1}^{1}\left(y-xy-\frac{y^{2}}{2}\right)\Big|_{-2}^{2}\mathrm{d}x=\int_{-1}^{1}(4-4x)\mathrm{d}x=8.$$

先对 x 积分，则

$$\iint\limits_{D}(1-x-y)\mathrm{d}x\mathrm{d}y=\int_{-2}^{2}\mathrm{d}y\int_{-1}^{1}(1-x-y)\mathrm{d}x$$

$$=\int_{-2}^{2}\left(x-\frac{x^{2}}{2}-yx\right)\Big|_{-1}^{1}\mathrm{d}y=\int_{-2}^{2}(2-2y)\mathrm{d}y=8.$$

例 4　计算 $\iint\limits_{D}x\mathrm{e}^{xy}\mathrm{d}x\mathrm{d}y$，其中 $D=\{(x,\ y)\,|\,0\leqslant x\leqslant1,\ 1\leqslant y\leqslant2\}$．

解　先对 y 积分，则

$$\iint_D x\mathrm{e}^{xy}\mathrm{d}x\mathrm{d}y = \int_0^1 \mathrm{d}x \int_1^2 x\mathrm{e}^{xy}\mathrm{d}y = \int_0^1 \mathrm{d}x \int_1^2 \mathrm{e}^{xy}\mathrm{d}(yx)$$

$$= \int_0^1 \mathrm{e}^{xy}\Big|_1^2 \mathrm{d}x = \int_0^1 (\mathrm{e}^{2x} - \mathrm{e}^x)\mathrm{d}x = \frac{1}{2}\mathrm{e}^2 - \mathrm{e} + \frac{1}{2}.$$

先对 x 积分，则

$$\iint_D x\mathrm{e}^{xy}\mathrm{d}x\mathrm{d}y = \int_1^2 \mathrm{d}y \int_0^1 x\mathrm{e}^{xy}\mathrm{d}x.$$

而

$$\int_0^1 x\mathrm{e}^{xy}\mathrm{d}x = \int_0^1 x\mathrm{d}\Big(\frac{1}{y}\mathrm{e}^{xy}\Big) = \Big(\frac{x}{y}\mathrm{e}^{xy}\Big)\Big|_0^1 - \frac{1}{y}\int_0^1 \mathrm{e}^{xy}\mathrm{d}x = \frac{1}{y}\mathrm{e}^y - \frac{1}{y^2}(\mathrm{e}^y - 1).$$

所以

$$\iint_D x\mathrm{e}^{xy}\mathrm{d}x\mathrm{d}y = \int_1^2 \frac{1}{y}\mathrm{e}^y\mathrm{d}y - \int_1^2 \frac{1}{y^2}\mathrm{e}^y\mathrm{d}y + \int_1^2 \frac{1}{y^2}\mathrm{d}y = \frac{1}{2}\mathrm{e}^2 - \mathrm{e} + \frac{1}{2}.$$

显然，在此例中若先对 x 积分，其计算要比先对 y 积分麻烦. 如何选取二次积分的次序使二重积分的计算更简便，这要具体问题具体分析对待. 一般说来，二次积分次序的选择取决于两个因素，即被积函数和积分区域，有时两种积分次序的计算难易程度没有区别，但有时却会大不一样，甚至有本质的不同.

例 5　将二重积分 $\iint_D f(x, y)\mathrm{d}x\mathrm{d}y$ 化为二次积分，积分区域 D 如图 6 - 26 所示.

解　视 D 为 X -型区域，则

$$\iint_D f(x, y)\mathrm{d}x\mathrm{d}y = \int_a^b \mathrm{d}x \int_a^x f(x, y)\mathrm{d}y + \int_b^{2b-a} \mathrm{d}x \int_a^{2b-x} f(x, y)\mathrm{d}y,$$

视 D 为 Y -型区域，则

$$\iint_D f(x, y)\mathrm{d}x\mathrm{d}y = \int_a^b \mathrm{d}y \int_y^{2b-y} f(x, y)\mathrm{d}x.$$

例 6　计算 $\iint_D xy\mathrm{d}x\mathrm{d}y$，其中 D 是由 $x^2 + y^2 \leqslant 1$，$x \geqslant 0$，$y \geqslant 0$ 所围成的区域，如图 6 - 27 所示.

解　视 D 为 X -型区域，则

$$\iint_D xy\mathrm{d}x\mathrm{d}y = \int_0^1 \mathrm{d}x \int_0^{\sqrt{1-x^2}} xy\mathrm{d}y = \frac{1}{2}\int_0^1 (x - x^3)\mathrm{d}x = \frac{1}{8}.$$

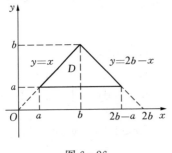

图 6 - 26

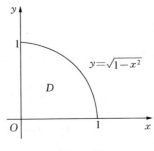

图 6 - 27

例 7 计算 $\iint\limits_{D}\dfrac{y}{x}\mathrm{d}x\mathrm{d}y$，其中 D 是由 $y=x$，$y=2x$，$x=2$，$x=4$ 所围成的区域. 如图 6-28 所示.

解 积分区域 D 是 X-型区域，所以

$$\iint\limits_{D}\frac{y}{x}\mathrm{d}x\mathrm{d}y=\int_{2}^{4}\mathrm{d}x\int_{x}^{2x}\frac{y}{x}\mathrm{d}y=\int_{2}^{4}\left(2x-\frac{x}{2}\right)\mathrm{d}x=9.$$

例 8 计算 $\iint\limits_{D}(x^2+y^2)\mathrm{d}x\mathrm{d}y$，其中 D 是由 $y=x$，$y=x+1$，$y=1$，$y=3$ 所围成的区域. 如图 6-29 所示.

解 积分区域 D 是 Y-型区域，所以

$$\iint\limits_{D}(x^2+y^2)\mathrm{d}x\mathrm{d}y=\int_{1}^{3}\mathrm{d}y\int_{y-1}^{y}(x^2+y^2)\mathrm{d}x=\int_{1}^{3}\left(2y^2-y+\frac{1}{3}\right)\mathrm{d}y=14.$$

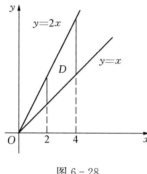

图 6-28

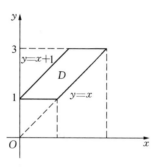

图 6-29

例 9 计算 $\iint\limits_{D}xy\mathrm{d}x\mathrm{d}y$，其中 D 是由 $y^2=x$，$y=x-2$ 所围成的区域. 如图 6-30 所示.

解 视积分区域 D 为 Y-型区域，所以

$$\iint\limits_{D}xy\mathrm{d}x\mathrm{d}y=\int_{-1}^{2}\mathrm{d}y\int_{y^2}^{y+2}xy\mathrm{d}x=\frac{1}{2}\int_{-1}^{2}\left[y(y+2)^2-y^5\right]\mathrm{d}y=\frac{45}{8}.$$

此题的积分区域也可看作 X-型区域，但计算较繁，留给读者思考.

例 10 计算 $\iint\limits_{D}\dfrac{\sin x}{x}\mathrm{d}x\mathrm{d}y$，其中 D 是由 $y=x$，$y=x^2$ 所围成的区域. 如图 6-31 所示.

解 将积分区域 D 视为 X-型区域，则

$$\iint\limits_{D}\frac{\sin x}{x}\mathrm{d}x\mathrm{d}y=\int_{0}^{1}\mathrm{d}x\int_{x^2}^{x}\frac{\sin x}{x}\mathrm{d}y=\int_{0}^{1}\frac{\sin x}{x}(x-x^2)\mathrm{d}x$$

$$=\int_{0}^{1}(\sin x-x\sin x)\mathrm{d}x=1-\sin 1.$$

注意：如果将例 10 的积分区域 D 看成 Y-型区域，则化成先对 x 后对 y 的二次积分，但是 $\dfrac{\sin x}{x}$ 的原函数不能用初等函数表示，因此计算不出二重积分的精确值.

综上所述，计算二重积分时，首先画出区域 D 的示意图，确定区域是什么型区域，然后根据区域的类型和被积函数确定二次积分的顺序，最后计算出二重积分.

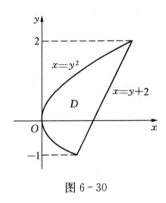

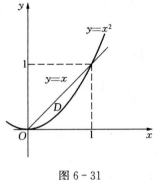

图 6-30   图 6-31

习 题 6-6

1. 先画出下列被积函数的积分区域草图,再计算积分值.

(1) $\int_0^3 \mathrm{d}x \int_0^2 (4-y^2)\mathrm{d}y$;

(2) $\int_0^3 \mathrm{d}x \int_{-2}^0 (x^2y-2xy)\mathrm{d}y$;

(3) $\int_0^\pi \mathrm{d}x \int_0^x x\sin y\mathrm{d}y$;

(4) $\int_1^2 \mathrm{d}y \int_y^{y^2} \mathrm{d}x$.

2. 将二重积分 $\iint\limits_D f(x, y)\mathrm{d}x\mathrm{d}y$ 按两种顺序化成二次积分,其中积分区域 D 分别为

(1) D 是由两个坐标轴及两条直线 $x=2$,$y=3$ 所围成的矩形区域;

(2) D 是由直线 $y=x$ 及抛物线 $y^2=4x$ 围成的区域;

(3) D 是由 $y=\ln x$,$y=0$ 及 $x=\mathrm{e}$ 所围成的区域;

(4) D 是由 $y=x$,$x=2$ 及 $y=\dfrac{1}{x}$ $(x>0)$ 所围成的区域.

3. 交换下列积分次序.

(1) $\int_1^3 \mathrm{d}x \int_2^4 f(x, y)\mathrm{d}y$;

(2) $\int_0^1 \mathrm{d}y \int_0^{2y} f(x, y)\mathrm{d}x$;

(3) $\int_0^4 \mathrm{d}x \int_{2\sqrt{x}}^{8-x} f(x, y)\mathrm{d}y$;

(4) $\int_0^1 \mathrm{d}y \int_{-\sqrt{1-y^2}}^{\sqrt{1-y^2}} f(x, y)\mathrm{d}x$;

(5) $\int_0^1 \mathrm{d}y \int_y^{\sqrt{y}} f(x, y)\mathrm{d}x$;

(6) $\int_0^1 \mathrm{d}y \int_0^{2y} f(x, y)\mathrm{d}x + \int_1^3 \mathrm{d}y \int_0^{3-y} f(x, y)\mathrm{d}x$.

4. 计算下列二重积分.

(1) $\iint\limits_D \mathrm{e}^{x+y}\mathrm{d}x\mathrm{d}y$, 其中 D 为由 $x=0$,$x=1$,$y=0$,$y=1$ 所围成的区域;

(2) $\iint\limits_D (3x+2y)\mathrm{d}x\mathrm{d}y$, 其中 D 为由两坐标轴及 $x+y=2$ 所围成的区域;

(3) $\iint\limits_D (x^2+y)\mathrm{d}x\mathrm{d}y$, 其中 D 为由两条抛物线 $y=x^2$,$y^2=x$ 所围成的区域;

(4) $\iint\limits_D xy\mathrm{d}x\mathrm{d}y$, 其中 D 为由 x 轴,直线 $y+x=2$ 及抛物线 $y=x^2$ 所围成的区域.

总　习　题　六

1. 填空题.

(1) 已知空间上两点的坐标分别为 $A(1,0,1)$，$B(1,1,1)$，求这两点的距离 $|AB| =$ _____；

(2) 设 $z = x\sin y$，则 $\left.\dfrac{\partial z}{\partial x}\right|_{\substack{x=1 \\ y=\pi}} =$ _____；

(3) $\lim\limits_{\substack{x\to 0 \\ y\to 0}}(x^2+y^2)\sin\dfrac{1}{x^2+y^2} =$ _____；

(4) 设 $z = xy + \dfrac{x}{y}$，则 $\mathrm{d}z =$ _____.

2. 在下列每题的四个选项中，选出一个正确的结论.

(1) 函数 $f(x,y)$ 在点 (x_0,y_0) 处连续，且两个偏导数 $f'_x(x_0,y_0)$、$f'_y(x_0,y_0)$ 存在是 $f(x,y)$ 在该点可微的(　　).

    (A)充分条件，但不是必要条件　　　　(B)必要条件，但不是充分条件

    (C)充分必要条件　　　　　　　　　　(D)既不是充分条件，也不是必要条件

(2) 偏导数 $f'_x(x_0,y_0)f'_y(x_0,y_0)$ 存在是 $f(x,y)$ 在点 (x_0,y_0) 处连续的(　　).

    (A)充分条件　　　　　　　　　　　　(B)必要条件

    (C)充要条件　　　　　　　　　　　　(D)既非充分也非必要条件

(3) 二元函数 $z = \sqrt{\ln\dfrac{4}{x^2+y^2}} + \arcsin\dfrac{1}{x^2+y^2}$ 的定义域是(　　).

    (A)$1 \leqslant x^2+y^2 \leqslant 4$　　　　　　(B)$1 < x^2+y^2 \leqslant 4$

    (C)$1 \leqslant x^2+y^2 < 4$　　　　　　(D)$1 < x^2+y^2 < 4$

(4) $\displaystyle\int_0^1\mathrm{d}x\int_0^{1-x}f(x,y)\mathrm{d}y = ($　　$)$.

    (A)$\displaystyle\int_0^{1-x}\mathrm{d}y\int_0^1 f(x,y)\mathrm{d}x$　　　　(B)$\displaystyle\int_0^1\mathrm{d}y\int_0^{1-x}f(x,y)\mathrm{d}x$

    (C)$\displaystyle\int_0^1\mathrm{d}y\int_0^1 f(x,y)\mathrm{d}x$　　　　(D)$\displaystyle\int_0^1\mathrm{d}y\int_0^{1-y}f(x,y)\mathrm{d}x$

3. 设 $f(x+y,x-y) = x^2+y^2-xy$，求 $f(x,y)$.

4. 讨论函数 $z = \dfrac{x+y}{x^3+y^3}$ 的连续性，并指出间断点类型.

5. 求下列函数的一阶偏导数.

(1) $z = x^{\ln y}$；(2) $u = f(x,xy,xyz)$，$z = \varphi(x,y)$.

6. 设 $z = x\ln(xy)$，求 $\dfrac{\partial^3 z}{\partial x^2 \partial y}$ 和 $\dfrac{\partial^3 z}{\partial x \partial y^2}$.

7. 验证：$z = \mathrm{e}^{-\left(\frac{1}{x}+\frac{1}{y}\right)}$，满足 $x^2\dfrac{\partial z}{\partial x} + y^2\dfrac{\partial z}{\partial y} = 2z$.

8. 设函数 $z = \dfrac{y}{x}$，当 $x=2$，$y=1$，$\Delta x = 0.1$，$\Delta y = -0.2$ 时，函数的全增量 Δz 全微

分 dz.

9. 求函数 $z=\ln(1+x^2+y^2)$ 当 $x=1$，$y=2$ 时的全微分．

10. 设 $z=ue^{\frac{v}{u}}$，而 $u=x^2+y^2$，$v=xy$，求 $\dfrac{\partial z}{\partial x}$，$\dfrac{\partial z}{\partial y}$.

11. 设 $z=f(x^2-y^2,\ e^{xy})$（其中 f 具有一阶连续偏导数），求 $\dfrac{\partial z}{\partial x}$，$\dfrac{\partial z}{\partial y}$.

12. 设 $z=f\left(x,\ \dfrac{x}{y}\right)$（其中 f 具有二阶连续偏导数），求 $\dfrac{\partial^2 z}{\partial x^2}$，$\dfrac{\partial^2 z}{\partial x\,\partial y}$，$\dfrac{\partial^2 z}{\partial y^2}$.

13. 设 $z^3-3xyz=a^3$，求 $\dfrac{\partial^2 z}{\partial x\,\partial y}$.

14. $\displaystyle\iint\limits_{D}(x^2-y^2)\mathrm{d}\sigma$，其中 D 是闭区域：$0\leqslant y\leqslant\sin x$，$0\leqslant x\leqslant\pi$.

15. 设函数 $z=f(u)$，方程 $u=\varphi(u)+\displaystyle\int_{y}^{x}p(t)\mathrm{d}t$ 确定 u 是 x，y 的函数，其中 $f(u)$，$\varphi(u)$ 可微，$p(t)$，$\varphi'(u)$ 连续，且 $\varphi'(u)\neq1$，求 $p(y)\dfrac{\partial z}{\partial x}+p(x)\dfrac{\partial z}{\partial y}$.

16. 设 $u=yf\left(\dfrac{x}{y}\right)+xg\left(\dfrac{y}{x}\right)$，其中函数 f，g 具有二阶连续导数，求 $x\dfrac{\partial^2 u}{\partial x^2}+y\dfrac{\partial^2 u}{\partial x\,\partial y}$.

17. 已知 $f(x,\ y)=x^2\arctan\dfrac{y}{x}-y^2\arctan\dfrac{x}{y}$，求 $\dfrac{\partial^2 f}{\partial x\,\partial y}$.

18. 设 $f(x,\ y)=\displaystyle\int_{0}^{xy}e^{-t^2}\mathrm{d}t$，求 $\dfrac{x}{y}\dfrac{\partial^2 f}{\partial x^2}-2\dfrac{\partial^2 f}{\partial x\,\partial y}+\dfrac{y}{x}\dfrac{\partial^2 f}{\partial y^2}$.

19. $xy=xf(z)+yg(z)$，$xf'(z)+yg'(z)\neq0$，其中 $z=z(x,\ y)$ 是 x 和 y 的函数，求证：$(x-g(z))\dfrac{\partial z}{\partial x}=(y-f(z))\dfrac{\partial z}{\partial y}$.

20. 设 $u+e^u=xy$，求 $\dfrac{\partial^2 u}{\partial x\,\partial y}$.

第七章　无穷级数

　　无穷级数是微积分理论的重要组成部分，它给出了非初等函数的一种表示方法，为研究函数关系及函数值的近似计算提供了有力的工具．简单地讲，级数就是无限多个对象的和，是有限和的推广，而极限是实现这种推广的纽带和桥梁．无穷级数分为数项级数和函数项级数两大类，本章主要讨论数项级数，然后介绍一个应用广泛的函数项级数，即幂级数．

第一节　数项级数的概念和基本性质

一、数项级数的概念

　　定义 1　给定一个数列

$$u_1,\ u_2,\ u_3,\ \cdots,\ u_n,\ \cdots,$$

称表达式

$$u_1 + u_2 + u_3 + \cdots + u_n + \cdots$$

为数项级数或无穷级数（也简称为级数），记为 $\sum\limits_{n=1}^{\infty} u_n$，　即

$$\sum_{n=1}^{\infty} u_n = u_1 + u_2 + u_3 + \cdots + u_n + \cdots,$$

其中，u_n 称为级数的第 n 项，也称为一般项或通项．

　　例如，级数

$$\sum_{n=1}^{\infty} \frac{1}{n} = 1 + \frac{1}{2} + \frac{1}{3} + \cdots + \frac{1}{n} + \cdots,$$

$$\sum_{n=1}^{\infty} \frac{1}{n(n+1)} = \frac{1}{1 \cdot 2} + \frac{1}{2 \cdot 3} + \cdots + \frac{1}{n \cdot (n+1)} + \cdots$$

的通项分别为 $\dfrac{1}{n}$ 和 $\dfrac{1}{n(n+1)}$．

　　定义 2　级数 $\sum\limits_{n=1}^{\infty} u_n$ 的前 n 项和

$$s_n = u_1 + u_2 + u_3 + \cdots + u_n = \sum_{k=1}^{n} u_k$$

称为该级数的部分和．如果部分和数列 $\{s_n\}$ 收敛，即 $\lim\limits_{n\to\infty} s_n = s$（有限数），则称级数 $\sum\limits_{n=1}^{\infty} u_n$ 收敛，并称 s 为级数的和，即

$$u_1 + u_2 + u_3 + \cdots + u_n + \cdots = \sum_{n=1}^{\infty} u_k = s.$$

如果级数的部分和数列 $\{s_n\}$ 发散，则称该级数发散，发散的级数没有和.

例 1 讨论首项为 a，且 $a \neq 0$，公比为 r 的等比级数

$$a + ar + ar^2 + \cdots + ar^{n-1} + \cdots = \sum_{n=1}^{\infty} ar^{n-1}$$

的敛散性.

解 级数 $\sum\limits_{n=1}^{\infty} ar^{n-1}$ 部分和为

$$s_n = a + ar + ar^2 + \cdots + ar^{n-1}.$$

当 $r \neq 1$ 时，$s_n = a\dfrac{1-r^n}{1-r}$.

当 $|r| < 1$ 时，有 $\lim\limits_{n \to \infty} s_n = \lim\limits_{n \to \infty} a\dfrac{1-r^n}{1-r} = \dfrac{a}{1-r}$，此时级数收敛，其和为 $\dfrac{a}{1-r}$，即

$$\sum_{n=1}^{\infty} ar^{n-1} = \frac{a}{1-r}.$$

当 $|r| > 1$ 时，有 $\lim\limits_{n \to \infty} s_n = \infty$，所以级数发散；

当 $r = 1$ 时，$s_n = na$，则 $\lim\limits_{n \to \infty} s_n = \infty$，从而级数发散；

当 $r = -1$ 时，部分和数列为

$$a, \ 0, \ a, \ 0, \ a, \ 0, \ \cdots,$$

显然，数列 $\{s_n\}$ 发散，此时，级数发散.

综上所述，等比级数 $\sum\limits_{n=1}^{\infty} ar^{n-1}$ 当 $|r| < 1$ 时，收敛，其和为 $\dfrac{a}{1-r}$；当 $|r| \geqslant 1$ 时，发散.

例 2 讨论级数 $\sum\limits_{n=1}^{\infty} \dfrac{1}{n(n+2)}$ 的敛散性.

解 因为 $\dfrac{1}{n(n+2)} = \dfrac{1}{2}\left(\dfrac{1}{n} - \dfrac{1}{n+2}\right)$，所以

$$s_n = \frac{1}{1 \cdot 3} + \frac{1}{2 \cdot 4} + \frac{1}{3 \cdot 5} + \cdots + \frac{1}{(n-1)(n+1)} + \frac{1}{n(n+2)}$$

$$= \frac{1}{2}\left(1 - \frac{1}{3}\right) + \frac{1}{2}\left(\frac{1}{2} - \frac{1}{4}\right) + \frac{1}{2}\left(\frac{1}{3} - \frac{1}{5}\right) + \cdots + \frac{1}{2}\left(\frac{1}{n-1} - \frac{1}{n+1}\right) + \frac{1}{2}\left(\frac{1}{n} - \frac{1}{n-2}\right)$$

$$= \frac{1}{2}\left(1 + \frac{1}{2} - \frac{1}{n+1} - \frac{1}{n-2}\right),$$

从而 $\lim\limits_{n \to \infty} s_n = \lim\limits_{n \to \infty} \dfrac{1}{2}\left(1 + \dfrac{1}{2} - \dfrac{1}{n+1} - \dfrac{1}{n-2}\right) = \dfrac{3}{4}$，故该级数收敛，其和为 $\dfrac{3}{4}$.

例 3 判别级数

$$\ln(1+1) + \ln\left(1 + \frac{1}{2}\right) + \cdots + \ln\left(1 + \frac{1}{n}\right) + \cdots$$

的敛散性.

解 因为 $\ln\left(1 + \dfrac{1}{n}\right) = \ln(n+1) - \ln n$，所以

$$s_n = \ln(1+1) + \ln\left(1 + \frac{1}{2}\right) + \cdots + \ln\left(1 + \frac{1}{n}\right)$$

$$= \ln 2 - \ln 1 + \ln 3 - \ln 2 + \cdots + \ln(n+1) - \ln n = \ln(n+1),$$

从而 $\lim\limits_{n\to\infty}s_n=\lim\limits_{n\to\infty}\ln(n+1)=+\infty$，于是该级数发散.

二、数项级数的基本性质

性质 1　如果级数 $\sum\limits_{n=1}^{\infty}u_n$ 收敛，其和为 s，则将级数 $\sum\limits_{n=1}^{\infty}u_n$ 各项乘以常数 c 所得到的级数 $\sum\limits_{n=1}^{\infty}cu_n$ 也收敛，其和为 cs.

证明　设级数 $\sum\limits_{n=1}^{\infty}u_n$，$\sum\limits_{n=1}^{\infty}cu_n$ 的部分和分别为 s_n，w_n，则

$$w_n=\sum_{k=1}^{n}cu_k=cu_1+cu_2+\cdots+cu_n=c(u_1+u_2+\cdots+u_n)=cs_n,$$

已知 $\lim\limits_{n\to\infty}s_n=s$，因此 $\lim\limits_{n\to\infty}w_n=\lim\limits_{n\to\infty}cs_n=cs$，于是，级数 $\sum\limits_{n=1}^{\infty}cu_n$ 收敛，其和为 cs.

推论　已知常数 $c\neq0$，则级数 $\sum\limits_{n=1}^{\infty}u_n$ 与 $\sum\limits_{n=1}^{\infty}cu_n$ 有相同的敛散性.

证明是容易的，留给读者自己完成. 此定理及推论可以概括为：将级数各项乘以非零常数，级数的敛散性不变. 若级数 $\sum\limits_{n=1}^{\infty}u_n$ 收敛，则有

$$\sum_{n=1}^{\infty}cu_n=c\sum_{n=1}^{\infty}u_n.$$

性质 2　若级数 $\sum\limits_{n=1}^{\infty}u_n$ 与 $\sum\limits_{n=1}^{\infty}v_n$ 都收敛，其和分别为 s_1 和 s_2，则级数 $\sum\limits_{n=1}^{\infty}(u_n\pm v_n)$ 也收敛，其和为 $s_1\pm s_2$，即

$$\sum_{n=1}^{\infty}(u_n\pm v_n)=\sum_{n=1}^{\infty}u_n\pm\sum_{n=1}^{\infty}v_n.$$

证明　已知 $\sum\limits_{n=1}^{\infty}u_n=s_1$，$\sum\limits_{n=1}^{\infty}v_n=s_2$，而

$$\sum_{k=1}^{n}(u_k\pm v_k)=\sum_{k=1}^{n}u_k\pm\sum_{k=1}^{n}v_k,$$

则 $\lim\limits_{n\to\infty}\sum\limits_{k=1}^{n}(u_k\pm v_k)=\lim\limits_{n\to\infty}\sum\limits_{k=1}^{n}u_k\pm\lim\limits_{n\to\infty}\sum\limits_{k=1}^{n}v_k=s_1\pm s_2$，所以级数 $\sum\limits_{n=1}^{\infty}(u_n\pm v_n)$ 收敛，其和为 $s_1\pm s_2$，即 $\sum\limits_{n=1}^{\infty}(u_n\pm v_n)=s_1\pm s_2$.

由性质 2 易得如下推论.

推论　如果级数 $\sum\limits_{n=1}^{\infty}u_n$ 收敛，而级数 $\sum\limits_{n=1}^{\infty}v_n$ 发散，则级数 $\sum\limits_{n=1}^{\infty}(u_n\pm v_n)$ 发散.

例 4　级数 $\sum\limits_{n=1}^{\infty}\dfrac{2+(-1)^n}{\mathrm{e}^n}$ 是否收敛？若收敛，求其和.

解　由例 1 知，级数 $\sum\limits_{n=1}^{\infty}\dfrac{2}{\mathrm{e}^n}$ 与 $\sum\limits_{n=1}^{\infty}\dfrac{(-1)^n}{\mathrm{e}^n}$ 均收敛，且

$$\sum_{n=1}^{\infty} \frac{2}{e^n} = \frac{\dfrac{2}{e}}{1 - \dfrac{1}{e}} = \frac{2}{e-1}; \quad \sum_{n=1}^{\infty} \frac{(-1)^n}{e^n} = \frac{-\dfrac{1}{e}}{1 - \left(-\dfrac{1}{e}\right)} = -\frac{1}{e+1},$$

应用性质 2 得，级数 $\displaystyle\sum_{n=1}^{\infty} \frac{2+(-1)^n}{e^n}$ 收敛，且

$$\sum_{n=1}^{\infty} \frac{2+(-1)^n}{e^n} = \sum_{n=1}^{\infty} \frac{2}{e^n} + \sum_{n=1}^{\infty} \frac{(-1)^n}{e^n} = \frac{2}{e-1} - \frac{1}{e+1} = \frac{e+3}{e^2-1}.$$

性质 3 如果级数 $\displaystyle\sum_{n=1}^{\infty} u_n$ 收敛，则 $\displaystyle\lim_{n\to\infty} u_n = 0$.

证明 设级数 $\displaystyle\sum_{n=1}^{\infty} u_n$ 的部分和为 s_n，和为 s，则

$$s_n = u_1 + u_2 + \cdots + u_{n-1} + u_n, \quad s_{n-1} = u_1 + u_2 + \cdots + u_{n-1},$$

于是，$u_n = s_n - s_{n-1}$，从而

$$\lim_{n\to\infty} u_n = \lim_{n\to\infty} (s_n - s_{n-1}) = s - s = 0.$$

性质 3 指出：如果级数 $\displaystyle\sum_{n=1}^{\infty} u_n$ 收敛，则它的一般项 $u_n \to 0 (n\to\infty)$，即 $u_n \to 0 (n\to\infty)$ 是级数收敛的必要条件. 注意性质 3 的逆否命题为：如 $\displaystyle\lim_{n\to\infty} u_n \neq 0$，则级数 $\displaystyle\sum_{n=1}^{\infty} u_n$ 发散. 利用 $\displaystyle\lim_{n\to\infty} u_n \neq 0$ 来判断级数 $\displaystyle\sum_{n=1}^{\infty} u_n$ 的发散性是很方便的.

例如，级数 $\displaystyle\sum_{n=1}^{\infty} \frac{n}{2n+1}$ 是发散的，因为 $\displaystyle\lim_{n\to\infty} \frac{n}{2n+1} = \frac{1}{2} \neq 0$. 级数 $\displaystyle\sum_{n=1}^{\infty} (-1)^{n-1}$ 也是发散的，因为数列 $\{(-1)^{n-1}\} (n\to\infty)$ 不存在极限.

必须注意，如果 $\displaystyle\lim_{n\to\infty} u_n = 0$，并不能判断级数 $\displaystyle\sum_{n=1}^{\infty} u_n$ 收敛，如例 3 中，尽管 $\displaystyle\lim_{n\to\infty} \ln\frac{n+1}{n} = 0$，但 $\displaystyle\sum_{n=1}^{\infty} \ln\frac{n+1}{n}$ 是发散的. 即 $\displaystyle\lim_{n\to\infty} u_n = 0$ 只是级数 $\displaystyle\sum_{n=1}^{\infty} u_n$ 收敛的必要条件，而非充分条件.

性质 4 在级数 $\displaystyle\sum_{n=1}^{\infty} u_n$ 前去掉、增添或改变有限项，不改变原级数的敛散性.

证明 设两个级数

$$u_1 + u_2 + \cdots + u_k + u_{k+1} + u_{k+2} + \cdots + u_{k+m} + \cdots = \sum_{n=1}^{\infty} u_n;$$

$$u_{k+1} + u_{k+2} + \cdots + u_{k+m} + \cdots = \sum_{m=1}^{\infty} u_{k+m},$$

显然，级数 $\displaystyle\sum_{m=1}^{\infty} u_{k+m}$ 是级数 $\displaystyle\sum_{n=1}^{\infty} u_n$ 去掉前面的 k 项而得的级数，记

$$M = u_1 + u_2 + \cdots + u_k; \quad s'_m = u_{k+1} + u_{k+2} + \cdots + u_{k+m},$$

则级数 $\displaystyle\sum_{n=1}^{\infty} u_n$ 前 $k+m$ 项的和为

$$s_{k+m} = u_1 + u_2 + \cdots + u_k + u_{k+1} + u_{k+2} + \cdots + u_{k+m} = M + s'_m.$$

当 $m \to \infty$ 时，$\{s_{k+m}\}$ 与 $\{s'_m\}$ 有相同的敛散性，所以，级数 $\sum\limits_{n=1}^{\infty} u_n$ 与 $\sum\limits_{m=1}^{\infty} u_{k+m}$ 有相同的敛散性.

注意，添加或去掉级数 $\sum\limits_{n=1}^{\infty} u_n$ 的有限项可以在任意的位置实施，级数 $\sum\limits_{n=1}^{\infty} u_n$ 的敛散性均不改变，但如果级数收敛，其和一般是要变的. 如等比级数 $1 + \dfrac{1}{2} + \dfrac{1}{4} + \dfrac{1}{8} + \dfrac{1}{16} + \cdots$ 去掉前面两项的级数为 $\dfrac{1}{4} + \dfrac{1}{8} + \dfrac{1}{16} + \cdots$，这两个级数的和分别为 2 和 $\dfrac{1}{2}$.

性质 5 若级数 $\sum\limits_{n=1}^{\infty} u_n$ 收敛，则不改变级数各项的顺序任意加括号后新的级数
$$(u_1 + u_2 + \cdots + u_{i_1}) + (u_{i_1+1} + \cdots + u_{i_2}) + \cdots$$
仍为收敛级数，且其和不变.

证明从略. 但要注意，如果存在某种加括号的方式使级数收敛，并不能断定未加括号的级数也收敛. 例如，级数
$$1 - 1 + 1 - 1 + \cdots + (-1)^{n+1} + \cdots$$
加括号后成为
$$(1-1) + (1-1) + (1-1) + \cdots,$$
它收敛于零，但原来未加括号的级数是发散的.

利用性质 5 的逆否命题可知，如果某种加括号的方式使级数发散，则去掉括号的级数也发散. 例如，将级数
$$\sum_{n=1}^{\infty} \frac{1}{n} = 1 + \frac{1}{2} + \frac{1}{3} + \frac{1}{4} + \cdots + \frac{1}{n} + \cdots$$
按下面的方法加括号
$$1 + \frac{1}{2} + \left(\frac{1}{3} + \frac{1}{4}\right) + \left(\frac{1}{5} + \frac{1}{6} + \frac{1}{7} + \frac{1}{8}\right) + \left(\frac{1}{9} + \frac{1}{10} + \frac{1}{11} + \frac{1}{12} + \frac{1}{13} + \frac{1}{14} + \frac{1}{15} + \frac{1}{16}\right) + \cdots +$$
$$\left(\frac{1}{2^k+1} + \frac{1}{2^k+2} + \cdots + \frac{1}{2^{k+1}}\right) + \cdots,$$
就得到一个新的级数 $\sum\limits_{n=1}^{\infty} v_n$，其第一、第二项分别为 $v_1 = 1$，$v_2 = \dfrac{1}{2}$，第三项后的各项为
$$v_n = \frac{1}{2^{n-2}+1} + \frac{1}{2^{n-2}+2} + \cdots + \frac{1}{2^{n-1}},$$
从第三项起的每一项 v_n 是 2^{n-2} 个不小于 $\dfrac{1}{2^{n-1}}$ 的数之和，所以
$$v_n = \frac{1}{2^{n-2}+1} + \frac{1}{2^{n-2}+2} + \cdots + \frac{1}{2^{n-1}} \geqslant 2^{n-2} \cdot \frac{1}{2^{n-1}} = \frac{1}{2} \, (n=3, \ 4, \ 5, \ \cdots),$$
从而级数 $\sum\limits_{n=1}^{\infty} v_n$ 的部分和
$$s_n = v_1 + v_2 + \cdots + v_n \geqslant 1 + \frac{n-1}{2} = \frac{n+1}{2},$$
即 $\lim\limits_{n \to \infty} s_n = +\infty$，故级数 $\sum\limits_{n=1}^{\infty} v_n$ 发散，由性质 5 得，级数 $\sum\limits_{n=1}^{\infty} \dfrac{1}{n}$ 发散. 通常级数 $\sum\limits_{n=1}^{\infty} \dfrac{1}{n}$ 又被称为**调和级数**.

习 题 7-1

1. 设 $a_n = \dfrac{1 \cdot 3 \cdots (2n-1)}{2 \cdot 4 \cdots 2n}$，求 $\sum\limits_{n=1}^{5} a_n$．

2. 设 $a_n = \dfrac{n!}{n^n}$，求 $\sum\limits_{n=1}^{5} a_n$．

3. 设级数为 $\dfrac{\sqrt{x}}{2} + \dfrac{x}{2 \cdot 4} + \dfrac{x\sqrt{x}}{2 \cdot 4 \cdot 6} + \cdots$，求 a_n．

4. 设级数为 $\dfrac{a^2}{3} - \dfrac{a^3}{5} + \dfrac{a^4}{7} - \dfrac{a^5}{9} + \cdots$，求 a_n．

5. 设级数为 $1 + \dfrac{1}{2} + 3 + \dfrac{1}{4} + 5 + \dfrac{1}{6} + \cdots$，求 a_n．

6. 由定义判别级数 $\dfrac{1}{1 \cdot 3} + \dfrac{1}{3 \cdot 5} + \dfrac{1}{5 \cdot 7} + \cdots + \dfrac{1}{(2n-1)(2n+1)} + \cdots$ 的敛散性．

7. 判别下列级数的敛散性．

(1) $\dfrac{1}{3} + \dfrac{1}{6} + \dfrac{1}{9} + \cdots + \dfrac{1}{3n} + \cdots$；

(2) $\left(\dfrac{1}{2} + \dfrac{1}{3}\right) + \left(\dfrac{1}{2^2} + \dfrac{1}{3^2}\right) + \left(\dfrac{1}{2^3} + \dfrac{1}{3^3}\right) + \cdots + \left(\dfrac{1}{2^n} + \dfrac{1}{3^n}\right) + \cdots$；

(3) $\dfrac{1}{2} + \dfrac{1}{10} + \dfrac{1}{4} + \dfrac{1}{20} + \cdots + \dfrac{1}{2^n} + \dfrac{1}{10n} + \cdots$．

8. 判断下列级数的敛散性，若级数收敛求其和．

(1) $\sum\limits_{n=1}^{\infty} \dfrac{1}{3^n}$；(2) $\sum\limits_{n=1}^{\infty} (\sqrt{n+1} - \sqrt{n})$；(3) $\sum\limits_{n=1}^{\infty} \dfrac{3^n}{2^n}$；(4) $\sum\limits_{n=1}^{\infty} \dfrac{n}{2n-1}$．

第二节　正项级数与交错级数

一、正项级数

定义 1　如果 $u_n \geqslant 0 (n=1, 2, \cdots)$，则称级数

$$\sum_{n=1}^{\infty} u_n = u_1 + u_2 + \cdots + u_n + \cdots$$

为正项级数．

定理 1　正项级数 $\sum\limits_{n=1}^{\infty} u_n$ 收敛的充分必要条件是其部分和数列 $\{s_n\}$ 有上界，即存在 $M > 0$，使得

$$s_n \leqslant M (n=1, 2, \cdots).$$

证明从略．此定理是判断正项级数敛散性的基本定理．由此定理出发，可导出判别正项级数敛散性的常用的判别法．

例 1　讨论广义调和级数（又称 p-级数）

$$\sum_{n=1}^{\infty} \frac{1}{n^p} = 1 + \frac{1}{2^p} + \frac{1}{3^p} + \cdots + \frac{1}{n^p} + \cdots$$

的敛散性，其中 p 为任意的实数．

解　(1) 当 $p=1$ 时，此级数为调和级数，级数发散．

(2) 当 $p<1$ 时，因为 $\frac{1}{n^p} > \frac{1}{n}$，所以

$$s_n = 1 + \frac{1}{2^p} + \frac{1}{3^p} + \cdots + \frac{1}{n^p} > 1 + \frac{1}{2} + \frac{1}{3} + \cdots + \frac{1}{n} = s_n',$$

由调和级数的讨论可知，$\lim\limits_{n \to \infty} s_n' = +\infty$，所以 $\{s_n'\}$ 无界，从而 $\{s_n\}$ 也无上界，由定理 1 得，当 $p<1$ 时，广义调和级数 $\sum\limits_{n=}^{\infty} \frac{1}{n^p}$ 发散．

(3) 当 $p>1$ 时，对任意的自然数 n，总有 $2^k > n$（只要 k 充分大），这样

$$s_n = 1 + \frac{1}{2^p} + \frac{1}{3^p} + \frac{1}{4^p} + \frac{1}{5^p} + \frac{1}{6^p} + \frac{1}{7^p} + \frac{1}{8^p} + \cdots + \frac{1}{n^p}$$

$$\leqslant 1 + \left(\frac{1}{2^p} + \frac{1}{3^p} \right) + \left(\frac{1}{4^p} + \frac{1}{5^p} + \frac{1}{6^p} + \frac{1}{7^p} \right) + \cdots + \left[\frac{1}{(2^{k-1})^p} + \cdots + \frac{1}{(2^k-1)^p} \right]$$

$$< 1 + \left(\frac{1}{2^p} + \frac{1}{2^p} \right) + \left(\frac{1}{4^p} + \frac{1}{4^p} + \frac{1}{4^p} + \frac{1}{4^p} \right) + \cdots + \left[\frac{1}{(2^{k-1})^p} + \cdots + \frac{1}{(2^{k-1})^p} \right]$$

$$= 1 + \frac{2}{2^p} + \frac{4}{4^p} + \cdots + \frac{2^{k-1}}{(2^{k-1})^p} = 1 + \frac{1}{2^{p-1}} + \frac{1}{4^{p-1}} + \cdots + \frac{1}{(2^{k-1})^{p-1}}$$

$$= 1 + \frac{1}{2^{p-1}} + \left(\frac{1}{2^{p-1}} \right)^2 + \cdots + \left(\frac{1}{2^{p-1}} \right)^{k-1} = \frac{1 - \left(\frac{1}{2^{p-1}} \right)^{k-1+1}}{1 - \frac{1}{2^{p-1}}} < \frac{2^{p-1}}{2^{p-1}-1}.$$

这说明级数 $\sum\limits_{n=}^{\infty} \frac{1}{n^p}$ 的部分和数列有上界，由定理 1 得，该级数收敛．

定理 2（比较判别法）　设有两个正项级数 $\sum\limits_{n=1}^{\infty} u_n$ 与 $\sum\limits_{n=1}^{\infty} v_n$，且有 $u_n \leqslant v_n$（$n=1$，2，3，$\cdots$），则

(1) 若级数 $\sum\limits_{n=1}^{\infty} v_n$ 收敛，级数 $\sum\limits_{n=1}^{\infty} u_n$ 也收敛；

(2) 若级数 $\sum\limits_{n=1}^{\infty} u_n$ 发散，级数 $\sum\limits_{n=1}^{\infty} v_n$ 也发散．

证明　(1) 设级数 $\sum\limits_{n=1}^{\infty} u_n$ 与 $\sum\limits_{n=1}^{\infty} v_n$ 的部分和数列分别为 $\{s_n\}$ 和 $\{s_n'\}$，由已知条件 $u_n \leqslant v_n$（$n=1$，2，3，$\cdots$）得

$$s_n = \sum_{k=1}^{n} u_k \leqslant \sum_{k=1}^{n} v_k = s_n',$$

即 $s_n \leqslant s_n'$（$n=1$，2，3，$\cdots$），又级数 $\sum\limits_{n=1}^{\infty} v_n$ 收敛，则极限 $\lim\limits_{n \to \infty} s_n'$ 存在，应用第一章总习题一第 14 题的结果知，$\{s_n'\}$ 有上界，于是存在 $M>0$，使得

$$s_n \leqslant s_n' < M(n=1, 2, 3, \cdots),$$

这说明 $\{s_n\}$ 有上界，从而得级数 $\sum\limits_{n=1}^{\infty} u_n$ 收敛.

(2) 反证法. 假设级数 $\sum\limits_{n=1}^{\infty} v_n$ 收敛，则由(1)可得，级数 $\sum\limits_{n=1}^{\infty} u_n$ 也收敛，这和已知条件相矛盾. 所以，级数 $\sum\limits_{n=1}^{\infty} v_n$ 发散.

推论 设有两个正项级数 $\sum\limits_{n=1}^{\infty} u_n$ 与 $\sum\limits_{n=1}^{\infty} v_n$ $(v_n>0, n=1, 2, 3, \cdots)$，如果有 $\lim\limits_{n\to\infty} \dfrac{u_n}{v_n} = k$，则

(1) 当 $0<k<+\infty$ 时，级数 $\sum\limits_{n=1}^{\infty} u_n$ 与 $\sum\limits_{n=1}^{\infty} v_n$ 同时收敛或同时发散；

(2) 当 $k=0$ 时，由级数 $\sum\limits_{n=1}^{\infty} v_n$ 收敛可推得级数 $\sum\limits_{n=1}^{\infty} u_n$ 也收敛；

(3) 当 $k=+\infty$ 时，由级数 $\sum\limits_{n=1}^{\infty} v_n$ 发散可推得级数 $\sum\limits_{n=1}^{\infty} u_n$ 也发散.

证明 (1) 已知 $\lim\limits_{n\to\infty} \dfrac{u_n}{v_n} = k$，且 $0<k<+\infty$，根据极限的定义，对 $\varepsilon = \dfrac{k}{2} > 0$，存在正整数 N，当 $n>N$ 时，有

$$\left| \frac{u_n}{v_n} - k \right| < \frac{k}{2},$$

即 $\dfrac{k}{2} v_n < u_n < \dfrac{3k}{2} v_n$，由定理 2 得，级数 $\sum\limits_{n=1}^{\infty} u_n$ 与 $\sum\limits_{n=1}^{\infty} v_n$ 同时收敛或同时发散.

(2) 当 $k=0$ 时，由于 $\lim\limits_{n\to\infty} \dfrac{u_n}{v_n} = 0$，根据极限的定义，对 $\varepsilon = 1 > 0$，存在正整数 N，当 $n>N$ 时，有

$$\left| \frac{u_n}{v_n} - 0 \right| < 1,$$

即 $u_n < v_n$，由定理 2 得，由级数 $\sum\limits_{n=1}^{\infty} v_n$ 收敛可推得级数 $\sum\limits_{n=1}^{\infty} u_n$ 也收敛.

(3) 当 $k=+\infty$ 时，由于 $\lim\limits_{n\to\infty} \dfrac{u_n}{v_n} = +\infty$，根据无穷大的定义，对 $M=1>0$，存在正整数 N，当 $n>N$ 时，有

$$\frac{u_n}{v_n} > 1,$$

即 $u_n > v_n$，由定理 2 得，由级数 $\sum\limits_{n=1}^{\infty} v_n$ 发散可推得级数 $\sum\limits_{n=1}^{\infty} u_n$ 也发散.

定理 3 设 $\sum\limits_{n=1}^{\infty} u_n$ 是正项级数，如果 $\lim\limits_{n\to\infty} \sqrt[n]{u_n} = k$，则

(1) 当 $k<1$ 时，级数 $\sum\limits_{n=1}^{\infty} u_n$ 收敛；

（2）当 $k>1$ 时，级数 $\displaystyle\sum_{n=1}^{\infty}u_n$ 发散；

（3）当 $k=1$ 时，级数 $\displaystyle\sum_{n=1}^{\infty}u_n$ 的敛散性不能确定.

证明　（1）已知 $\displaystyle\lim_{n\to\infty}\sqrt[n]{u_n}=k$，且 $k<1$，则 $\dfrac{1}{2}(1+k)<1$，$\dfrac{1}{2}(1-k)>0$，根据极限的定义，对 $\varepsilon=\dfrac{1}{2}(1-k)>0$，存在正整数 N，当 $n>N$ 时，有

$$|\sqrt[n]{u_n}-k|<\frac{1}{2}(1-k),$$

即 $-\dfrac{1}{2}(1-k)<\sqrt[n]{u_n}-k<\dfrac{1}{2}(1-k)$，从而得 $\sqrt[n]{u_n}<\dfrac{1}{2}(1+k)<1$，令 $r=\dfrac{1}{2}(1+k)$，有

$$u_n<r^n,$$

由本章第一节例 1 知，级数 $\displaystyle\sum_{n=1}^{\infty}r^n$ 收敛，应用定理 2 和上述不等式得，级数 $\displaystyle\sum_{n=1}^{\infty}u_n$ 收敛.

（2）当 $k>1$ 时，有 $\dfrac{1}{2}(k-1)>0$，$\dfrac{1}{2}(1+k)>1$，由于 $\displaystyle\lim_{n\to\infty}\sqrt[n]{u_n}=k$，根据极限的定义，对 $\varepsilon=\dfrac{1}{2}(k-1)>0$，存在正整数 N，当 $n>N$ 时，有

$$|\sqrt[n]{u_n}-k|<\frac{1}{2}(k-1),$$

即 $-\dfrac{1}{2}(k-1)<\sqrt[n]{u_n}-k<\dfrac{1}{2}(k-1)$，从而得

$$\sqrt[n]{u_n}>k-\frac{1}{2}(k-1)=\frac{1}{2}(1+k)>1,$$

故 $u_n>1$，所以 $\displaystyle\lim_{n\to\infty}u_n\neq0$，由本章第一节性质 3 得，级数 $\displaystyle\sum_{n=1}^{\infty}u_n$ 发散.

（3）如级数 $\displaystyle\sum_{n=1}^{\infty}\dfrac{1}{n}$ 与 $\displaystyle\sum_{n=1}^{\infty}\dfrac{1}{n^2}$，虽然有 $\displaystyle\lim_{n\to\infty}\sqrt[n]{\dfrac{1}{n}}=1$，$\displaystyle\lim_{n\to\infty}\sqrt[n]{\dfrac{1}{n^2}}=1$（因为 $\displaystyle\lim_{n\to\infty}\sqrt[n]{n}=1$，这是第三章习题 3-2 第 3 题的结论），但是，级数 $\displaystyle\sum_{n=1}^{\infty}\dfrac{1}{n}$ 发散，而级数 $\displaystyle\sum_{n=1}^{\infty}\dfrac{1}{n^2}$ 收敛，所以，当 $k=1$ 时，级数 $\displaystyle\sum_{n=1}^{\infty}u_n$ 的敛散性不能确定.

此判别法又称为柯西判别法.

定理 4　设 $\displaystyle\sum_{n=1}^{\infty}u_n$ 是正项级数，且 $u_n>0(n=1,2,3,\cdots)$，如果 $\displaystyle\lim_{n\to\infty}\dfrac{u_{n+1}}{u_n}=k$，则

（1）当 $k<1$ 时，级数 $\displaystyle\sum_{n=1}^{\infty}u_n$ 收敛；

（2）当 $k>1$ 时，级数 $\displaystyle\sum_{n=1}^{\infty}u_n$ 发散；

（3）当 $k=1$ 时，级数 $\displaystyle\sum_{n=1}^{\infty}u_n$ 的敛散性不能确定.

证明 (1) 已知 $\lim\limits_{n\to\infty}\dfrac{u_{n+1}}{u_n}=k$，当 $k<1$ 时，有 $\dfrac{1}{2}(1+k)<1$，$\dfrac{1}{2}(1-k)>0$，根据极限的定义，对 $\varepsilon=\dfrac{1}{2}(1-k)>0$，存在正整数 N，当 $n>N$ 时，有

$$\left|\frac{u_{n+1}}{u_n}-k\right|<\frac{1}{2}(1-k),$$

即 $-\dfrac{1}{2}(1-k)+k<\dfrac{u_{n+1}}{u_n}<\dfrac{1}{2}(1-k)+k$，从而 $\dfrac{u_{n+1}}{u_n}<\dfrac{1}{2}(1+k)<1$，令 $r=\dfrac{1}{2}(1+k)<1$，则

$$\frac{u_{n+1}}{u_n}<r\,(n>N),$$

为了表达方便，不妨认为当 $n\geqslant N=1$ 时，上式也成立，则有

$$u_2<ru_1,\ u_3<r^2u_1,\ u_4<r^3u_1,\ \cdots,\ u_n<r^{n-1}u_1,\ \cdots,$$

由本章第一节例 1 知，级数 $\sum\limits_{n=1}^{\infty}r^{n-1}u_1$ 收敛，所以，级数 $\sum\limits_{n=1}^{\infty}u_n$ 收敛．

(2) 当 $k>1$ 时，有 $\dfrac{1}{2}(k-1)>0$，$\dfrac{1}{2}(1+k)>1$，由于 $\lim\limits_{n\to\infty}\dfrac{u_{n+1}}{u_n}=k$，根据极限的定义，对 $\varepsilon=\dfrac{1}{2}(k-1)>0$，存在正整数 N，当 $n>N$ 时，有

$$\left|\frac{u_{n+1}}{u_n}-k\right|<\frac{1}{2}(k-1),$$

即 $-\dfrac{1}{2}(k-1)+k<\dfrac{u_{n+1}}{u_n}<\dfrac{1}{2}(k-1)+k$，从而得

$$\frac{u_{n+1}}{u_n}>-\frac{1}{2}(k-1)+k=\frac{1}{2}(1+k)>1,$$

故 $u_{n+1}>u_n$．于是，$\{u_n\}$ 为递增的正项数列，所以 $\lim\limits_{n\to\infty}u_n\neq0$，由本章第一节性质 3 得，级数 $\sum\limits_{n=1}^{\infty}u_n$ 发散．

(3) 如级数 $\sum\limits_{n=1}^{\infty}\dfrac{1}{n}$ 与 $\sum\limits_{n=1}^{\infty}\dfrac{1}{n^2}$，虽然有

$$\lim_{n\to\infty}\frac{\dfrac{1}{n+1}}{\dfrac{1}{n}}=1,\ \lim_{n\to\infty}\frac{\dfrac{1}{(n+1)^2}}{\dfrac{1}{n^2}}=1,$$

但是，级数 $\sum\limits_{n=1}^{\infty}\dfrac{1}{n}$ 发散，而级数 $\sum\limits_{n=1}^{\infty}\dfrac{1}{n^2}$ 收敛，所以，当 $k=1$ 时，级数 $\sum\limits_{n=1}^{\infty}u_n$ 的敛散性不能确定．

此判别法又称为达朗贝尔判别法（达朗贝尔：D'Alembert, J. L. 法国数学家，1717—1783）．

例 2 判别下列级数的敛散性．

(1) $\sum\limits_{n=1}^{\infty}\dfrac{1}{(n+2)\sqrt[3]{n}}$；(2) $\sum\limits_{n=1}^{\infty}\dfrac{\tan\left(\dfrac{\pi}{4}+\dfrac{\pi}{n+4}\right)}{n}$．

解　(1) 因为

$$\lim_{n\to\infty}\frac{\dfrac{1}{(n+2)\sqrt[3]{n}}}{\dfrac{1}{n\sqrt[3]{n}}}=\lim_{n\to\infty}\frac{n}{n+2}=1,$$

而级数 $\displaystyle\sum_{n=1}^{\infty}\frac{1}{n\sqrt[3]{n}}$ 是 p - 级数, 且 $p=\dfrac{4}{3}>1$, 即 $\displaystyle\sum_{n=1}^{\infty}\frac{1}{n\sqrt[3]{n}}$ 收敛, 由定理 2 得, 级数 $\displaystyle\sum_{n=1}^{\infty}\frac{1}{(n+2)\sqrt[3]{n}}$ 也收敛.

(2) 因为

$$\lim_{n\to\infty}\frac{\dfrac{\tan\left(\dfrac{\pi}{4}+\dfrac{\pi}{n+4}\right)}{n}}{\dfrac{1}{n}}=\lim_{n\to\infty}\tan\left(\frac{\pi}{4}+\frac{\pi}{n+4}\right)=1,$$

而级数 $\displaystyle\sum_{n=1}^{\infty}\frac{1}{n}$ 发散, 由定理 2 得, 级数 $\displaystyle\sum_{n=1}^{\infty}\frac{\tan\left(\dfrac{\pi}{4}+\dfrac{\pi}{n+4}\right)}{n}$ 发散.

例 3　判别级数 $\displaystyle\sum_{n=1}^{\infty}\frac{n!}{n^n}$ 的敛散性.

解　因为

$$\lim_{n\to\infty}\frac{u_{n+1}}{u_n}=\lim_{n\to\infty}\frac{(n+1)n^n}{(n+1)^{n+1}}=\frac{1}{e}<1,$$

由达朗贝尔判别法得, 级数 $\displaystyle\sum_{n=1}^{\infty}\frac{n!}{n^n}$ 收敛.

二、交错级数

定义 2　若 $u_n>0(n=1,2,3,\cdots)$, 则称级数

$$u_1-u_2+u_3-u_4+\cdots+(-1)^{n+1}u_n+\cdots=\sum_{n=1}^{\infty}(-1)^{n+1}u_n$$

为交错级数.

关于交错级数有如下敛散性判别法.

定理 5　如果交错级数 $\displaystyle\sum_{n=1}^{\infty}(-1)^{n+1}u_n$ 满足条件:

(1) $u_n\geqslant u_{n+1}(n=1,2,3,\cdots)$;

(2) $\displaystyle\lim_{n\to\infty}u_n=0$,

则级数 $\displaystyle\sum_{n=1}^{\infty}(-1)^{n+1}u_n$ 收敛, 且其和 $s\leqslant u_1$.

证明　设级数 $\displaystyle\sum_{n=1}^{\infty}(-1)^{n+1}u_n$ 的部分和数列为 $\{s_n\}$, 由已知条件(1), 其偶子列 $\{s_{2n}\}$ 有

$$s_{2n}=(u_1-u_2)+(u_3-u_4)+\cdots+(u_{2n-1}-u_{2n})$$

$$=u_1-(u_2-u_3)-(u_4-u_5)-\cdots-(u_{2n-2}-u_{2n-1})-u_{2n}\leqslant u_1,$$

从上式可知，数列 $\{s_{2n}\}$ 单调递增有上界，由第一章第二节定理 9 知，数列 $\{s_{2n}\}$ 收敛，令

$\lim\limits_{n\to\infty}s_{2n}=s$，再应用第一章极限不等式得性质得：$s\leqslant u_1$.

对于部分和数列 $\{s_n\}$ 的奇子列 $\{s_{2n+1}\}$，显然有

$$s_{2n+1}=s_{2n}+u_{2n+1},$$

两边取极限，同时应用条件(2)得

$$\lim_{n\to\infty}s_{2n+1}=\lim_{n\to\infty}s_{2n}+\lim_{n\to\infty}u_{2n+1}=s+0=s,$$

故数列 $\{s_{2n+1}\}$ 也收敛于 s，由总习题一第 21 题知，级数 $\sum\limits_{n=1}^{\infty}(-1)^{n+1}u_n$ 的部分和数列 $\{s_n\}$ 收

敛于 s，故级数 $\sum\limits_{n=1}^{\infty}(-1)^{n+1}u_n$ 收敛，且其和 $s\leqslant u_1$.

此定理又称为莱布尼茨判别法.

例 4　证明级数

$$\sum_{n=1}^{\infty}\frac{(-1)^{n+1}}{n}=1-\frac{1}{2}+\frac{1}{3}-\frac{1}{4}+\cdots+(-1)^{n+1}\frac{1}{n}+\cdots$$

收敛.

解　因为 $u_n=\dfrac{1}{n}\geqslant\dfrac{1}{n+1}=u_{n+1}$，且 $\lim\limits_{n\to\infty}\dfrac{1}{n}=0$，由莱布尼茨判别法知，级数 $\sum\limits_{n=1}^{\infty}\dfrac{(-1)^{n+1}}{n}$

收敛.

上面我们讨论了正项级数和交错级数敛散性的判别法. 若在数项级数 $\sum\limits_{n=1}^{\infty}u_n$ 中，$u_n\leqslant 0$

$(n=1,2,3,\cdots)$，则称级数 $\sum\limits_{n=1}^{\infty}u_n$ 为负项级数，对负项级数，可以将其各项乘以 (-1) 转

化为正项级数，即可讨论其敛散性. 若级数 $\sum\limits_{n=1}^{\infty}u_n$ 中，u_n 既有无穷多个正项又有无穷多个负

项，则称这样的级数为任意项级数. 下面的定理给出了判别任意项级数敛散性的一个有效的

方法.

定理 6　如果级数 $\sum\limits_{n=1}^{\infty}u_n$ 的每一项的绝对值所组成的级数 $\sum\limits_{n=1}^{\infty}|u_n|$ 收敛，则级数 $\sum\limits_{n=1}^{\infty}u_n$

也收敛.

证明　已知级数 $\sum\limits_{n=1}^{\infty}|u_n|$ 收敛，令

$$w_n=\frac{|u_n|+u_n}{2};\quad v_n=\frac{|u_n|-u_n}{2},$$

显然

$$0\leqslant w_n\leqslant|u_n|;\quad 0\leqslant v_n\leqslant|u_n|,$$

所以，级数 $\sum\limits_{n=1}^{\infty}w_n$ 与级数 $\sum\limits_{n=1}^{\infty}v_n$ 均收敛，而

$$\sum_{n=1}^{\infty}(w_n-v_n)=\sum_{n=1}^{\infty}u_n,$$

因此，级数 $\sum\limits_{n=1}^{\infty} u_n$ 收敛.

例 5 讨论级数 $\sum\limits_{n=1}^{\infty} \dfrac{(-5)^n n!}{(2n)^n}$ 的敛散性.

解 考虑给定级数的绝对值级数

$$\sum_{n=1}^{\infty} \left| \frac{(-5)^n n!}{(2n)^n} \right| = \sum_{n=1}^{\infty} \frac{n!}{n^n} \left(\frac{5}{2} \right)^n,$$

因为

$$\lim_{n\to\infty} \frac{|u_{n+1}|}{|u_n|} = \lim_{n\to\infty} \frac{\left(\frac{5}{2} \right)^{n+1} (n+1)!}{(n+1)^{n+1}} \cdot \frac{n^n}{\left(\frac{5}{2} \right)^n n!} = \lim_{n\to\infty} \frac{1}{\left(1+\frac{1}{n} \right)^n} \frac{5}{2} = \frac{5}{2e} < 1,$$

即 $\sum\limits_{n=1}^{\infty} \left| \dfrac{(-5)^n n!}{(2n)^n} \right|$ 收敛，由定理 6 知，级数 $\sum\limits_{n=1}^{\infty} \dfrac{(-5)^n n!}{(2n)^n}$ 也收敛.

定理 6 的逆定理不一定成立. 如例 4 中的级数 $\sum\limits_{n=1}^{\infty} \dfrac{(-1)^{n+1}}{n}$，它本身收敛，而其绝对值级数是调和级数 $\sum\limits_{n=1}^{\infty} \dfrac{1}{n}$，是发散的. 因此，我们给出级数绝对收敛与条件收敛的概念.

定义 3 如果任意项级数 $\sum\limits_{n=1}^{\infty} u_n$ 的每一项绝对值所组成的级数 $\sum\limits_{n=1}^{\infty} |u_n|$ 收敛，则称级数 $\sum\limits_{n=1}^{\infty} u_n$ 是绝对收敛. 如果任意项级数 $\sum\limits_{n=1}^{\infty} u_n$ 收敛，而其绝对值级数 $\sum\limits_{n=1}^{\infty} |u_n|$ 发散，则称级数 $\sum\limits_{n=1}^{\infty} u_n$ 为条件收敛.

习 题 7 - 2

1. 用比较判别法判断下列级数的敛散性.

(1) $\sum\limits_{n=1}^{\infty} \dfrac{1}{2n-1}$;

(2) $\sum\limits_{n=1}^{\infty} \dfrac{1}{(n+1)(n+4)}$;

(3) $\sum\limits_{n=1}^{\infty} \dfrac{1}{n^2+1}$;

(4) $\sum\limits_{n=1}^{\infty} \dfrac{1}{\ln(n+1)}$;

(5) $\sum\limits_{n=1}^{\infty} \dfrac{1}{\sqrt{n^4+1}}$;

(6) $\sum\limits_{n=1}^{\infty} 3^n \sin \dfrac{\pi}{4^n}$.

2. 已知级数 $\sum\limits_{n=1}^{\infty} u_n^2$ 与 $\sum\limits_{n=1}^{\infty} v_n^2$ 都收敛，证明正项级数 $\sum\limits_{n=1}^{\infty} |u_n v_n|$，$\sum\limits_{n=1}^{\infty} (u_n + v_n)^2$ 及 $\sum\limits_{n=1}^{\infty} \dfrac{|u_n|}{n}$ 也收敛.

3. 用比值判别法或根值判别法判定下列级数的敛散性.

(1) $\sum\limits_{n=1}^{\infty} \dfrac{3^n}{n \cdot 2^n}$;

(2) $\sum\limits_{n=1}^{\infty} \dfrac{2^n}{n!}$;

(3) $\sum_{n=1}^{\infty} \frac{n^n}{n!}$;

(4) $\sum_{n=1}^{\infty} \frac{n^3}{\left(2+\frac{1}{n}\right)^n}$;

(5) $\sum_{n=1}^{\infty} \left(\frac{n}{3n+1}\right)^n$;

(6) $\sum_{n=1}^{\infty} \frac{1}{(\ln(n+1))^n}$;

(7) $\sum_{n=1}^{\infty} \frac{a^n}{n^n}$ (其中常数 $a > 0$);

(8) $\sum_{n=1}^{\infty} \frac{1}{3^n} \left(1+\frac{1}{n}\right)^{n^2}$.

4. 判别下列交错级数是绝对收敛，还是条件收敛.

(1) $\sum_{n=1}^{\infty} (-1)^{n-1} \frac{1}{\sqrt{n}}$;

(2) $\sum_{n=1}^{\infty} (-1)^{n-1} \frac{n}{3^{n-1}}$;

(3) $\sum_{n=1}^{\infty} (-1)^{n-1} \sin\frac{1}{n^2}$;

(4) $\sum_{n=1}^{\infty} \frac{(-1)^{n-1}}{n^2+1}$;

(5) $\sum_{n=1}^{\infty} \frac{(-1)^{n-1}}{3n-2}$;

(6) $\sum_{n=1}^{\infty} \frac{(-1)^{n-1}}{\ln\sqrt{n+2}}$.

第三节　幂 级 数

一、函数项级数

定义 1　设 $\{u_n(x)\}$ 是定义在实数集 **R** 上的一个函数列，称表达式

$$u_1(x) + u_2(x) + \cdots + u_n(x) + \cdots$$

为定义在实数集 **R** 上的函数项级数，也简称为函数项级数，记为 $\sum_{n=1}^{\infty} u_n(x)$，　即

$$\sum_{n=1}^{\infty} u_n(x) = u_1(x) + u_2(x) + \cdots + u_n(x) + \cdots.$$

给定 $x_0 \in \mathbf{R}$，函数项级数 $\sum_{n=1}^{\infty} u_n(x)$ 就变成了数项级数

$$\sum_{n=1}^{\infty} u_n(x_0) = u_1(x_0) + u_2(x_0) + \cdots + u_n(x_0) + \cdots,$$

如果级数 $\sum_{n=1}^{\infty} u_n(x_0)$ 收敛，则称点 x_0 为函数项级数 $\sum_{n=1}^{\infty} u_n(x)$ 的收敛点，或称函数项级数 $\sum_{n=1}^{\infty} u_n(x)$ 在点 x_0 处收敛，否则，称点 x_0 为函数项级数 $\sum_{n=1}^{\infty} u_n(x)$ 的发散点，或称函数项级数 $\sum_{n=1}^{\infty} u_n(x)$ 在点 x_0 处发散.

函数项级数 $\sum_{n=1}^{\infty} u_n(x)$ 的所有收敛点组成的集合 $D \subset \mathbf{R}$，称为该函数项级数的收敛域. 对收敛域 D 上的任意一点 x，数项级数 $\sum_{n=1}^{\infty} u_n(x)$ 都收敛，记它的和为 $s(x)$，按照这个对应规

律，在收敛域 D 上就定义了一个函数 $s(x)$，称此函数为函数项级数 $\sum\limits_{n=1}^{\infty} u_n(x)$ 的和函数，即对任意 $x \in D$，有

$$s(x) = \sum_{n=1}^{\infty} u_n(x) = \lim_{n \to \infty} s_n(x),$$

其中 $\{s_n(x)\}$ 为函数项级数 $\sum\limits_{n=1}^{\infty} u_n(x)$ 的部分和数列.

例如，定义在 $(-\infty, +\infty)$ 上的函数项级数

$$1 + x + x^2 + \cdots + x^n + \cdots = \sum_{n=1}^{\infty} x^{n-1}$$

的部分和数列为 $s_n(x) = \dfrac{1-x^n}{1-x}(x \neq 1)$，由第一节例 1 知，当 $|x| < 1$ 时，

$$s(x) = \lim_{n \to \infty} s_n(x) = \frac{1}{1-x},$$

所以，函数项级数 $\sum\limits_{n=1}^{\infty} x^{n-1}$ 的收敛域为 $(-1, 1)$，和函数是 $s(x) = \dfrac{1}{1-x}$.

类似地，可求得函数项级数

$$\sum_{n=1}^{\infty} \frac{\sqrt{x}}{(1+\sqrt{x})^{n-1}} = \sqrt{x} + \frac{\sqrt{x}}{1+\sqrt{x}} + \frac{\sqrt{x}}{(1+\sqrt{x})^2} + \cdots + \frac{\sqrt{x}}{(1+\sqrt{x})^{n-1}} + \cdots$$

的收敛域为 $[0, +\infty)$，和函数是

$$s(x) = \begin{cases} 0, & x = 0, \\ 1 + \sqrt{x}, & x > 0. \end{cases}$$

二、幂级数及其收敛域

称函数项级数中各项皆为幂函数 $a_n(x-x_0)^n (n = 0, 1, 2, 3, \cdots)$ 的函数项级数

$$\sum_{n=0}^{\infty} a_n(x-x_0)^n = a_0 + a_1(x-x_0) + a_2(x-x_0)^2 + \cdots + a_n(x-x_0)^n + \cdots$$

为幂级数，其中 $a_0, a_1, a_2, \cdots, a_n, \cdots$ 为常数，称为幂级数的系数.

特别地，当 $x_0 = 0$ 时，幂级数

$$a_0 + a_1(x-x_0) + a_2(x-x_0)^2 + \cdots + a_n(x-x_0)^n + \cdots = \sum_{n=1}^{\infty} a_n x^n$$

称为是关于 x 的幂级数. 使得幂级数 $\sum\limits_{n=1}^{\infty} a_n x^n$ 收敛的全体 x 所组成的集合 D 称为该幂级数的收敛域. 本节主要讨论这样形式的幂级数.

首先，我们讨论如下三个例子.

例 1 幂级数 $\sum\limits_{n=0}^{\infty} n! x^n$ 在点 $x = 0$ 收敛，在其他任何 $x \neq 0$ 的点皆发散，即它的收敛域是仅有一点 $x = 0$ 所组成的数集 $D = \{0\}$.

事实上，当 $x = 0$ 时，幂级数 $\sum\limits_{n=0}^{\infty} n! x^n$ 显然收敛. 当 $x \neq 0$ 时，有

$$\lim_{n\to\infty}\left|\frac{(n+1)!\ x^{n+1}}{n!\ x^{n}}\right|=\lim_{n\to\infty}(n+1)|x|=+\infty,$$

即 $\lim_{n\to\infty}|n!\ x^{n}|=+\infty$，因此 $\lim_{n\to\infty}n!\ x^{n}\neq0$，所以幂级数 $\sum\limits_{n=0}^{\infty}n!x^{n}$ 发散．

例 2 幂级数 $\sum\limits_{n=1}^{\infty}\dfrac{x^{n}}{n^{n}}$ 在任意一点 $x\in(-\infty,+\infty)$ 均收敛，即收敛域为 $D=(-\infty,+\infty)$．

事实上，对任意的 $x\in(-\infty,+\infty)$，有

$$\lim_{n\to\infty}\sqrt[n]{\left|\left(\frac{x}{n}\right)^{n}\right|}=\lim_{n\to\infty}\frac{|x|}{n}=0<1.$$

由柯西判别法知，幂级数 $\sum\limits_{n=1}^{\infty}\dfrac{x^{n}}{n^{n}}$ 绝对收敛，当然收敛．即该幂级数的收敛域为 $D=(-\infty,+\infty)$．

例 3 幂级数 $\sum\limits_{n=1}^{\infty}\dfrac{x^{n}}{2^{n}}$ 在任意一点 $x\in(-2,2)$ 收敛，当 $|x|\geqslant2$ 时，发散．

事实上，对任意的 $x\in(-2,2)$，有

$$\lim_{n\to\infty}\sqrt[n]{\left|\left(\frac{x}{2}\right)^{n}\right|}=\lim_{n\to\infty}\frac{|x|}{2}=\frac{|x|}{2}<1,$$

所以，幂级数 $\sum\limits_{n=1}^{\infty}\dfrac{x^{n}}{2^{n}}$ 在区间 $(-2,2)$ 内绝对收敛，当然也收敛．

当 $|x|>2$ 时，因为 $\lim_{n\to\infty}\left|\dfrac{x}{2}\right|^{n}=+\infty$，即 $\lim_{n\to\infty}\dfrac{x^{n}}{2^{n}}\neq0$，从而，幂级数 $\sum\limits_{n=1}^{\infty}\dfrac{x^{n}}{2^{n}}$ 发散．当 $x=\pm2$ 时，幂级数变为 $\sum\limits_{n=1}^{\infty}(\pm1)^{n}$，此幂级数显然发散．因此，幂级数 $\sum\limits_{n=1}^{\infty}\dfrac{x^{n}}{2^{n}}$ 的收敛域为 $(-2,2)$．

这三个例子说明：点 $x=0$ 总是幂级数 $\sum\limits_{n=1}^{\infty}a_{n}x^{n}$ 的收敛点，如例 1. 另外，幂级数的收敛域可能是整个数轴，如例 2；也可能是以原点为中心的有限区间，如例 3. 关于幂级数的收敛域，有如下定理．

定理 1 （1）如果幂级数 $\sum\limits_{n=1}^{\infty}a_{n}x^{n}$ 在点 $x=b(b\neq0)$ **收敛，则幂级数对满足不等式**

$$|x|<|b|$$

的所有点 x 皆绝对收敛．

（2）如果幂级数 $\sum\limits_{n=1}^{\infty}a_{n}x^{n}$ 在点 $x=c$ 发散，则幂级数对满足不等式

$$|x|>|c|$$

的所有点 x 皆发散．

证明 （1）因为幂级数 $\sum\limits_{n=1}^{\infty}a_{n}b^{n}$ 收敛，则 $\lim_{n\to\infty}a_{n}b^{n}=0$，于是，数列 $\{a_{n}b^{n}\}$ 有界，即存在 $M>0$，使得

$$|a_{n}b^{n}|<M\quad(n=0,1,2,\cdots),$$

从而，当 $|x|<|b|$ 时，有

$$|a_n x^n|=|a_n b^n| \cdot \left|\frac{x^n}{b^n}\right|<M\left|\frac{x^n}{b^n}\right| \quad (n=0,\ 1,\ 2,\ \cdots).$$

而 $\displaystyle\sum_{n=1}^{\infty}\left|\frac{x}{b}\right|^n$ 是公比 $\left|\frac{x}{b}\right|<1$ 的几何级数，所以级数 $\displaystyle\sum_{n=1}^{\infty}\left|\frac{x}{b}\right|^n$ 收敛，由比较判别法知，级数

$\displaystyle\sum_{n=1}^{\infty}|a_n x^n|$ 收敛，即幂级数 $\displaystyle\sum_{n=1}^{\infty}a_n x^n$ 绝对收敛.

（2）反证法. 假设存在点 x_0，且 $|x_0|>|c|$，使得级数 $\displaystyle\sum_{n=1}^{\infty}a_n x_0^n$ 收敛，则由（1）知，幂

级数 $\displaystyle\sum_{n=1}^{\infty}a_n x^n$ 在点 $x=c$ 处绝对收敛，这与题设相矛盾. 命题得证.

定理指出：如果幂级数 $\displaystyle\sum_{n=1}^{\infty}a_n x^n$ 在点 a 处收敛，则在开区间 $(-|a|,|a|)$ 内的每一点均

收敛. 如果幂级数 $\displaystyle\sum_{n=1}^{\infty}a_n x^n$ 在 c 点处发散，则在区间 $(-\infty,-|c|)\bigcup(|c|,+\infty)$ 内的每

一点皆发散.

定理 2 **对任意幂级数 $\displaystyle\sum_{n=1}^{\infty}a_n x^n$，总存在 $R\geqslant 0$，使得**

（1）当 $|x|<R(0<R\leqslant+\infty)$ 时，幂级数 $\displaystyle\sum_{n=1}^{\infty}a_n x^n$ 绝对收敛.

（2）当 $|x|>R(0\leqslant R<+\infty)$ 时，幂级数 $\displaystyle\sum_{n=1}^{\infty}a_n x^n$ 发散.

证明从略. 定理 2 指出：任意的幂级数 $\displaystyle\sum_{n=1}^{\infty}a_n x^n$ 在区间 $(-R,R)$ 内绝对收敛，当 $R=0$
时，收敛区间 $(-R,R)$ 退缩为一点 $x=0$（如例 1）；当 $R=+\infty$ 时，收敛区间是整个数轴
$(-\infty,+\infty)$. 我们称 R 为幂级数的收敛半径，而称区间 $(-R,R)$ 为幂级数的收敛区间.
幂级数在收敛区间端点 $x=-R$ 或 $x=R$ 处的敛散性，需根据给定的幂级数单独讨论.

应用达朗贝尔判别法易得关于幂级数收敛半径的求法定理.

定理 3 **如果幂级数 $\displaystyle\sum_{n=1}^{\infty}a_n x^n$ 的系数有**

$$\lim_{n\to\infty}\left|\frac{a_{n+1}}{a_n}\right|=l,$$

则幂级数 $\displaystyle\sum_{n=1}^{\infty}a_n x^n$ 的收敛半径为

$$R=\begin{cases}\dfrac{1}{l}, & 0<l<+\infty, \\[2mm] +\infty, & l=0, \\[2mm] 0, & l=+\infty.\end{cases}$$

例 4 求例 1、例 2 及例 3 中的级数 $\displaystyle\sum_{n=0}^{\infty}n!x^n$，$\displaystyle\sum_{n=1}^{\infty}\frac{x^n}{n^n}$ 及 $\displaystyle\sum_{n=1}^{\infty}\frac{x^n}{2^n}$ 的收敛半径.

解 因为

$$\lim_{n\to\infty}\frac{(n+1)!}{n!}=\lim_{n\to\infty}(n+1)=+\infty,$$

$$\lim_{n\to\infty}\frac{\dfrac{1}{(n+1)^{n+1}}}{\dfrac{1}{n^n}}=\lim_{n\to\infty}\frac{1}{n\left(1+\dfrac{1}{n}\right)^{n+1}}=0,$$

$$\lim_{n\to\infty}\frac{\dfrac{1}{2^{n+1}}}{\dfrac{1}{2^n}}=\lim_{n\to\infty}\frac{1}{2}=\frac{1}{2},$$

所以，级数 $\displaystyle\sum_{n=0}^{\infty}n!x^n$，$\displaystyle\sum_{n=1}^{\infty}\frac{x^n}{n^n}$ 及 $\displaystyle\sum_{n=1}^{\infty}\frac{x^n}{2^n}$ 的收敛半径分别为 0，$+\infty$ 及 2.

例 5 求幂级数 $\displaystyle\sum_{n=1}^{\infty}\frac{x^n}{n}$ 的收敛半径与收敛域.

解 因为 $\displaystyle\lim_{n\to\infty}\frac{\dfrac{1}{n+1}}{\dfrac{1}{n}}=1$，即幂级数 $\displaystyle\sum_{n=1}^{\infty}\frac{x^n}{n}$ 的收敛半径为 $R=1$，收敛区间是 $(-1,1)$.

当 $x=1$ 时，所给的幂级数变为调和级数，当然发散.

当 $x=-1$ 时，所给的级数为

$$\sum_{n=1}^{\infty}\frac{(-1)^n}{n}=-1+\frac{1}{2}-\frac{1}{3}+\frac{1}{4}-\frac{1}{5}+\cdots+\frac{(-1)^n}{n}+\cdots,$$

由莱布尼茨判别法知，级数 $\displaystyle\sum_{n=1}^{\infty}\frac{(-1)^n}{n}$ 收敛.

于是，幂级数 $\displaystyle\sum_{n=1}^{\infty}\frac{x^n}{n}$ 的收敛域为 $[-1,1)$.

例 6 求幂级数 $\displaystyle\sum_{n=1}^{\infty}\frac{x^n}{n!}$ 的收敛域.

解 因为 $\displaystyle\lim_{n\to\infty}\frac{\dfrac{1}{(n+1)!}}{\dfrac{1}{n!}}=\lim_{n\to\infty}\frac{1}{n+1}=0$，即所给幂级数的收敛半径为 $R=+\infty$，其收敛域是 $(-\infty,+\infty)$.

例 7 求幂级数 $\displaystyle\sum_{n=1}^{\infty}\frac{3^n}{\sqrt{n}}x^n$ 的收敛域.

解 因为 $\displaystyle\lim_{n\to\infty}\frac{\dfrac{3^{n+1}}{\sqrt{n+1}}}{\dfrac{3^n}{\sqrt{n}}}=\lim_{n\to\infty}3\sqrt{\frac{n}{n+1}}=3$，所以，幂级数 $\displaystyle\sum_{n=1}^{\infty}\frac{3^n}{\sqrt{n}}x^n$ 的收敛半径为 $R=\frac{1}{3}$，收敛区间是 $\left(-\frac{1}{3},\frac{1}{3}\right)$.

当 $x=-\frac{1}{3}$ 时，所给级数为 $\displaystyle\sum_{n=1}^{\infty}\frac{(-1)^n}{\sqrt{n}}$，由莱布尼茨判别法得，此级数收敛.

当 $x=\dfrac{1}{3}$ 时，所给级数为 $\displaystyle\sum_{n=1}^{\infty}\dfrac{1}{\sqrt{n}}$，这是 $p=\dfrac{1}{2}<1$ 的 p -级数，级数发散.

于是，幂级数 $\displaystyle\sum_{n=1}^{\infty}\dfrac{3^n}{\sqrt{n}}x^n$ 的收敛域为 $\left[-\dfrac{1}{3},\ \dfrac{1}{3}\right)$.

例 8 求幂级数 $\displaystyle\sum_{n=1}^{\infty}\dfrac{5^n}{n^2}x^n$ 的收敛域.

解 因为 $\displaystyle\lim_{n\to\infty}\dfrac{\dfrac{5^{n+1}}{(n+1)^2}}{\dfrac{5^n}{n^2}}=5$，所以，幂级数 $\displaystyle\sum_{n=1}^{\infty}\dfrac{5^n}{n^2}x^n$ 的收敛半径为 $R=\dfrac{1}{5}$，收敛区间是 $\left(-\dfrac{1}{5},\ \dfrac{1}{5}\right)$.

当 $x=\pm\dfrac{1}{5}$ 时，所给级数分别为 $\displaystyle\sum_{n=1}^{\infty}\dfrac{1}{n^2}$ 和 $\displaystyle\sum_{n=1}^{\infty}\dfrac{(-1)^n}{n^2}$，显然它们是收敛级数.

于是，幂级数 $\displaystyle\sum_{n=1}^{\infty}\dfrac{5^n}{n^2}x^n$ 的收敛域为 $\left[-\dfrac{1}{5},\ \dfrac{1}{5}\right]$.

三、幂级数和函数的重要性质

设 D 为幂级数 $\displaystyle\sum_{n=0}^{\infty}a_nx^n$ 的收敛域，对 D 中任意一点 x，幂级数 $\displaystyle\sum_{n=0}^{\infty}a_nx^n$ 的和为 $s(x)$，按照这个对应规律，在收敛域 D 上就定义了一个函数 $s(x)$，称此函数为幂级数 $\displaystyle\sum_{n=0}^{\infty}a_nx^n$ 的和函数，即

$$s(x)=\sum_{n=0}^{\infty}a_nx^n,\ x\in D.$$

如幂级数 $\displaystyle\sum_{n=0}^{\infty}x^n$ 当 $|x|<1$ 时，其和函数是 $s(x)=\dfrac{1}{1-x}$，即

$$\sum_{n=0}^{\infty}x^n=\dfrac{1}{1-x},\ |x|<1.$$

关于幂级数的和函数有下面的重要性质.

定理 4 设幂级数 $\displaystyle\sum_{n=0}^{\infty}a_nx^n$ 的收敛半径和收敛域分别为 R 及 D，和函数是 $s(x)$，则

(1) $s(x)$ 在收敛域 D 上连续.

(2) 幂级数 $\displaystyle\sum_{n=0}^{\infty}a_nx^n$ 在收敛区间 $(-R,R)$ 内可逐项求导，即

$$(s(x))'=\left(\sum_{n=0}^{\infty}a_nx^n\right)'=\sum_{n=0}^{\infty}(a_nx^n)'=\sum_{n=1}^{\infty}a_nnx^{n-1},$$

且幂级数 $\displaystyle\sum_{n=1}^{\infty}a_nnx^{n-1}$ 的收敛半径仍为 R.

(3) 幂级数 $\displaystyle\sum_{n=0}^{\infty}a_nx^n$ 在收敛区间 $(-R,R)$ 内可逐项积分，即

$$\int_0^x s(x)\mathrm{d}x = \int_0^x \Big(\sum_{n=0}^{\infty} a_n x^n \Big)\mathrm{d}x = \sum_{n=0}^{\infty}\Big(\int_0^x a_n x^n \mathrm{d}x \Big) = \sum_{n=0}^{\infty} \frac{a_n}{n+1} x^{n+1},$$

且幂级数 $\sum\limits_{n=0}^{\infty} \dfrac{a_n}{n+1} x^{n+1}$ 的收敛半径仍为 R.

证明从略. 可以应用此定理, 从已知幂级数的和函数出发, 求出一些幂级数的和函数.

例 9 求幂级数 $\sum\limits_{n=0}^{\infty} (-1)^n (n+1) x^n$ 在收敛区间上的和函数.

解 易知幂级数的收敛半径为 $R=1$, 设其和函数为 $s(x)$, 即

$$s(x) = \sum_{n=0}^{\infty} (-1)^n (n+1) x^n, \quad |x| < 1,$$

上式两端逐项积分得

$$\int_0^x s(x)\mathrm{d}x = \sum_{n=0}^{\infty} (-1)^n x^{n+1} = \frac{x}{1+x},$$

即 $\int_0^x s(t)\mathrm{d}t = \dfrac{x}{1+x}$, 两端求导得

$$s(x) = \Big(\int_0^x s(t)\mathrm{d}t \Big)' = \Big(\frac{x}{1+x} \Big)' = \frac{1}{(1+x)^2},$$

于是, 幂级数 $\sum\limits_{n=0}^{\infty} (-1)^n (n+1) x^n$ 当 $|x|<1$ 时的和函数为 $s(x) = \dfrac{1}{(1+x)^2}$.

例 10 求幂级数 $\sum\limits_{n=1}^{\infty} \dfrac{x^{2n-1}}{2n-1}$ 在收敛区间上的和函数.

解 易知幂级数 $\sum\limits_{n=1}^{\infty} \dfrac{x^{2n-1}}{2n-1}$ 的收敛半径为 $R=1$, 设其和函数为 $s(x)$, 即

$$s(x) = \sum_{n=1}^{\infty} \frac{x^{2n-1}}{2n-1}, \quad |x| < 1,$$

上式两端求导得

$$(s(x))' = \Big(\sum_{n=1}^{\infty} \frac{x^{2n-1}}{2n-1} \Big)' = \sum_{n=1}^{\infty} x^{2n-2} = \frac{1}{1-x^2},$$

所以 $s'(x) = \dfrac{1}{1-x^2}$, 两端积分

$$s(x) = \int_0^x s'(t)\mathrm{d}t = \int_0^x \frac{1}{1-t^2}\mathrm{d}t = \frac{1}{2}\ln\frac{1+x}{1-x}.$$

于是, 幂级数 $\sum\limits_{n=1}^{\infty} \dfrac{x^{2n-1}}{2n-1}$ 当 $|x|<1$ 时的和函数为 $s(x) = \dfrac{1}{2}\ln\dfrac{1+x}{1-x}$.

习 题 7-3

1. 求下列幂级数的收敛区间.

(1) $\dfrac{x}{2} + \dfrac{x^2}{2\cdot4} + \cdots + \dfrac{x^n}{2\cdot4\cdot\cdots\cdot(2n)} + \cdots$; (2) $\dfrac{2}{2}x + \dfrac{2^2}{5}x^2 + \cdots + \dfrac{2^n}{n^2+1}x^n + \cdots$.

2. 求下列幂级数的收敛半径、收敛区间及收敛域.

(1) $\sum\limits_{n=1}^{\infty} (-1)^{n-1} \dfrac{x^{n-1}}{(n-1)^2}$;

(2) $\sum\limits_{n=1}^{\infty} \dfrac{x^n}{n \cdot 3^n}$;

(3) $\sum\limits_{n=1}^{\infty} \dfrac{2^n}{n^2+1} x^n$;

(4) $\sum\limits_{n=1}^{\infty} (-1)^n \dfrac{x^{2n+1}}{(2n+1)}$;

(5) $\sum\limits_{n=1}^{\infty} \dfrac{n!}{n^n} x^n$;

(6) $\sum\limits_{n=1}^{\infty} \dfrac{4^n + (-5)^n}{n} x^n$.

3. 利用幂级数和函数的重要性质求下列级数的和函数.

(1) $\sum\limits_{n=1}^{\infty} (-1)^{2n-1} \dfrac{x^{2n-1}}{2n-1}$;

(2) $\sum\limits_{n=1}^{\infty} 2n x^{2n-1}$;

(3) $\sum\limits_{n=1}^{\infty} \dfrac{x^{4n+1}}{4n+1}$;

(4) $\sum\limits_{n=1}^{\infty} n x^n$.

4. 求幂级数 $\sum\limits_{n=0}^{\infty} \dfrac{x^{2n+1}}{2n+1}$ 的收敛域及和函数, 并求级数 $\sum\limits_{n=0}^{\infty} \dfrac{1}{2n+1} \left(\dfrac{1}{3}\right)^{2n+1}$ 的和.

总　习　题　七

1. 填空题.

(1) 等比级数 $\sum\limits_{n=0}^{\infty} aq^n$, 当_____时收敛; 当_____时发散.

(2) 部分和数列 $\{S_n\}$ 有界是正项级数 $\sum\limits_{n=1}^{\infty} x_n$ 收敛的_____条件.

(3) 若正项级数 $\sum\limits_{n=1}^{\infty} u_n$ 的后项与前项之比值的根等于 ρ, 则当_____时级数收敛; _____时级数发散; _____时级数可能收敛也可能发散.

(4) 如果幂级数 $\sum\limits_{n=0}^{\infty} a_n x^n$ 在点 $x = b (b \neq 0)$ 收敛, 则幂级数对满足不等式 $|x| < |b|$ 的点都_____, 如果幂级数 $\sum\limits_{n=0}^{\infty} a_n x^n$ 在点 $x = c$ 发散, 则幂级数对满足不等式 $|x| > |c|$ 的点都_____.

2. 在下列每题的四个选项中, 选出一个正确的结论.

(1) 下列级数中, 收敛的是(　　).

(A) $\sum\limits_{n=1}^{\infty} \dfrac{1}{n}$ 　　(B) $\sum\limits_{n=1}^{\infty} \dfrac{1}{n\sqrt{n}}$ 　　(C) $\sum\limits_{n=1}^{\infty} \dfrac{1}{\sqrt[3]{n^2}}$ 　　(D) $\sum\limits_{n=1}^{\infty} (-1)^n$

(2) 下列级数中, 收敛的是(　　).

(A) $\sum\limits_{n=1}^{\infty} \left(\dfrac{5}{4}\right)^{n-1}$ 　　　　　　(B) $\sum\limits_{n=1}^{\infty} \left(\dfrac{4}{5}\right)^{n-1}$

(C) $\sum\limits_{n=1}^{\infty} (-1)^{n-1} \left(\dfrac{5}{4}\right)^{n-1}$ 　　(D) $\sum\limits_{n=1}^{\infty} \left(\dfrac{5}{4} + \dfrac{4}{5}\right)^{n-1}$

(3) 下列各选项正确的是(　　).

(A) 如果级数 $\sum\limits_{n=0}^{\infty} u_n$ 收敛, 级数 $\sum\limits_{n=0}^{\infty} v_n$ 发散, 则级数 $\sum\limits_{n=0}^{\infty} (u_n + v_n)$ 收敛

(B)如果 $\lim\limits_{n\to\infty}u_n=0$，则级数 $\sum\limits_{n=0}^{\infty}u_n$ 收敛

(C)如果 $\lim\limits_{n\to\infty}u_n\neq0$，则级数 $\sum\limits_{n=0}^{\infty}u_n$ 发散

(D)如果级数 $\sum\limits_{n=1}^{\infty}u_n$ 绝对收敛，则级数 $\sum\limits_{n=1}^{\infty}u_n$ 也收敛，反之也成立

(4) 设级数 $\sum\limits_{n=0}^{\infty}a_nx^n$ 满足条件 $\lim\limits_{n\to\infty}\left|\dfrac{a_n}{a_{n+1}}\right|=\dfrac{1}{3}$，则该级数的收敛半径为（   ）.

(A)3　　　　　　　(B)-3　　　　　　　(C)$\dfrac{1}{3}$　　　　　　　(D)0

3. 判别下列级数的敛散性.

(1) $\sum\limits_{n=1}^{\infty}\dfrac{(n!)^2}{2^{n^2}}$；　　　　(2) $\sum\limits_{n=1}^{\infty}\dfrac{n\cos^2\frac{n\pi}{3}}{2^n}$.

4. 判别级数 $\sum\limits_{n=2}^{\infty}\dfrac{(-1)^n\sqrt{n}}{n-1}$ 的敛散性.

5. 求下列幂级数的收敛区间：

(1) $\sum\limits_{n=1}^{\infty}\dfrac{x^n}{n!}$；　　　　(2) $\sum\limits_{n=1}^{\infty}(-1)^n\dfrac{2^n}{\sqrt{n}}\left(x-\dfrac{1}{2}\right)^n$.

6. 求幂级数 $\sum\limits_{n=0}^{\infty}(2n+1)x^n$ 的和函数.

7. 求数项级数 $\sum\limits_{n=1}^{\infty}\dfrac{n(n+1)}{2^n}$ 的和.

8. 判别下列级数的敛散性.

(1) $\sum\limits_{n=1}^{\infty}\dfrac{(n+1)!}{n^{n+1}}$；　　　　(2) $\sum\limits_{n=1}^{\infty}\left[\dfrac{\sin(na)}{n^2}-\dfrac{1}{\sqrt{n}}\right]$（$a$ 为常数）；

(3) $\sum\limits_{n=1}^{\infty}(-1)^n\left(1-\cos\dfrac{a}{n}\right)$（常数 $a>0$）.

9. 设有两条抛物线 $y=nx^2+\dfrac{1}{n}$ 和 $y=(n+1)x^2+\dfrac{1}{n+1}$，记它们交点横坐标的绝对值为

a_n，(1) 求这两条抛物线所围成的平面图形的面积 s_n；(2) 求级数 $\sum\limits_{n=1}^{\infty}\dfrac{s_n}{a_n}$ 的和.

10. 设 $a_n=\displaystyle\int_0^{\frac{\pi}{4}}\tan^nx\mathrm{d}x$，(1) 求 $\sum\limits_{n=1}^{\infty}\dfrac{1}{n}(a_n+a_{n+2})$ 的值；(2) 试证：对任意的常数 $\lambda>0$，

级数 $\sum\limits_{n=1}^{\infty}\dfrac{a_n}{n^{\lambda}}$ 收敛.

11. 设 $f(x)$ 在 $[-1,1]$ 内具有二阶连续导数，且 $\lim\limits_{x\to0}\dfrac{f(x)}{x}=0$，证明级数 $\sum\limits_{n=1}^{\infty}f\left(\dfrac{1}{n}\right)$ 绝对收敛.

12. 求下列幂级数的收敛域.

(1) $\sum\limits_{n=1}^{\infty}\dfrac{(x-3)^n}{n3^n}$；　　　　　　(2) $\sum\limits_{n=0}^{\infty}(2n+1)x^n$；

(3) $\sum\limits_{n=1}^{\infty} \dfrac{1}{3^n+(-2)^n} \cdot \dfrac{x^n}{n}$;

(4) $\sum\limits_{n=0}^{\infty} \dfrac{x^n}{\sqrt{n+1}}$;

(5) $\sum\limits_{n=1}^{\infty} \dfrac{(x-3)^n}{n^2}$;

(6) $\sum\limits_{n=0}^{\infty} 2^n x^{2n}$.

13. 利用幂级数性质将下列函数展开成 x 的幂级数.

(1) $f(x)=\arctan\dfrac{1+x}{1-x}$;

(2) $f(x)=\dfrac{1}{x^2-3x+2}$.

14. 求幂级数 $\sum\limits_{n=1}^{\infty} nx^{n-1}$ 的收敛域及和函数，并求级数 $\sum\limits_{n=1}^{\infty} n\left(\dfrac{1}{2}\right)^{n-1}$ 的和.

第八章 微分方程

所谓方程，是指那些含有未知量的等式，它表达了未知量所必须满足的某些条件．如果方程中的未知量是未知的函数及其导数，这样的方程就称为微分方程．微分方程在自然科学、经济学及管理学等领域均有着广泛的应用．本章主要介绍微分方程的一些基本概念和几种常用微分方程的解法．

第一节 微分方程的基本概念

我们通过下面的例子引出微分方程的基本概念．

例1 一条曲线经过点 $(1，2)$，且该曲线上任意一点 $M(x，y)$ 的切线斜率为 $2x$，求这条曲线的方程．

解 设曲线方程是 $y=y(x)$，已知 $y'(x)=2x$，将此式两端积分得

$$y(x)=\int 2x\mathrm{d}x+c=x^2+c(c \text{ 为任意常数})，$$

又 $y(1)=2$，即 $2=1+c$，$c=1$，所以，所求曲线方程为 $y=x^2+1$．

例2 设直线运动的物体的速度是 $v(t)=\cos t(\mathrm{m/s})$，当 $t=\dfrac{\pi}{2}(\mathrm{s})$ 时，物体经过的路程为 $s=10\mathrm{m}$，求物体的运动方程 $s=s(t)$．

解 已知 $s'(t)=\cos t$，将此式两端积分得

$$s(t)=\int \cos t\mathrm{d}t=\sin t+c(c \text{ 为任意常数})，$$

又 $s\left(\dfrac{\pi}{2}\right)=10$，所以 $10=\sin\dfrac{\pi}{2}+c$，$c=9$，于是，所求物体的运动方程是 $s(t)=9+\sin t$．

例3 镭是一种放射性物质，已发现其裂变速度（即单位时间裂变的质量）与它的存余质量成正比．设已知某块镭的质量在时刻 $t=t_0$ 为 R_0，试确定这块镭在时刻 t 的质量 $R(t)$．

解 设时刻 t 时镭的存余量 R 是 t 的函数，即 $R=R(t)$，由于 R 将随时间而减少，即镭的裂变速度 $\dfrac{\mathrm{d}R}{\mathrm{d}t}$ 为负值，由已知有

$$\frac{\mathrm{d}R}{\mathrm{d}t}=-kR，$$

其中 k 为一正的比例常数，将此式变形为

$$\frac{\mathrm{d}R}{R}=-k\mathrm{d}t，$$

两端积分得

$$\int \frac{\mathrm{d}R}{R}=-k\int \mathrm{d}t，$$

所以 $\ln R = -kt + c_1$(c_1 为任意常数），即 $R = \mathrm{e}^{-kt} \mathrm{e}^{c_1} = c\mathrm{e}^{-kt}$. 又由 $R(t_0) = R_0$，得 $c = R_0 \mathrm{e}^{kt_0}$，于是，$R(t) = R_0 \mathrm{e}^{-k(t-t_0)}$.

上述例题中的未知量都是一个函数，而为求解这个未知函数所列出的方程中均含此函数的导数，这样的方程都是微分方程．关于微分方程的基本概念，我们给出如下定义．

定义 1 凡是含有自变量、自变量的未知函数及未知函数的导数（或微分）的方程称为微分方程．未知函数都是一元函数的微分方程称为常微分方程．未知函数是多元函数的微分方程称为偏微分方程．微分方程中所出现的未知函数的导数的最高阶数称为微分方程的阶．

如 $y' = xy$ 是以 x 为自变量，y 为未知函数的一阶微分方程；$y'' + 2y' - 3y = \mathrm{e}^x$ 是以 x 为自变量，y 为未知函数的二阶微分方程；$\dfrac{\partial z}{\partial x} = x + y$ 是以 x、y 为自变量，z 为未知函数的一阶偏微分方程；$\dfrac{\partial^2 u}{\partial^2 x} + \dfrac{\partial^2 u}{\partial^2 y} + \dfrac{\partial^2 u}{\partial^2 z} = 0$ 是以 x、y、z 为自变量，u 为未知函数的二阶偏微分方程.

本章只讨论常微分方程．一般地，n 阶常微分方程的形式为
$$F(x, y, y', \cdots, y^{(n)}) = 0,$$
且在此方程中，$y^{(n)}$ 必须出现，而 x，y，y'，$\cdots$，$y^{(n-1)}$ 可以不出现.

通常情况下，我们讨论一个方程时，关心的主要问题是方程的解（或根）．所谓 x_0 是方程 $f(x) = 0$ 的根（或解），是指在方程中令 $x = x_0$ 有 $f(x_0) = 0$ 成立．与此相类似，微分方程的主要问题之一是求方程的解．一般地说，微分方程的解就是满足微分方程的函数，定义如下.

定义 2 设函数 $y = y(x)$ 在区间 I 上有定义，且存在 n 阶导数，如果把 $y = y(x)$ 代入方程
$$F(x, y, y', \cdots, y^{(n)}) = 0$$
得到在区间 I 上的恒等式
$$F(x, y, y', \cdots, y^{(n)}) \equiv 0,$$
则称 $y = y(x)$ 为方程 $F(x, y, y', \cdots, y^{(n)}) = 0$ 在 I 上的解．n 阶微分方程的含有 n 个相互独立的任意常数 c_1，c_2，$\cdots$，c_n 的解 $y = y(x, c_1, c_2, \cdots, c_n)$ 称为该方程的通解，而称通解中任意常数确定的解为方程的特解.

注意，任意常数 c_1，c_2，$\cdots$，c_n 相互独立，指的是它们在通解 $y = y(x, c_1, c_2, \cdots, c_n)$ 中不能合并使得其个数减少．可以验证，$y = c\mathrm{e}^x$ 是方程 $y' = y$ 的通解；$y = c_1 \sin x + c_2 \cos x$ 为二阶方程 $y'' + y = 0$ 的通解；例 1、例 2 及例 3 中所求的解均是方程的特解．例 1、例 2 及例 3 中求特解的方法一样，首先，求出方程的通解，然后将已知条件代入通解确定常数，从而得到满足条件的特解．像这样来确定特解的条件称为**初始条件**．求微分方程满足初始条件的解的问题称为**初值问题**.

例 4 验证 $y = c_1 \sin x + c_2 \cos x$（$c_1$，$c_2$ 为任意常数）是方程 $y'' + y = 0$ 的通解，并求满足初始条件 $y\left(\dfrac{\pi}{4}\right) = 1$，$y'\left(\dfrac{\pi}{4}\right) = -1$ 的特解.

解 因为 $y = c_1 \sin x + c_2 \cos x$，所以
$$y' = c_1 \cos x - c_2 \sin x; \quad y'' = -c_1 \sin x - c_2 \cos x,$$
代入方程得

$$y''+y=-c_1\sin x-c_2\cos x+c_1\sin x+c_2\cos x=0.$$

这说明 $y=c_1\sin x+c_2\cos x$ 是方程 $y''+y=0$ 的解，而 c_1，c_2 为两个相互独立的任意常数，即 $y=c_1\sin x+c_2\cos x$ 是方程的通解．将条件 $y\left(\dfrac{\pi}{4}\right)=1$，$y'\left(\dfrac{\pi}{4}\right)=-1$ 代入通解有

$$\begin{cases} \dfrac{\sqrt{2}}{2}c_1+\dfrac{\sqrt{2}}{2}c_2=1, \\[2mm] \dfrac{\sqrt{2}}{2}c_1-\dfrac{\sqrt{2}}{2}c_2=-1, \end{cases}$$

解此方程组得 $c_1=0$，$c_2=\sqrt{2}$，于是，所求特解为 $y=\sqrt{2}\cos x$.

习 题 8 - 1

1. 确定下列微分方程的阶数．

(1) $(2x-y)\mathrm{d}x+(x+y)\mathrm{d}y=0$； (2) $(y')^2+3xy=2\sin x$；

(3) $y''+2xy+\sin x=0$； (4) $y'''+(y')^2-y^2+x\mathrm{e}^x=\sin x$；

(5) $L\dfrac{\mathrm{d}^2Q}{\mathrm{d}t^2}+R\dfrac{\mathrm{d}Q}{\mathrm{d}t}+\dfrac{Q}{c}=0$； (6) $\dfrac{\mathrm{d}\rho}{\mathrm{d}\theta}+\rho=\sin^2\theta$.

2. 判断函数 $y=3c^{2x}$ 是否是微分方程 $y''-4y=0$ 的解．

3. 确定函数关系式 $y=C_1\sin(x-C_2)$ 所含的参数，使其满足初始条件 $y|_{x=\pi}=1$，$y'|_{x=\pi}=0$.

4. 验证下列各题中给出的函数是否为所给微分方程的解，其中 c，c_1，c_2 是任意的常数，λ，λ_1，λ_2 为常数．

(1) $y'-2y=0$，$y=3\mathrm{e}^{2x}$； (2) $x^2y'=1-xy$，$y=\dfrac{\ln x}{x}$；

(3) $y''+xy'=0$，$y=x\sin x$； (4) $y''+\lambda^2y=0$，$y=c_1\cos\lambda x+c_2\sin\lambda x$；

(5) $y''-(\lambda_1+\lambda_2)y'+\lambda_1\lambda_2 y=0(\lambda_1\neq\lambda_2)$，$y=c_1\mathrm{e}^{\lambda_1 x}+c_2\mathrm{e}^{\lambda_2 x}$；

(6) $(x-2y)y'=2x-y$，函数 $y(x)$ 由方程 $x^2-x+y^2=c$ 所确定．

第二节 可分离变量的微分方程

一、可分离变量的微分方程

形如

$$\dfrac{\mathrm{d}y}{\mathrm{d}x}=f(x)\varphi(y) \tag{1}$$

的一阶微分方程称为**可分离变量的微分方程**．其解法如下．

将方程(1)分离变量，即

$$\dfrac{\mathrm{d}y}{\varphi(y)}=f(x)\mathrm{d}x \quad (\varphi(y)\neq 0), \tag{2}$$

(2)式两端积分

$$\int \frac{\mathrm{d}y}{\varphi(y)} = \int f(x)\mathrm{d}x, \tag{3}$$

(3)式所确定的隐函数即是方程(1)的通解,又称这样的解为隐式通解.

例1 求方程 $\dfrac{\mathrm{d}y}{\mathrm{d}x} = 2xy$ 的通解.

解 将方程分离变量得 $\dfrac{\mathrm{d}y}{y} = 2x\mathrm{d}x$,此式两端积分

$$\int \frac{\mathrm{d}y}{y} = \int 2x\mathrm{d}x, \quad \ln|y| = x^2 + c \quad (c\ \text{为任意常数}),$$

所以 $y = \pm\mathrm{e}^c \mathrm{e}^{x^2}$.

注意到,$\pm\mathrm{e}^c$ 也是任意的常数,仍将它记为 c,于是,所求通解为 $y = c\mathrm{e}^{x^2}$.

例2 求方程 $4x\mathrm{d}x - 3y\mathrm{d}y = 3x^2 y\mathrm{d}y - xy^2\mathrm{d}x$ 的通解.

解 将方程分离变量得

$$\frac{x}{1+x^2}\mathrm{d}x = \frac{3y}{4+y^2}\mathrm{d}y,$$

两端积分

$$\int \frac{x}{1+x^2}\mathrm{d}x = \int \frac{3y}{4+y^2}\mathrm{d}y, \quad \frac{1}{2}\ln(1+x^2) = \frac{3}{2}\ln(4+y^2) + c,$$

所以,所求方程的通解为 $1+x^2 = c(4+y^2)^3$(c 为任意常数).

例3 求方程 $x(y^2-1)\mathrm{d}x + y(x^2-1)\mathrm{d}y = 0$ 的通解.

解 将方程分离变量得

$$\frac{x}{x^2-1}\mathrm{d}x + \frac{y}{y^2-1}\mathrm{d}y = 0,$$

两边积分得方程的通解为

$$\ln|x^2-1| + \ln|y^2-1| = c \quad \text{或}\ (x^2-1)(y^2-1) = c \quad (c\ \text{为任意常数}).$$

二、齐次方程

形如

$$\frac{\mathrm{d}y}{\mathrm{d}x} = f\left(\frac{y}{x}\right) \tag{4}$$

的一阶微分方程称为**齐次方程**.

例如,方程

$$\frac{\mathrm{d}y}{\mathrm{d}x} = \frac{xy-y^2}{x^2-2xy} = \frac{\dfrac{y}{x} - \dfrac{y^2}{x^2}}{1-2\dfrac{y}{x}}, \quad \frac{\mathrm{d}y}{\mathrm{d}x} = \frac{y^2}{xy-x^2} = \frac{\dfrac{y^2}{x^2}}{\dfrac{y}{x}-1},$$

$$x\frac{\mathrm{d}y}{\mathrm{d}x} + y = 2\sqrt{xy}\left(\text{因为}\frac{\mathrm{d}y}{\mathrm{d}x} = -\frac{y}{x} + 2\sqrt{\frac{y}{x}}\right)$$

均是齐次方程. 下面我们讨论齐次方程的解法.

在齐次方程(4)中，作变量变换，引入新的未知函数，即令 $u=\dfrac{y}{x}$，则 $y=ux$，

$$\frac{\mathrm{d}y}{\mathrm{d}x}=u+x\frac{\mathrm{d}u}{\mathrm{d}x}, \tag{5}$$

将(5)式代入(4)式得

$$u+x\frac{\mathrm{d}u}{\mathrm{d}x}=f(u), \tag{6}$$

(6)式是一个变量可分离方程，分离变量得

$$\frac{1}{f(u)-u}\mathrm{d}u=\frac{1}{x}\mathrm{d}x, \tag{7}$$

(7)式两端积分，积分后将 u 换成 $\dfrac{y}{x}$，即可求得齐次方程(4)的通解.

例 4 求方程 $x^2\dfrac{\mathrm{d}y}{\mathrm{d}x}=xy-y^2$ 的通解.

解 将所给方程化为

$$\frac{\mathrm{d}y}{\mathrm{d}x}=\frac{y}{x}-\left(\frac{y}{x}\right)^2,$$

令 $\dfrac{y}{x}=u$，则有

$$u+x\frac{\mathrm{d}u}{\mathrm{d}x}=u-u^2,$$

分离变量积分得

$$u=\frac{1}{\ln|x|+c},$$

所以，原方程的通解为 $y=\dfrac{x}{\ln|x|+c}$（c 为任意常数）.

例 5 求方程 $y^2+x^2\dfrac{\mathrm{d}y}{\mathrm{d}x}=xy\dfrac{\mathrm{d}y}{\mathrm{d}x}$ 的通解.

解 将原方程化为

$$\frac{\mathrm{d}y}{\mathrm{d}x}=\frac{y^2}{xy-x^2}=\frac{\left(\dfrac{y}{x}\right)^2}{\dfrac{y}{x}-1},$$

令 $\dfrac{y}{x}=u$，则有

$$u+x\frac{\mathrm{d}u}{\mathrm{d}x}=\frac{u^2}{u-1},\ \ 即\left(1-\frac{1}{u}\right)\mathrm{d}u=\frac{1}{x}\mathrm{d}x,$$

两边积分得

$$\ln|xu|=u+c,$$

于是，所求方程的通解为 $\ln|y|=\dfrac{y}{x}+c$（c 为任意常数）.

习 题 8 - 2

1. 求微分方程 $s''(t)=a(a$ 为常数)满足初始条件 $s(0)=s_0$，$s'(0)=v_0$ 的特解.

2. 求下列微分方程的通解.

(1) $x\mathrm{d}x+y\mathrm{d}y=0$；

(2) $y'=y\sin x$；

(3) $y'+\mathrm{e}^x y=0$；

(4) $y'-xy^2=2xy$；

(5) $(1+x^2)y'=y\ln y$；

(6) $xy'-y\ln y=0$；

(7) $\sqrt{1-y^2}\,\mathrm{d}x-\sqrt{1-x^2}\,\mathrm{d}y=0$；

(8) $(3y^2+\mathrm{e}^{2y})y'-\cos x=0$；

(9) $y'-xy'=a(y^2+y')$；

(10) $\sec^2 t\tan\theta\mathrm{d}t+\sec\theta\tan t\mathrm{d}\theta=0$.

3. 求下列方程满足初始条件的特解.

(1) $y'=\mathrm{e}^{2x-y}$，$y(0)=0$；

(2) $x\sqrt{1+y^2}\,\mathrm{d}x+y\sqrt{1+x^2}\,\mathrm{d}y=0$，$y(0)=1$；

(3) $y'=\dfrac{x^3}{y^3}$，$y(1)=0$；

(4) $\cos x\sin y\mathrm{d}y=\cos y\sin x\mathrm{d}x$，$y(0)=\dfrac{\pi}{4}$；

(5) $(x^2-1)y'+2xy^2=0$，$y(0)=1$；(6) $y'\sin x=y\ln y$，$y\left(\dfrac{\pi}{2}\right)=\mathrm{e}$；

(7) $\cos y\mathrm{d}x+(1+\mathrm{e}^{-x})\sin y\mathrm{d}y=0$，$y(0)=\dfrac{\pi}{4}$.

4. 若曲线过点 $(2,3)$，且曲线在两坐标轴间的任意切线被切点所平分，试求曲线方程.

5. 求下列微分方程的通解.

(1) $(x+y)y'+(x-y)=0$；(2) $y'=\dfrac{y}{x}+\tan\dfrac{y}{x}$；(3) $y'=\dfrac{y^2}{xy-2x^2}$.

第三节　一阶线性微分方程

形如

$$\frac{\mathrm{d}y}{\mathrm{d}x}+P(x)y=Q(x) \tag{1}$$

的微分方程称为**一阶线性微分方程**. 若 $Q(x)$ 不恒为零，则称(1)为**一阶线性非齐次微分方程**. 若 $Q(x)\equiv0$，即

$$\frac{\mathrm{d}y}{\mathrm{d}x}+P(x)y=0, \tag{2}$$

称方程(2)为**一阶线性齐次微分方程**. 方程(2)又称为方程(1)所对应线性齐次方程.

显然，方程(2)为变量可分离方程，其通解为

$$y=c\mathrm{e}^{-\int P(x)\mathrm{d}x}. \tag{3}$$

注意到(1)式的右端为 $Q(x)$，(2)式的右端为零，(1)与(2)式的左端相同，联系到两函数乘积的求导公式，在(3)式中令 $c=c(x)$，即

$$y=c(x)\mathrm{e}^{-\int P(x)\mathrm{d}x}, \tag{4}$$

将(4)式作为一个变换代入(1)式得

$$c'(x)\mathrm{e}^{-\int P(x)\mathrm{d}x}-P(x)c(x)\mathrm{e}^{-\int P(x)\mathrm{d}x}+P(x)c(x)\mathrm{e}^{-\int P(x)\mathrm{d}x}=Q(x),$$

即 $c'(x)=Q(x)\mathrm{e}^{\int P(x)\mathrm{d}x}$，此式两端积分有

$$c(x)=c+\int Q(x)\mathrm{e}^{\int P(x)\mathrm{d}x}\mathrm{d}x. \tag{5}$$

将(5)式代入(4)式即得方程(1)的通解

$$y=c\mathrm{e}^{-\int P(x)\mathrm{d}x}+\mathrm{e}^{-\int P(x)\mathrm{d}x}\int Q(x)\mathrm{e}^{\int P(x)\mathrm{d}x}\mathrm{d}x. \tag{6}$$

这种求一阶线性非齐次微分方程通解的方法又称为**常数变易法**. 同时，我们注意到(6)式中的第一项是方程(1)所对应的线性齐次方程(2)的通解，第二项是方程(1)的一个特解，由此可知，一阶线性非齐次微分方程的通解等于其对应的线性齐次方程的通解与非齐次方程的一个特解的和.

例 1 求方程 $y'+y=x$ 的通解.

解 先解齐次方程

$$\frac{\mathrm{d}y}{\mathrm{d}x}+y=0,$$

其通解为 $y=c\mathrm{e}^{-x}$，用常数变易法令所求方程的通解为 $y=c(x)\mathrm{e}^{-x}$，代入原方程得

$$c'(x)\mathrm{e}^{-x}-c(x)\mathrm{e}^{-x}+c(x)\mathrm{e}^{-x}=x,$$

即 $c'(x)=\mathrm{e}^{x}x$，两边积分

$$c(x)=c+\int \mathrm{e}^{x}x\mathrm{d}x=c+x\mathrm{e}^{x}-\mathrm{e}^{x},$$

于是，所求方程的通解是 $y=c\mathrm{e}^{-x}+x-1$.

当然，直接令 $P(x)=1$，$Q(x)=x$ 应用公式(6)求解此方程，结果一样.

例 2 求方程 $x\dfrac{\mathrm{d}y}{\mathrm{d}x}=x\sin x-y$ 的通解.

解 将方程变形为 $\dfrac{\mathrm{d}y}{\mathrm{d}x}+\dfrac{1}{x}y=\sin x$，其对应齐次方程

$$\frac{\mathrm{d}y}{\mathrm{d}x}+\frac{1}{x}y=0$$

的通解是 $y=\dfrac{c}{x}$，用常数变易法令所求方程的通解为 $y=\dfrac{c(x)}{x}$，代入原方程得

$$\frac{c'(x)}{x}-\frac{c(x)}{x^2}+\frac{c(x)}{x^2}=\sin x,$$

即 $c'(x)=x\sin x$，两边积分有

$$c(x)=\sin x-x\cos x+c.$$

于是，所求方程的通解是 $y=\dfrac{1}{x}(\sin x-x\cos x+c)$.

例 3 求通过原点且在点(x, y)处的切线的斜率等于 $2x+y$ 的曲线方程.

解 设所求曲线方程为 $y=y(x)$，由已知有

$$\frac{\mathrm{d}y}{\mathrm{d}x}=2x+y,$$

此方程为一阶线性非齐次方程，其中，$P(x)=-1$，$Q(x)=2x$，代入公式(6)得此方程的通解为

$$y=-2(x+1)+ce^x,$$

又由已知 $y(0)=0$，得 $c=2$.

于是，所求曲线方程为 $y=2(e^x-x-1)$.

习 题 8-3

1. 求解下列一阶线性微分方程的通解.

(1) $y'-y=e^x$；(2) $y'+\dfrac{2y}{x}=x$；(3) $\dfrac{ds}{dt}+2s=3$；

(4) $xy'-3y=x^4e^x$；(5) $y'+y\tan x=\sec x$；(6) $(x^2-1)y'+2xy-\cos x=0$.

2. 求下列微分方程满足所给初始条件的特解.

(1) $xy'+y=e^x$，$y(1)=2$；(2) $y'+\dfrac{3}{x}y=\dfrac{2}{x^3}$，$y(1)=1$；

(3) $y'+\dfrac{2}{x}y=\dfrac{\sin x}{x}$，$y(\pi)=\dfrac{1}{\pi}$；(4) $(1-x^2)y'+xy=1$，$y(0)=1$.

3. 求微分方程 $y'=\dfrac{\cos y}{\cos y\sin 2y-x\sin y}$ 的通解.

第四节 二阶常系数线性微分方程

一、二阶常系数线性微分方程及其解的性质

形如

$$y''+py'+qy=f(x) \tag{1}$$

的方程称为**二阶常系数线性微分方程**，其中，$y=y(x)$是未知函数，x是自变量，p与q为常数. 若$f(x)$不恒为零，则称方程(1)为二阶常系数非齐次线性微分方程，如果方程(1)中的$f(x)\equiv0$，即

$$y''+py'+qy=0, \tag{2}$$

称方程(2)为**二阶常系数齐次线性微分方程**.

定理 1 若 $y_1(x)$与$y_2(x)$是方程(2)的解，则

$$y=c_1y_1(x)+c_2y_2(x)$$

也是方程(2)的解，其中c_1，c_2 为任意的常数.

证明 将$y=c_1y_1(x)+c_2y_2(x)$代入方程(2)有

$$c_1y_1''+c_2y_2''+p(c_1y_1'+c_2y_2')+q(c_1y_1+c_2y_2)$$
$$=c_1(y_1''+py_1'+qy_1)+c_2(y_2''+py_2'+qy_2)=0,$$

所以，$y=c_1y_1(x)+c_2y_2(x)$也是方程(2)的解.

定理1指出，齐次线性方程的解具有叠加性. 类似地，非齐次线性方程(1)的解也具有

叠加性.

定理 2 若 $y_1(x)$ 与 $y_2(x)$ 分别是二阶常系数非齐次线性方程 $y'' + py'' + qy = f_1(x)$ 与 $y'' + py'' + qy = f_2(x)$ 的解，则 $y = c_1 y_1(x) + c_2 y_2(x)$ 是二阶常系数非齐次线性方程

$$y'' + py' + qy = c_1 f_1(x) + c_2 f_2(x)$$

的解，其中 c_1，c_2 为任意的常数.

证明与定理 1 一样，从略. 下面两个定理给出了方程(1)与(2)的通解的结构.

定理 3 如果 $y_1(x)$ 与 $y_2(x)$ 是方程(2)的两个特解，且满足

$$\frac{y_1(x)}{y_2(x)} \neq c \, (y_2(x) \neq 0，c \text{ 为常数})，$$

则 $y = c_1 y_1(x) + c_2 y_2(x)$ 是方程(2)的通解，其中 c_1，c_2 为任意的常数.

事实上，由定理 1 知，$y = c_1 y_1(x) + c_2 y_2(x)$ 是方程(2)的解，又 $y_1(x) \neq c y_2(x)$，因此，c_1 与 c_2 是相互独立的任意常数，于是，$y = c_1 y_1(x) + c_2 y_2(x)$ 是方程(2)的通解.

定理 4 设 $Y(x)$ 是方程(2)的通解，$\bar{y}(x)$ 是方程(1)的一个特解，则

$$y = Y(x) + \bar{y}(x)$$

是方程(1)的通解.

容易验证，$y = Y(x) + \bar{y}(x)$ 是方程(1)的解，而 $Y(x)$ 中含有两个相互独立的任意常数，因此，$y = Y(x) + \bar{y}(x)$ 是方程(1)的通解.

二、二阶常系数齐次线性微分方程的解法

从定理 3 知道，欲求齐次线性方程

$$y'' + py' + qy = 0$$

的通解，只需求出它的两个特解 $y_1(x)$ 与 $y_2(x)$，且 $\dfrac{y_1(x)}{y_2(x)} \neq c$，则方程(2)的通解为 $y = c_1 y_1(x) + c_2 y_2(x)$.

注意到指数函数 $y = e^{rx} (r \neq 0)$ 的导数仍是指数函数乘以一个常数，联系到方程(2)的系数是常数的特点，不妨设方程(2)的特解为 $y = e^{rx}$，其中 r 为待定的常数，将 $y = e^{rx}$ 代入方程(2)得

$$(r^2 + pr + q)e^{rx} = 0.$$

因为 $e^{rx} \neq 0$，要上式成立，必须

$$r^2 + pr + q = 0. \tag{3}$$

因此，$y = e^{rx}$ 为齐次方程(2)的解的充要条件是 r 为方程(3)的根，这样，求方程(2)的特解的问题就转化为求代数方程(3)的根的问题. 为此，我们将方程(3)称为齐次线性方程(2)的**特征方程**，特征方程的根称为齐次线性方程(2)的**特征根**. 下面根据特征根的三种情形，分别讨论，求出方程(2)的通解.

（Ⅰ）当特征方程(3)的判别式 $\Delta = p^2 - 4q > 0$ 时，特征方程有两个不相等的实根 $r_1 \neq r_2$，此时，$y_1 = e^{r_1 x}$ 与 $y_2 = e^{r_2 x}$ 是方程(2)的特解，且满足 $\dfrac{y_1}{y_2} = e^{(r_1 - r_2)x} \neq c \, (c \text{ 为常数})$，所以，方程(2)的通解为

$$y = c_1 e^{r_1 x} + c_2 e^{r_2 x}(c_1，c_2 \text{ 为任意常数}).$$

（Ⅱ）当 $\Delta = p^2 - 4q = 0$ 时，特征方程有两个重根，即 $r_1 = r_2 = r$，此时，可得方程(2)的一个特解为 $y = e^{rx}$，下面我们用常数变易法的思想求方程(2)的另一个特解 y_2，且满足 $\frac{y_2}{y_1} \neq c$（c 为常数）.

令 $\frac{y_2}{y_1} = c(x)$，则 $y_2 = y_1 c(x)$，其中 $c(x)$ 是关于 x 的待定函数，将 $y_2 = y_1 c(x)$ 代入方程(2)整理得

$$c''(x) + (2r + p)c'(x) + (r^2 + pr + q)c(x) = 0,$$

r 是方程(3)的重根，即 $(r^2 + pr + q) = 0$ 及 $(2r + p) = 0$，所以 $c''(x) = 0$，只需取 $c(x) = x$ 即可，从而求得 $y_2 = x e^{rx}$，显然，$\frac{y_2}{y_1} = x \neq c$，故方程(2)的通解为

$$y = c_1 e^{rx} + c_2 x e^{rx}.$$

（Ⅲ）当 $\Delta = p^2 - 4q < 0$ 时，此时特征方程有一对共轭的复根 $r_{1,2} = \alpha \pm i\beta$，可以验证 $y_1 = e^{\alpha x} \sin\beta x$ 及 $y_2 = e^{\alpha x} \cos\beta x$ 是方程(2)的两个特解，且 $\frac{y_2}{y_1} = \tan\beta x \neq c$，所以，方程(2)的通解为

$$y = e^{\alpha x}(c_1 \cos\beta x + c_2 \sin\beta x).$$

综上所述，求二阶常系数齐次线性微分方程

$$y'' + py' + qy = 0$$

的通解，其步骤如下.

第一步　写出方程(2)的特征方程

$$r^2 + pr + q = 0.$$

第二步　求出特征方程(3)的两个根 r_1，r_2.

第三步　根据两个根的不同情况，按表 8-1 写出方程(2)的通解.

表 8-1

特征方程 $r^2 + pr + q = 0$ 的两个根 r_1，r_2	方程 $y'' + py' + qy = 0$ 的通解
$\Delta > 0$，$r_1 \neq r_2$	$y = c_1 e^{r_1 x} + c_2 e^{r_2 x}$
$\Delta = 0$，$r_1 = r_2 = r$	$y = c_1 e^{rx} + c_2 x e^{rx}$
$\Delta < 0$，$r_{1,2} = \alpha \pm i\beta$	$y = e^{\alpha x}(c_1 \cos\beta x + c_2 \sin\beta x)$

例1　求方程 $y'' - 3y' + 2y = 0$ 的通解.

解　所给方程的特征方程为

$$r^2 - 3r + 2 = 0,$$

其解为 $r_1 = 1$，$r_2 = 2$，即所求方程的通解为 $y = c_1 e^x + c_2 e^{2x}$（c_1，c_2 为相互独立的任意的常数）.

例2　求方程 $y'' + 6y' + 9y = 0$ 的通解.

解　所给方程的特征方程为

$$r^2+6r+9=0,$$

其解为 $r_1=r_2=-3$，即所求方程的通解为 $y=(c_1+xc_2)\mathrm{e}^{-3x}$（$c_1$，$c_2$ 为相互独立的任意的常数）.

例 3 求方程 $y''-y'+y=0$ 的通解.

解 所给方程的特征方程为

$$r^2-r+1=0,$$

其解为 $r_1=\frac{1}{2}+\mathrm{i}\frac{\sqrt{3}}{2}$，$r_2=\frac{1}{2}-\mathrm{i}\frac{\sqrt{3}}{2}$，即所求方程的通解为 $y=\mathrm{e}^{\frac{x}{2}}\left(c_1\cos\frac{\sqrt{3}}{2}x+c_2\sin\frac{\sqrt{3}}{2}x\right)$（$c_1$，$c_2$ 为任意的相互独立的常数）.

三、二阶常系数非齐次线性微分方程的解法

定理 4 告诉我们，要求非齐次方程

$$y''+py'+qy=f(x) \tag{1}$$

的通解 $y(x)$，只需求出方程(1)的一个特解 $\bar{y}(x)$ 和方程(1)所对应的齐次线性方程

$$y''+py'+qy=0 \tag{2}$$

的通解 $Y(x)$，即可得到方程(1)的通解

$$y(x)=Y(x)+\bar{y}(x).$$

前面已经介绍了齐次方程(2)通解的求法. 下面我们就 $f(x)$ 的两种情形，讨论方程(1)的特解 $\bar{y}(x)$ 的求法.

（Ⅰ）$f(x)=P_n(x)\mathrm{e}^{\lambda x}$.

其中，$P_n(x)$ 是关于 x 的 n 次多项式函数，λ 是一个实数，这样，所讨论非齐次方程(1)变为

$$y''+py'+qy=P_n(x)\mathrm{e}^{\lambda x}. \tag{3}$$

因为(3)式右端是多项式函数与指数函数的乘积，而多项式与指数函数乘积的各阶导数仍然是多项式与指数函数的乘积. 因此，我们不妨认为，方程(3)的特解也是某个多项式函数与指数函数 $\mathrm{e}^{\lambda x}$ 的乘积，设

$$\bar{y}(x)=Q_m(x)\mathrm{e}^{\lambda x}, \tag{4}$$

其中，$Q_m(x)=q_0x^m+q_1x^{m-1}+\cdots+q_m$，为待定的多项式函数. 将(4)代入(3)整理后得

$$Q_m''(x)+(2\lambda+p)Q_m'(x)+(\lambda^2+p\lambda+q)Q_m(x)=P_n(x). \tag{5}$$

于是，(4)式是(3)式的一个特解的充要条件为(5)式恒成立，从(5)式中求出多项式函数 $Q_m(x)$ 的系数，即可得到方程(3)的一个特解. 由(5)易得下面结果.

如果 λ 不是特征方程(2)的根，则方程(4)的特解形式为

$$\bar{y}(x)=Q_n(x)\mathrm{e}^{\lambda x}.$$

如果 λ 是特征方程(2)的单根，则方程(4)的特解形式为

$$\bar{y}(x)=xQ_n(x)\mathrm{e}^{\lambda x}.$$

如果 λ 是特征方程(2)的重根，则方程(4)的特解形式为

$$\bar{y}(x)=x^2Q_n(x)\mathrm{e}^{\lambda x}.$$

综上所述，方程(4)特解三种形式的取法见表 8-2.

表 8 - 2

$f(x)$的形式	λ 与特征根 r_1, r_2 的关系	特解 $\bar{y}(x)$的形式
$P_n(x)e^{\lambda x}$	$\lambda\neq r_1$, $\lambda\neq r_2$	$\bar{y}(x)=Q_n(x)e^{\lambda x}$
$P_n(x)e^{\lambda x}$	$\lambda=r_1$ 或 $\lambda=r_2$	$\bar{y}(x)=xQ_n(x)e^{\lambda x}$
$P_n(x)e^{\lambda x}$	$\lambda=r_1=r_2$	$\bar{y}(x)=x^2Q_n(x)e^{\lambda x}$

例 4　求方程 $y''+2y'+5y=5x+2$ 的一个特解.

解　因为 $\lambda=0$ 不是特征方程 $r^2+2r+5=0$ 的根，即所求方程的特解为
$$\bar{y}(x)=Ax+B,$$
将其代入原方程整理后得
$$5Ax+2A+5B=5x+2,$$
两多项式相等，当且仅当 x 的同次幂的系数相等，即得
$$\begin{cases}5A=5,\\2A+5B=2,\end{cases}$$
解次方程组得 $A=1$，$B=0$.

于是，所求方程的一个特解为 $\bar{y}(x)=x$.

例 5　求方程 $y''-3y'+2y=3xe^{2x}$ 的一个特解.

解　因为 $\lambda=2$ 是特征方程 $r^2-3r+2=0$ 的一个单根，则所求方程的特解形式为
$$\bar{y}(x)=x(Ax+B)e^{2x},$$
将其代入原方程整理后得
$$2Ax+(2A+B)=3x,$$
比较上式两端 x 的同次幂的系数有
$$\begin{cases}2A=3,\\2A+B=0,\end{cases}$$
从而解得 $A=\dfrac{3}{2}$，$B=-3$.

所以，所求方程的一个特解是 $\bar{y}(x)=\left(\dfrac{3}{2}x^2-3x\right)e^{2x}$.

例 6　求方程 $y''-2y'+y=12xe^x$ 的一个特解.

解　因为 $\lambda=1$ 是特征方程 $r^2-2r+1=0$ 的重根，则所求方程的特解形式为
$$\bar{y}(x)=x^2(Ax+B)e^x,$$
将其代入原方程整理后得
$$6Ax+2B=12x,$$
比较上式两端 x 的同次幂的系数有
$$\begin{cases}6A=12,\\2B=0,\end{cases}$$
从而解得 $A=2$，$B=0$.

所以，所求方程的一个特解是 $\bar{y}(x)=2x^3e^x$.

（Ⅱ）$f(x)=e^{\alpha x}(a\cos\omega x+b\sin\omega x)$.

其中，α，a，b，ω 均为实数，且 $\omega > 0$. 此时，方程(1)变为

$$y'' + py' + qy = e^{\alpha x}(a\cos\omega x + b\sin\omega x). \tag{6}$$

与情形（Ⅰ）类似地讨论可得，方程(6)的特解形式为

$$\bar{y}(x) = x^k e^{\alpha x}(A\cos\omega x + B\sin\omega x),$$

其中，A，B 为待定的常数，k 是整数，且 $k = 0$，1，k 为 0 或是 1 取决于复数 $\alpha \pm i\omega$ 是否等于特征方程(2)的根.

若 $\alpha \pm i\omega$ 不是特征方程(2)的根，$k = 0$，即特解形式为

$$\bar{y}(x) = e^{\alpha x}(A\cos\omega x + B\sin\omega x).$$

若 $\alpha \pm i\omega$ 是特征方程(2)的根，$k = 1$，即特解形式为

$$\bar{y}(x) = xe^{\alpha x}(A\cos\omega x + B\sin\omega x).$$

综上所述，方程(7)特解形式的取法概括于表 8-3 中.

表 8-3

$f(x)$ 的形式	$\alpha \pm i\omega$ 与特征根的关系	特解 $\bar{y}(x)$ 的形式
$e^{\alpha x}(a\cos\omega x + b\sin\omega x)$	$\alpha \pm i\omega$ 不是特征根	$\bar{y}(x) = e^{\alpha x}(A\cos\omega x + B\sin\omega x)$
$e^{\alpha x}(a\cos\omega x + b\sin\omega x)$	$\alpha \pm i\omega$ 是特征根	$\bar{y}(x) = xe^{\alpha x}(A\cos\omega x + B\sin\omega x)$

例 7 求方程 $y'' + 2y' + 2y = 10\sin 2x$ 的一个特解.

解 因为 $0 \pm 2i$ 不是特征方程的根，即所给方程的特解形式为

$$\bar{y}(x) = A\cos 2x + B\sin 2x,$$

将其代入原方程，整理得

$$(4B - 2A)\cos 2x - (4A + 2B)\sin 2x = 10\sin 2x,$$

比较等式两端 $\cos 2x$ 与 $\sin 2x$ 的系数有

$$\begin{cases} 4B - 2A = 0, \\ -4A - 2B = 10, \end{cases}$$

从而解得 $A = -2$，$B = -1$. 于是，所求方程的一个特解是 $\bar{y}(x) = -2\cos 2x - \sin 2x$.

例 8 求方程 $y'' + 4y = 8\sin 2x$ 的一个特解.

解 因为 $0 + 2i$ 是特征方程的根，即所给方程的特解形式为

$$\bar{y}(x) = x(A\cos 2x + B\sin 2x),$$

将其代入原方程，整理得

$$4B\cos 2x - 4A\sin 2x = 8\sin 2x,$$

比较等式两端 $\cos 2x$ 与 $\sin 2x$ 的系数有 $B = 0$，$A = -2$.

于是，所求方程的一个特解是 $\bar{y}(x) = -2x\cos 2x$.

例 9 求方程 $y'' + y = xe^{2x} + \sin 2x$ 的通解.

解 求原方程所对应的齐次方程

$$y'' + y = 0$$

的通解.

此齐次方程的特征方程为 $r^2 + 1 = 0$，其根是 $r_{1,2} = 0 \pm i$，即所求齐次方程的通解为

$$Y = c_1\cos x + c_2\sin x.$$

求方程 $y'' + y = xe^{2x}$ 的一个特解. 因为 $\lambda = 2$ 不是特征方程的根，即特解形式为

$$\overline{y}_1(x) = (Ax + B)e^{2x},$$

将其代入方程 $y'' + y = xe^{2x}$，求得 $A = \dfrac{1}{5}$，$B = -\dfrac{4}{25}$，所以，此方程的一个特解为

$$\overline{y}_1(x) = \left(\frac{1}{5}x - \frac{4}{25}\right)e^{2x}.$$

求方程 $y'' + y = \sin 2x$ 的一个特解. 因为 $0 \pm 2i$ 不是特征方程的根，即所求特解形式为

$$\overline{y}_2(x) = A\cos 2x + B\sin 2x,$$

将其代入方程 $y'' + y = \sin 2x$，求得 $A = 0$，$B = -\dfrac{1}{3}$，所以，所求方程的特解是

$$\overline{y}_2(x) = -\frac{1}{3}\sin 2x.$$

综上所述，方程 $y'' + y = xe^{2x} + \sin 2x$ 的通解为

$$y = c_1\cos x + c_2\sin x + \left(\frac{1}{5}x - \frac{4}{25}\right)e^{2x} - \frac{1}{3}\sin 2x.$$

习 题 8-4

1. 求解下列二阶常系数齐次线性微分方程.

(1) $y'' + y' - 2y = 0$；　　(2) $y'' - 16y = 0$；　　(3) $y'' + 9y = 0$；

(4) $y'' - 3y' = 0$；　　(5) $y'' + y' + y = 0$；　　(6) $4y'' - 8y' + 5y = 0$；

(7) $y'' + 6y' + 9y = 0$；　　(8) $y'' - 3y' - 10y = 0$；　　(9) $y'' - 2\sqrt{3}y' + 3y = 0$；

(10) $y'' + 6y' + 10y = 0$.

2. 求下列二阶常系数齐次线性微分方程中满足初始条件的特解.

(1) $y'' - 4y' + 3y = 0$，$y(0) = 6$，$y'(0) = 10$；

(2) $4y'' + 4y' + y = 0$，$y(0) = 2$，$y'(0) = 0$；

(3) $y'' + 4y' + 29y = 0$，$y(0) = 0$，$y'(0) = 15$；

(4) $y'' + 25y' = 0$，$y(0) = 2$，$y'(0) = 5$；

(5) $y'' - y' - 2y = 0$，$y(0) = 1$，$y'(0) = 8$；

(6) $y'' - 4y' + 4y = 0$，$y(0) = 1$，$y'(0) = \dfrac{5}{2}$；

(7) $y'' + 2y' + 10y = 0$，$y(0) = 3$，$y'(0) = -5$；

(8) $y'' + 16y = 0$，$y(0) = 3$，$y'(0) = 16$.

3. 求解下列二阶常系数非齐次线性微分方程.

(1) $2y'' + 5y' = 2x + 3$；　　　　　　　　(2) $y'' + 3y' + 2y = 3xe^{-x}$；

(3) $y'' - 2y' + 5y = e^x\sin 2x$；　　　　　　(4) $y'' + 4y = 4\cos x$；

(5) $y'' + y = 4\cos x$；　　　　　　　　　(6) $y'' - 5y' + 6y = 3e^{2x}$；

(7) $y'' - 6y' + 9y = 2x^2 - x + 3$；　　　　(8) $y'' - y' - 2y = e^{2x}$；

(9) $y'' + 3y' + 2y = 3xe^{-x}$；　　　　　　(10) $y'' - 2y' - 3y = e^{4x}$；

(11) $y'' - 3y' + 2y = e^{-x} + e^x$；　　　　　(12) $y'' - 4y' + 4y = e^x + \sin x$.

总 习 题 八

1. 填空题.

(1) $(y')^2+y\tan x=-2x+\sin x$ 是 _____ 阶微分方程.

(2) 微分方程：$\dfrac{\mathrm{d}y}{\mathrm{d}x}+P(x)y=Q(x)$ 的通解为 _____.

(3) 方程 $y''-4y=0$ 的特征方程是 _____.

(4) 若 $y=y_1(x)$，$y=y_2(x)$ 是二阶常系数齐次线性微分方程的两个解，且 $\dfrac{y_1(x)}{y_2(x)}\neq c$ $(y_2(x)\neq 0$，c 为常数)，则用这两个解可把其通解表示为 _____.

2. 在下列每题的四个选项中，选出一个正确的结论.

(1) 方程 $xy'=\sqrt{x^2+y^2}+y$ 是( ).

(A)齐次方程 　　(B)一阶线性方程

(C)二阶线性方程 　　(D)可分离变量方程

(2) 若 y_1 和 y_2 是二阶齐次线性方程 $y''+P(x)y'+Q(x)y=0$ 的两个特解，则 $y=C_1y_1+C_2y_2$(其中 C_1，C_2 为任意常数)( ).

(A)是该方程的通解 　　(B)是该方程的解

(C)是该方程的特解 　　(D)不一定是该方程的解

(3) 方程 $y''-3y'+2y=\mathrm{e}^x\cos 2x$ 的一个特解形式是( ).

(A)$y=A_1\mathrm{e}^x\cos 2x$ 　　(B)$y=A_1x\mathrm{e}^x\cos 2x+B_1x\mathrm{e}^x\sin 2x$

(C)$y=A_1\mathrm{e}^x\cos 2x+B_1\mathrm{e}^x\sin 2x$ 　　(D)$y=A_1x^2\mathrm{e}^x\cos 2x+B_1x^2\mathrm{e}^x\sin 2x$

(4) 设 c，c_1，c_2，c_3 为任意常数，下列属于二阶微分方程的通解形式的函数是( ).

(A)$x^2+y^2=c$ 　　(B)$y=c_1\sin^2 x+c_2\cos^2 x$

(C)$y=c_1x^2+c_2x+c_3$ 　　(D)$y=\ln(c_1x)+\ln(c_2\sin x)$

3. 验证函数 $y=\ln(xy)$ 是否是微分方程 $(xy-x)y''+xy'^2+yy'-2y'=0$ 的解.

4. 求下列微分方程的通解.

(1) $3x^2+5x-5y'=0$；　　(2) $x^2y'+(y^2+1)=0$；

(3) $(\mathrm{e}^{x+y}-\mathrm{e}^x)\mathrm{d}x+(\mathrm{e}^{x+y}+\mathrm{e}^y)\mathrm{d}y=0$；　　(4) $xy'-y-\sqrt{y^2-x^2}=0$；

(5) $x\dfrac{\mathrm{d}y}{\mathrm{d}x}=y\ln\dfrac{y}{x}$；　　(6) $(x^2+y^2)\mathrm{d}x-xy\mathrm{d}y=0$；

(7) $y''+3y'+2y=x\mathrm{e}^{-x}$；　　(8) $y''+y=\mathrm{e}^x+\cos x$.

5. 求下列微分方程的特解.

(1) $x\mathrm{d}y+2y\mathrm{d}x=0$，$y|_{x=2}=1$；

(2) $(x^2+2xy-y^2)\mathrm{d}x+(y^2+2xy-x^2)\mathrm{d}y=0$，$y|_{x=1}=1$；

(3) $y''-3y'-4y=0$，$y|_{x=0}=0$，$y'|_{x=0}=-5$.

6. 求一曲线的方程，这曲线通过原点，并且它在点(x,y)处的切线的斜率为 $2x+y$.

7. 已知 x^3，$x^3+\ln x$ 是非齐次线性微分方程 $y''+p(x)y'=f(x)$ 的两个解，求 $p(x)$，$f(x)$及方程的通解.

8. 设 $y_1=3$，$y_2=3+x^2$，$y_3=3+x^2+e^x$ 都是方程
$$(x^2-2x)y''-(x^2-2)y'+(2x-2)y=6x-6$$
的解，求该方程的通解．

9. 已知 $\int_0^x f(u)\mathrm{d}u=\dfrac{x}{2}f(x)+x$，求 $f(x)$．

10. 设 $y=f(x)$ 是可微的，且满足 $x\int_0^x f(t)\mathrm{d}t=(x+1)\int_0^x tf(t)\mathrm{d}t$，求 $f(x)$．

11. 若连续函数 $f(x)$ 满足关系式：$f(x)=\int_0^{2x}f\left(\dfrac{t}{2}\right)\mathrm{d}t+\ln2$，求 $f(x)$．

12. 已知函数 $y=y(x)$ 在任意点 x 处的增量 $\Delta y=\dfrac{y\cdot\Delta x}{1+x^2}+\alpha$，且当 $\Delta x\to0$ 时，α 是 Δx 的高阶无穷小，$y(0)=\pi$，求 $y(1)$ 的值．

13. 已知连续函数 $f(x)$ 满足条件：$f(x)=\int_0^{3x}f\left(\dfrac{t}{3}\right)\mathrm{d}t+e^{2x}$，求 $f(x)$．

14. 设函数 $f(x)$ 在 $[1,+\infty)$ 上连续，若由曲线 $y=f(x)$，直线 $x=1$，$x=t(t>1)$ 与 x 轴所围成的平面图形绕 x 轴旋转一周所成的旋转体的体积为
$$V(t)=\frac{\pi}{3}\big[t^2f(t)-f(t)\big],$$
试求 $y=f(t)$ 所满足的微分方程，并求该微分方程满足条件 $y(2)=\dfrac{2}{9}$ 的解．

15. 一质点运动的加速度为 $a=-2v-5s$，如果质点以初速度 $v_0=12\mathrm{m/s}$ 由原点出发，求质点的位移运动方程 $s(t)$．

16. 设函数 $y=y(x)$ 满足 $y''+2y'+y=0$，$y(0)=0$，$y'(0)=1$，求 $\int_0^{+\infty}y(x)\mathrm{d}x$．

17. 设 $y_1=3$，$y_2=3+x^2$，$y_3=3+x^2+e^x$ 都是方程
$$(x^3-2x)y''-(x^2-2)y'+(2x-2)y=6x-6$$
的解，求该方程的通解．

主 要 参 考 文 献

陈传璋，金福临，朱学炎，等，1983. 数学分析(上、下册)[M]. 2 版. 北京：高等教育出版社.

杜瑞芝，1999. 数学史词典[M]. 济南：山东教育出版社.

华东师范大学数学系，2001. 数学分析(上、下册)[M]. 3 版. 北京：高等教育出版社.

雷兴刚，伍勇，2007. 高等数学[M]. 北京：中国农业出版社.

同济大学数学教研室，2003. 高等数学(上、下册)[M]. 4 版. 北京：高等教育出版社.

伍勇，雷兴刚，2012. 高等数学[M]. 2 版. 北京：中国农业出版社.

图书在版编目（CIP）数据

高等数学／伍勇，高鑫，李任波主编．—3版．—
北京：中国农业出版社，2017.8（2024.3重印）
全国高等农林院校"十三五"规划教材
ISBN 978-7-109-23189-4

Ⅰ.①高… Ⅱ.①伍… ②高… ③李… Ⅲ.①高等数
学-高等学校-教材 Ⅳ.①O13

中国版本图书馆 CIP 数据核字（2017）第 178245 号

中国农业出版社出版
（北京市朝阳区麦子店街 18 号楼）
（邮政编码 100125）
责任编辑 魏明龙

文字编辑 朱 雷

中农印务有限公司印刷 新华书店北京发行所发行
2007 年 8 月第 1 版 2017 年 8 月第 3 版
2024 年 3 月第 3 版北京第 7 次印刷

开本：787mm×1092mm 印张：12.25
字数：280 千字
定价：25.00 元
（凡本版图书出现印刷、装订错误，请向出版社发行部调换）